航天科技图书出版基金资助出版

纳米碳材料增强镁基复合材料

王晓军　李雪健　施海龙　胡小石　徐　超　著

中国宇航出版社
·北京·

图书在版编目（CIP）数据

纳米碳材料增强镁基复合材料 / 王晓军等著.
北京 : 中国宇航出版社, 2025. 2. -- ISBN 978-7-5159-2510-3

Ⅰ. TB333

中国国家版本馆CIP数据核字第2025T5R058号

责任编辑 臧程程　**封面设计** 王晓武

出版发行 中国宇航出版社

社址 北京市阜成路8号　**邮编** 100830

(010)68768548

网址 www.caphbook.com

经销 新华书店

发行部 (010)68767386　(010)68371900

(010)68767382　(010)88100613（传真）

零售店 读者服务部　(010)68371105

承印 北京厚诚则铭印刷科技有限公司

版次 2025年2月第1版

2025年2月第1次印刷

规格 787×1092

开本 1/16

印张 12.25　**彩插** 20面

字数 329千字

书号 ISBN 978-7-5159-2510-3

定价 78.00元

本书如有印装质量问题，可与发行部联系调换

航天科技图书出版基金简介

航天科技图书出版基金是由中国航天科技集团公司于2007年设立的，旨在鼓励航天科技人员著书立说，不断积累和传承航天科技知识，为航天事业提供知识储备和技术支持，繁荣航天科技图书出版工作，促进航天事业又好又快地发展。基金资助项目由航天科技图书出版基金评审委员会审定，由中国宇航出版社出版。

申请出版基金资助的项目包括航天基础理论著作，航天工程技术著作，航天科技工具书，航天型号管理经验与管理思想集萃，世界航天各学科前沿技术发展译著以及有代表性的科研生产、经营管理译著，向社会公众普及航天知识、宣传航天文化的优秀读物等。出版基金每年评审2次，资助30～40项。

欢迎广大作者积极申请航天科技图书出版基金。可以登录中国航天科技国际交流中心网站，点击“通知公告”专栏查询详情并下载基金申请表；也可以通过电话、信函索取申报指南和基金申请表。

网址：http：//www. ccastic. spacechina. com

电话：(010) 68767205，88530006

前　言

金属基复合材料拥有其独特的性能优势，是军用和民用领域都不可或缺的一类新型的先进金属材料。其中，镁基复合材料作为密度最小的金属基复合材料，具有高比刚度和高比强度，在航空航天等装备的轻量化领域具有广泛的应用前景。以碳纳米管、石墨烯为代表的纳米碳材料具有优异的力学、热学及电学性能，被认为是复合材料的理想增强体。但是，纳米碳材料增强镁基复合材料面临着增强体分散难、界面结合弱等瓶颈问题，因此，开发高效的镁基复合材料制备技术已经迫在眉睫。基于此，作者采用多种技术制备了纳米碳材料增强镁基复合材料。然而，目前国内有关镁基复合材料的论著较少，且尚未见纳米碳材料增强镁基复合材料方面的专门书籍，这十分不利于镁基复合材料的应用推广。鉴于此，作者撰写此书。希望通过此书，让更多设计人员和工程技术人员了解镁基复合材料，为镁基复合材料的工程应用推广略尽绵薄之力。

哈尔滨工业大学镁基材料课题组从20世纪90年代初开始一直从事镁基复合材料研究。本书是课题组有关纳米碳材料增强镁基复合材料的10余年研究工作总结，全书共6章。第1章简要介绍了纳米碳材料增强镁基复合材料的国内外研究现状；第2章和第3章分别详细介绍了超声辅助搅拌铸造技术制备碳纳米管及石墨烯增强镁基复合材料；第4章主要介绍了分离熔体沉积制备石墨烯增强镁基复合材料及其变形行为；第5章详细介绍了原位自生石墨烯镁基复合材料的新型制备技术；第6章简要展望了纳米碳材料增强镁基复合材料的未来发展趋势与应用前景。上述内容主要来源于课题组的镁基复合材料方面的学位论文，在此对参与相关研究工作的硕士生和博士生所做出的创造性贡献致以谢意。同时，书中还引用了国内外学者的研究工作与成果，也向他们表示感谢。

本书既介绍了纳米碳材料增强镁基复合材料的制备技术，又论述了纳米碳材料增强镁基复合材料的组织与性能调控规律及机制，体现了材料研究和工程应用相结合的思路。因此，本书适合高等院校、科研机构及企业金属基复合材料相关领域的研究人员、设计人员和技术人员参考阅读。

镁基复合材料作为一种新型的轻质材料，仍在迅速发展中，一些理论、技术和概念在不断更新中，加之时间有限以及作者水平的局限性，难免有一些不当之处，恳请读者批评指正，不胜感激。

作者

2024年4月于哈尔滨工业大学

目　录

第1章　绪　论

1.1　概述

地球上镁的储量很大，大约占海水质量的0.14%，占地壳质量的2%。我国拥有极丰富的镁资源，原镁产量居世界之首。由于镁及镁合金可以回收利用，因此被称为“永不枯竭”的金属材料。镁及镁合金的密度在2 g/cm^{3}以下，约为铝的2/3，钛的2/5，钢的2/9，又被认为是工程应用中最轻的金属结构材料[1-2]。镁及镁合金还具有比强度和比刚度高、导热性能好、减振性能强、抗辐射等一系列优点，是“21世纪绿色工程材料”[3-6]。然而，在实际工业应用中，目前镁及镁合金并未得到广泛应用，其原因是镁及镁合金存在强度低、模量小、塑性差和易腐性等缺点。

在镁合金中外加或者原位自生“增强体/功能体”，在利用不同材料组分本征性能的基础上，通过合理地调控界面和组织结构等，能够进一步调控镁合金的性能。纳米级增强体凭借其特有的尺寸效应表现出优异的强韧化效果，低含量的纳米增强体也能够起到良好的强化效果[7]。美国加州大学洛杉矶分校在国际顶级期刊*Nature*上发表镁基复合材料的颠覆性研究成果，首次成功制备出高体积分数纳米SiC颗粒增强镁基复合材料，其屈服强度高达710 MPa、抗拉强度超过800 MPa、弹性模量高达86 GPa，同时保持了良好的塑性，颠覆了研究人员对镁基复合材料的传统看法。可见，采用高效能的纳米增强体有望开发出兼具良好强度、刚度和韧性的镁基复合材料，纳米增强体是同时提高镁基复合材料强韧性的必然选择。

自1991年Iijima[8]发现碳纳米管以来，纳米碳材料一直是研究的热点之一。碳纳米管是由石墨碳原子层卷曲成的圆柱状碳管，其每个C原子与周围的3个C原子以sp^{2}杂化形成C═C键，强共价键的结合使碳纳米管结构稳定，有着超高的强度和韧性。Yakobson等人[9]计算得到碳纳米管理论杨氏模量高达5.5×10^2 Pa，而实验室制备的碳纳米管弹性模量也高达1×10^2 Pa，强度达到150 GPa[10-11]。石墨烯作为碳纳米管的同素异形体，是一种特别的二维材料，具有超高的比表面积及许多三维材料所不具备的电学、光学性质[12-13]。由于石墨烯的C原子成键方式与碳纳米管相同，因此石墨烯也具有超高的强度与韧性[14]，被广泛应用于金属基复合材料。纳米碳材料是目前镁基复合材料体系中最理想的增强体，不仅是由于碳纳米管与石墨烯等具有超高的力学性能，而且因为纳米碳材料与Mg具有良好的化学相容性，这有利于保持纳米碳材料独特的一维和二维结构。因此，添加少量的纳米碳材料就能表现出超高的增强效果，不仅能有效提高基体合金的强度，而且也表现出良好的塑性。

本书主要介绍了纳米碳材料增强镁基复合材料的制备方法、界面结构和强韧化机制，对近年来的纳米碳材料增强镁基复合材料进行综述，并展望了未来镁基复合材料的发展方向。本书旨在扩展纳米碳材料与镁基复合材料应用范围，为镁基复合材料的强韧化提供新的途径，并为未来纳米碳材料增强镁基复合材料的进一步发展提供理论基础与实验依据。

1.2 纳米碳材料

碳具有多种同素异形体，常见的有石墨、石墨烯、金刚石和碳纳米管[15]。碳原子通过 sp^2 杂化与最近的三个碳原子相连构成六边形，这些规则的六边形形成网状结构，石墨就是一种由此结构组成的物质。而碳纳米管可以被看成是由石墨薄片沿固定矢量方向卷曲360°形成的封闭管状物质[16]。可见，碳纳米管管体是由六边形碳原子网格结构按照一定规律组合而成的。目前碳纳米管与石墨烯是在镁合金中应用最为广泛的增强相。下面将分别对其进行介绍。

1.2.1 碳纳米管

碳纳米管管体是由六边形碳原子网格结构按照一定规律组合而成的，而两端则由两个大富勒烯分子所组成。根据碳纳米管中石墨片层数的不同，可将碳纳米管分成两种，其一称为单壁碳纳米管（Single - Walled CNTs，SWCNTs），即碳纳米管由一层石墨片组成；其二称为多壁碳纳米管（Multi - Walled CNTs，MWCNTs），即碳纳米管由多层石墨片组成。多壁碳纳米管每层的间距是 0.34 nm，而石墨（002）晶面的间距几乎相同[17]。单壁碳纳米管的直径较细，一般为几纳米到十几纳米。有关文献[18] 报道，学者所制备的最细的单壁碳纳米管直径仅为 0.4 nm，但由于多壁碳纳米管由多层管壁结构组成，所以直径较大，一般可达几十纳米，甚至几百纳米。碳纳米管的长度和制备方法有密切关系，长度范围在几微米到数百微米之间。到现在为止，学者所制备的最长的碳纳米管长度可达几毫米，但微米量级的碳纳米管长度仍占到大多数[19]。众多实验数据证明：大部分碳纳米管都是两端封闭的，有一小部分碳纳米管的两端是打开的，两端是否开口与碳纳米管的生长环境有关[20]。此外，有的碳纳米管是弯曲的，有的是笔直的，这也与碳纳米管的生长环境有关，其中，碳纳米管生长所需的气流大小和碳源的供应都能影响到碳纳米管的形貌。多壁碳纳米管主要以六边形网状结构为主，在其附近容易产生五边形和七边形结构。这些不规则的结构会使管体的圆柱面上产生一定的弯曲曲率，不可避免地使碳纳米管出现弯曲现象[18]。

由于碳纳米管中每个 C 原子与邻近的三个 C 原子相连，C 原子与 C 原子之间以 sp^2 杂化形成 C═C 键，C 原子最外层 4 个电子经 sp^2 杂化，产生 3 个相同能级轨道，与其他 C 原子形成结合力很强的 σ 键，这种结合模式使得碳纳米管不仅结构稳定，而且具有超高的强度和韧性。单壁碳纳米管抗拉强度可达 30 GPa，多壁碳纳米管可达 63 GPa，并通过理论模型预测出多壁碳纳米管最外层管的抗拉强度介于 11～63 GPa 之间。超强的弹性模量是碳纳米管另一个优异的力学性能，弹性模量与材料中原子的结合力紧密相关。目前，实验制备的碳纳米管最高弹性模量可达 1 000 GPa，无缺陷的碳纳米管弹性模量则更高。

1.2.2　石墨烯

石墨烯是一种由 sp^2 杂化碳原子构成的、仅具有一个原子层厚的六角蜂窝晶格的二维材料。单层石墨烯的理论厚度约为 0.35 nm，是目前已知二维材料中厚度最小、比表面积最大的材料[21,22]。石墨烯的发现，激发了相关研究人员的兴趣。经过近 20 年的探索，石墨烯的相关理论研究和应用取得了一系列的进展。其首次报道者诺沃肖洛夫和安德烈·盖姆在 2010 年共同获得了诺贝尔物理学奖。

构成石墨烯的碳原子包含 4 个价电子，分别在 $2s^2$、$2p^2$ 轨道上分布。在 sp^2 杂化碳原子的作用下，不同的碳原子间形成共价键（σ 键），共价键的键角是 120°，键长是 0.142 nm。碳原子在 p_z 轨道还存在一个未成键的电子，它会和邻近的碳原子形成杂化，最终产生一个 π 键。这些电子可以在石墨烯表面自由地移动，最终形成贯穿石墨烯表面的大 π 键，如图 1－1（a）所示。在石墨烯表面还会产生弹性褶皱区域，它能够调控内部 σ 键的键长，从而抵抗热扰动，保证了二维石墨烯结构的稳定[23]。

石墨烯是碳的一种典型同素异形体，能够作为其他碳材料的一个基本组成单元。例如石墨烯通过卷曲成球可形成具有零维结构的富勒烯；卷曲成管状可形成具有一维结构的碳纳米管；逐层堆叠则直接形成具有三维特征的石墨结构[24]。另外，通过掺杂和氧化等方法，还可以对石墨烯的表面进行修饰和改性，从而调控其物理与化学性质。如图 1－1（b）所示，当六元碳环结构被氧化时，会形成带有含氧官能团的氧化石墨烯[25]。氧化石墨烯比石墨烯具有更高的化学活性，具有亲水的特性。通过水热、微波等过程还可以将氧化石墨烯还原为具有更少含氧官能团的还原氧化石墨烯，如图 1－1（c）所示[26]。这里需要指出的是，不同类型的石墨烯均具有相似的二维纳米层状形貌，仅厚度以及官能团的类型有所区别。为了便于后文介绍，如果没有特殊说明，将石墨烯、氧化石墨烯、还原氧化石墨烯等统称为石墨烯。

石墨烯由于其特有的二维结构特征而具备许多优异的性质。石墨烯是目前在自然界中发现的强度最高的材料之一，其抗拉强度和断裂强度分别为 130 GPa 和 42 N/m^2，弹性模量理论上可以高达 1.0 TPa。石墨烯甚至还具有较高的韧性，最大可以承受 25％的弯曲形变。除了优异的力学性能外，石墨烯的自由电子在常温下所受到的干扰也很小。电子传输时不易发生散射，电子迁移率可达 2×10^5 cm/（V·s），这个数值相当于硅中电子迁移率的 140 倍。石墨烯的热导率可以达到 5 000 W/（m·K）[27-30]，是室温下导热性能最佳的材料。石墨烯还具有很好的化学惰性以及热稳定性。基于上述的优异性质，石墨烯可以作为金属的增强体，有望改善金属材料的力学、电学、热学、热膨胀、耐磨性、耐腐蚀性等方面的性能，从而制备出具有优异综合性能的金属基复合材料。

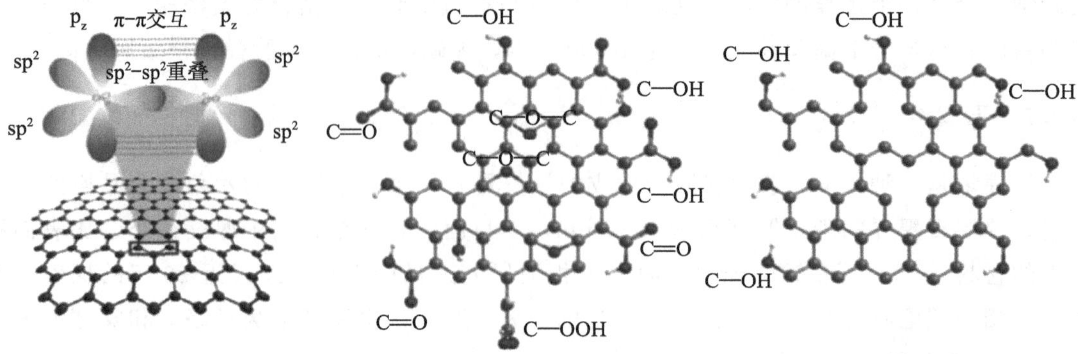

(a) 石墨烯　　(b) 氧化石墨烯　　(c) 还原氧化石墨烯

图 1-1　三种典型的石墨烯结构[26]（见彩插）

1.3　纳米碳材料增强镁基复合材料制备技术

集优异的力学、电学和热学性能于一身的纳米碳材料备受复合材料学者的关注。但是，目前针对纳米碳材料的大部分研究都投入到高分子基复合材料中。由于纳米碳材料表面含有羟基、羧基等化学官能团，能够与带有极性的高分子材料形成强度很高的化学键合，促使纳米碳材料在高分子基体中形成优异的分散与界面结合，从而使制备的高分子复合材料的力学性能有明显的提高。与之相比，纳米碳材料在金属材料中的应用就显得相对缓慢，首要问题就是石墨烯在金属基体中分散性较差。为了解决此问题，逐步发展出了粉末冶金法、搅拌铸造法、分离熔体沉积法和原位自生法等几种代表性方法。

1.3.1　粉末冶金法

粉末冶金法是目前实验室制备纳米碳材料增强金属基复合材料最常用的方法之一。该方法通过将金属粉末与增强体粉末进行混合，压制成形，将压制得到的块体进行烧结，从而得到复合材料。通过后续的塑性加工，如热挤压等，可以大幅提高复合材料的致密度及其力学性能。其制备流程如图 1-2 所示。

粉末冶金法属于固态制备方法，整个工艺过程在较低的温度下进行，金属基体与增强体之间的界面反应不严重，且可以任意改变增强体与基体的配比。重庆大学潘复生课题组[31-34] 通过将添加不同合金元素的 Mg 粉与石墨烯纳米片（GNPs）在乙醇中混合、烘干，然后冷压、烧结、热挤压，制备出了不同合金成分的 GNPs/Mg 复合材料。其通过向 Mg 粉中掺杂 Al 粉改善 Mg 基体与 GNPs 间的界面结合，使复合材料的强塑性同时得到提高；通过在 Mg 粉中添加 Cu 粉以及 Sn 粉提高增强相的含量，从而提高复合材料的强度；通过将碳纳米管（CNTs）与 GNPs 混合球磨，以 CNTs 辅助分散 GNPs，进一步提高了复合材料的综合力学性能。同时还研究了 GNPs 增强 Mg-6Zn、AZ61、AZ31、纯 Mg 等不同基体的力学性能。

由于 Mg 粉极易氧化，在粉末冶金过程中难以避免地会引入氧化物杂质，这些氧化物杂质大多数时候会严重降低镁基复合材料的塑性，但也能在一定程度上提高 Mg 基体与纳米碳材料之间的界面强度，起到更好的载荷传递作用。

粉末冶金法往往需要将纳米碳材料与 Mg 粉混合进行高能球磨，而高能球磨会在一定程度上损伤增强体，使得增强效果降低。CNTs 有着超高的长径比，因此极易相互缠绕形成团聚，通过将 CNTs 切短，则能在一定程度上提高 CNTs 的分散性。Shimizu 等人[35]通过将 CNTs 切断成长度小于 5 μm 的短管，将 CNTs 与 AZ91 粉末进行复合，烧结成型，有效地减轻了 CNTs 团聚的倾向。

虽然粉末冶金法适合实验室制备纳米碳材料增强镁基复合材料，但由于 Mg 粉具有易燃、易爆和易氧化等特点，存在着较大的安全隐患，因此还没有广泛应用于制备镁基复合材料。

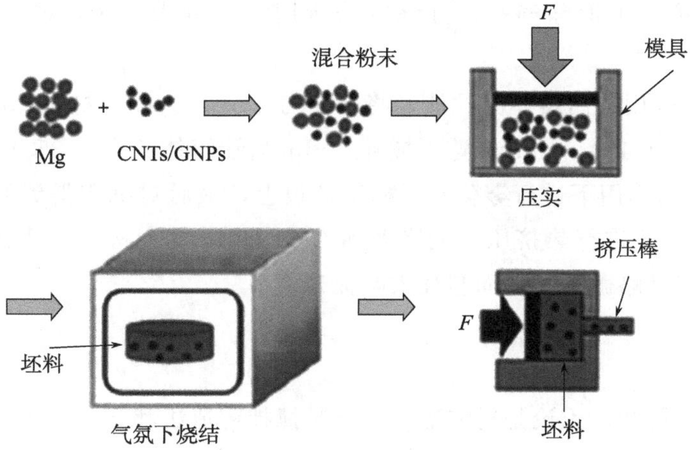

图 1－2　粉末冶金法示意图

1.3.2　搅拌铸造法

搅拌铸造法是一种工艺简单、成本低廉、效率高的金属基复合材料制备方法，其一般工艺流程如下：首先将金属基体在熔炼炉内加热熔化，通过机械搅拌形成涡流，在涡流上方将增强体加入熔体混合均匀，随后浇注成形制成复合材料。搅拌铸造法要求增强体和金属熔体之间具有良好的化学相容性，即熔融的基体金属与加入的增强体在高温下不发生化学反应，不会由于化学反应而损伤增强体。由于纳米碳材料这种纳米级别的增强体对化学相容性有着苛刻的要求，因此搅拌铸造法很少被用于制备纳米碳材料增强铝基、钛基复合材料。因为 C/Mg 体系在 800 ℃以下均不发生化学反应，所以非常适合采用搅拌铸造工艺制备复合材料。

由于纳米碳材料的缠绕、团聚问题严重，且其团聚属于超硬团聚，与镁合金的润湿性较差，简单的机械搅拌很难消除团聚。因此，搅拌铸造时对纳米碳材料进行预分散十分必要。目前，采用化学预分散取得了良好的效果。制备高增强体体积分数的预制块也是一种常见的预分散方法。该方法首先制备高体积分数的纳米碳材料增强镁基复合材料预制块，然后将这种高体积分数增强体的预制块加入熔融 Mg 中进行搅拌，在搅拌的过程中预制块逐渐熔化并分散于 Mg 基体中，从而制得低体积分数且分散性良好的纳米碳材料增强镁基复合材料。

1.3.3　分离熔体沉积法

分离熔体沉积法是由 Gupta 等人[36,37] 提出的，通过将增强体加入熔融基体中搅拌均匀，使熔体从坩埚底部流出，同时向熔体喷射 Ar 气将其雾化，最后雾化的熔体沉积在基板上得到复合材料。分离熔体沉积法的优点在于生产工艺简单、效率高，雾化速度可达 25～2 000 kg/min，且金属液滴冷却速度快，得到的复合材料组织与快速凝固时相近、晶粒细小、无宏观偏析、组织均匀[38]。分离熔体沉积法的缺点在于制备得到的材料孔隙率大，必须经过热挤压来消除气孔，且该方法所用设备较为复杂，难以制备大尺寸复合材料。

Goh 等人[39] 采用分离熔体沉积法，将 Mg 与 CNTs 的混合物在 Ar 气保护下加热至 750 ℃ 使其熔化，在 450 r/min 转速下搅拌 5 min 后让熔体从直径 25.4 mm 的孔中流出，同时在喷射 Ar 气的作用下进行雾化并沉积于基板上，最后对沉积得到的块体在 350 ℃下以 20.25∶1 的挤压比进行热挤压，最终得到 CNTs/Mg 复合材料。其制备出的 CNTs 增强镁基复合材料强度略微提高，而塑性大幅提升。

1.3.4　原位自生法

通过上文论述可知，无论是粉末冶金法还是搅拌铸造法和分离熔体沉积法，增强体均是从外部环境中人为添加的，然后通过特定工艺实现增强体和基体合金的复合，制备出需要组分的复合材料。与之对应的，通过选择适当的反应原料，利用元素之间或元素与化合物之间的化学反应在金属基体中直接合成石墨烯，也是一种复合材料的制备方式，这被称为原位自生法。需要指出的是，原位自生法与粉末冶金法、搅拌铸造法和分离熔体沉积法并不是在一个标准下进行的分类，利用原位自生技术制备金属基复合材料还需要与上述方法相结合。但是由于其在制备复合材料方面能够展现上述方法不具备的优势，进而受到越来越多的关注，因此这里将其作为独立一类进行介绍。

与传统的外加增强体制备金属基复合材料相比，原位自生法能够展现出以下几方面优势：首先，原位自生法的制备过程非常简单，只需要加入特定的元素或化合物即可实现增强体在体系中的合成，特别是高质量的石墨烯粉体等纳米增强体的价格十分昂贵，如果石墨烯在金属基体中原位生成，能够有效降低复合材料的制备成本；其次，在原位自生金属基复合材料中，增强体的尺寸通常较为细小，在基体中的分布也会更加均匀，能够充分发挥其强化效果；最后，由于增强体在金属基体中直接生成，避免了增强体表面产生氧化物等杂质的可能，保证了界面洁净程度，从而提高了界面结合强度。虽然原位自生法制备金属基复合材料具备很多优点，但是原位增强体的种类却受化学反应的限制，增强体往往局限于某种特殊类型，导致利用此种方法只能生产某种特定体系的复合材料。

目前，关于原位合成石墨烯增强金属基复合材料的研究相对较少，主要集中在铜基复合材料。一方面，金属铜可以作为石墨烯合成过程的催化剂，从而可以促使多种碳源在铜基体中合成石墨烯；另一方面，即使在制备过程中铜发生了氧化或转化为其他化合物，也可以通过非常简单的过程实现还原。与之相比，采用原位方法制备镁基复合材料就十分困难。例如，天津大学赵乃勤教授团队通过在镁粉表面引入 Co 催化剂，从而实现了碳纳米管在镁粉表面原位生长，后续采用粉末烧结和热挤压的方法制备了镁基复合材料。CNTs/Mg 复合材料的拉伸强度提高了 45%[40]，然而制备时复合粉体混合、前驱体的碳化以及烧结等过程仍然十分复杂，其生产尺度往往受到很大限制。除此之外，目前还没有采用原位技术制备镁基复合材料的报道。首要技术瓶颈就是很难寻找到适合的原位化学反应体系。如果寻找到适当的原位制备工艺，对于开发高性能镁基复合材料将会有重大的促进作用。

1.4 纳米碳材料增强镁基复合材料界面设计

对于金属基复合材料而言，界面是连接增强体与基体金属的重要媒介。复合材料绝大多数的宏观力学和物理性能都要依赖界面结构，如强度、热膨胀系数、导热性能、导电性能以及电磁屏蔽性能等。因此，复合材料的界面结构设计对于其性能的发挥有很大作用。对于石墨烯及碳纳米管特有的形貌及高比表面积，纳米碳材料可以与基体形成更多的界面接触，这使得金属基体与石墨烯之间的界面比传统的陶瓷增强相的界面更加重要。由于金属基体本征结构和化学特性的不同，金属基体与纳米碳材料之间的界面状态也存在很大差异。一些金属（如铝、钛）在制备过程中会和纳米碳材料发生反应形成碳化物，这些界面反应可以在一定程度上改变界面结构和界面结合强度。但是界面反应产物一般为脆性相，很难精确地控制界面反应程度，不可避免地导致石墨烯的损伤。另外，即使在金属熔点以上，铜、镁等金属基体也不能与石墨烯发生润湿，纳米碳材料通常会处于直接嵌入金属基体的状态，二者之间无法形成有效的化学连接，这种界面结构是单纯的机械结合，界面强度低。因此，纳米碳材料与绝大多数金属材料在复合过程中均存在界面结合弱的问题。这导致复合材料在受力过程中，界面很难起到有效的阻碍位错运动、传递外加载荷、抑制裂纹扩展的作用。另外，即使纳米碳材料和基体金属的热导率与电导率均很高，但由于界面区域的热阻和电阻急剧增大，复合材料整体的导热和导电能力仍然在很低的水平。通过上述分析，得出纳米碳材料与金属的界面结构的优化设计对未来发展结构功能一体化的高性能复合材料起决定性作用。调控纳米碳材料与金属基体之间的界面相互作用已成为金属基复合材料研究的关键核心技术。目前最常用的界面调控手段主要包括以下 3 个方面：表面修饰、界面反应、缺陷工程。

1.4.1 表面修饰

通过涂覆技术对增强体的表面进行修饰是改善复合材料界面结构的一种有效途径。目前增强体的表面修饰方法的应用最为广泛，通过涂覆不同的物质可获得不同的表面修饰结构，增强体表面修饰结构的存在改变了原本金属基体与增强体的界面，使复合材料中基体与增强体之间的界面问题转变成了修饰结构与基体材料、修饰结构与增强体之间的界面问题。复合材料增强体表面修饰的常用方法有电镀法、化学镀法、溶胶-凝胶法和水热法。虽然各种方法的原理有所不同，但其目的都是在增强体表面涂覆均匀、细小并形成良好结合界面的修饰物。上述方法各有优缺点，在实际操作中可以根据不同的实验条件和要求来选择具体的修饰方法。目前常见的石墨烯表面修饰技术可分为金属颗粒修饰（如银、铜、镍等）和陶瓷颗粒修饰（如氧化镁、氧化锌、氧化铜等）两大类。

石墨烯表面的金属颗粒修饰过程具有工艺简单与成本低的优势。由于石墨烯表面的金属颗粒修饰物与金属基体具有相似的物理和化学性质，因此能够有效地改善石墨烯与金属基体之间的润湿性，促进石墨烯在金属基体中的复合与分散。例如，Hao 等人利用水热还原法同时将氧化石墨烯和硝酸银还原成石墨烯及银纳米粒子。在此过程中，银纳米粒子能够同步地吸附到还原氧化石墨烯的表面，如图 1-3 所示。随后将银纳米粒子修饰的石墨烯与银粉在超声作用下进行混合，利用放电等离子烧结法制备出块状银基复合材料。对其微观组织进行观察后发现，石墨烯被均匀地分散在基体中，有效地提高了复合材料的力学性能和导电性[41]。

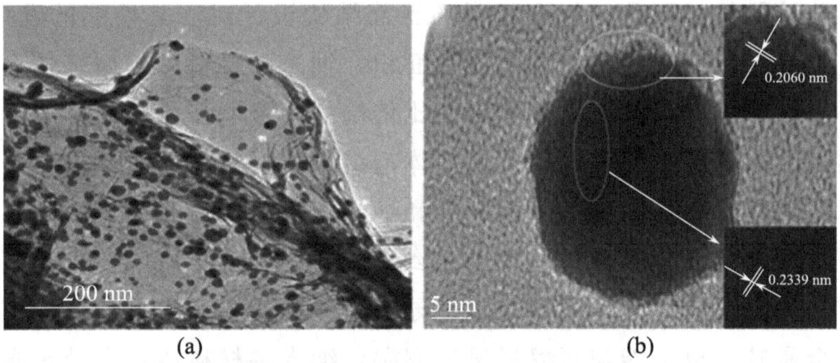

图 1-3　金属银纳米颗粒修饰的石墨烯[41]

另外，研究人员对石墨烯表面的陶瓷颗粒修饰也进行了很多的报道。Boostani 等人采用球磨工艺将 SiC 纳米颗粒包覆到石墨烯纳米片表面，随后，将混合粉体加入到 A356 熔融铝合金中，制备了包覆 SiC 纳米颗粒的石墨烯增强铝基复合材料，SiC 纳米颗粒有效地阻碍了界面反应。制备的复合材料屈服强度和延伸率同时得到了提升，验证了纳米陶瓷颗粒修饰石墨烯后制备高性能复合材料的可行性[42]。最近，Wang 等人对这种非金属陶瓷修饰过程进行改进，创新性地提出了利用原位反应过程实现石墨烯表面 MgO 纳米颗粒的修饰方法，如图 1-4 所示。具体工艺如下：首先采用化学共沉积法将纳米氧化锌颗粒涂覆在石墨烯表面，然后利用超声辅助搅拌铸造法将氧化锌纳米颗粒修饰的石墨烯添加到镁熔体中。利用镁熔体极强的化学还原能力与石墨烯表面氧化锌颗粒发生化学反应，最终将石墨烯表面的氧化锌纳米颗粒修饰转化为 MgO 颗粒修饰的界面结构。这种界面原位反应过程促进了界面润湿，界面产物 MgO 纳米颗粒有效提高了石墨烯与基体的界面结合强度。最终经过热挤压成功制备的大尺寸块体镁基复合材料的屈服强度、硬度和延展性均有显著提高[43]。上述结果进一步地说明石墨烯的表面修饰过程在调控金属基复合材料界面结构方面的巨大潜力。

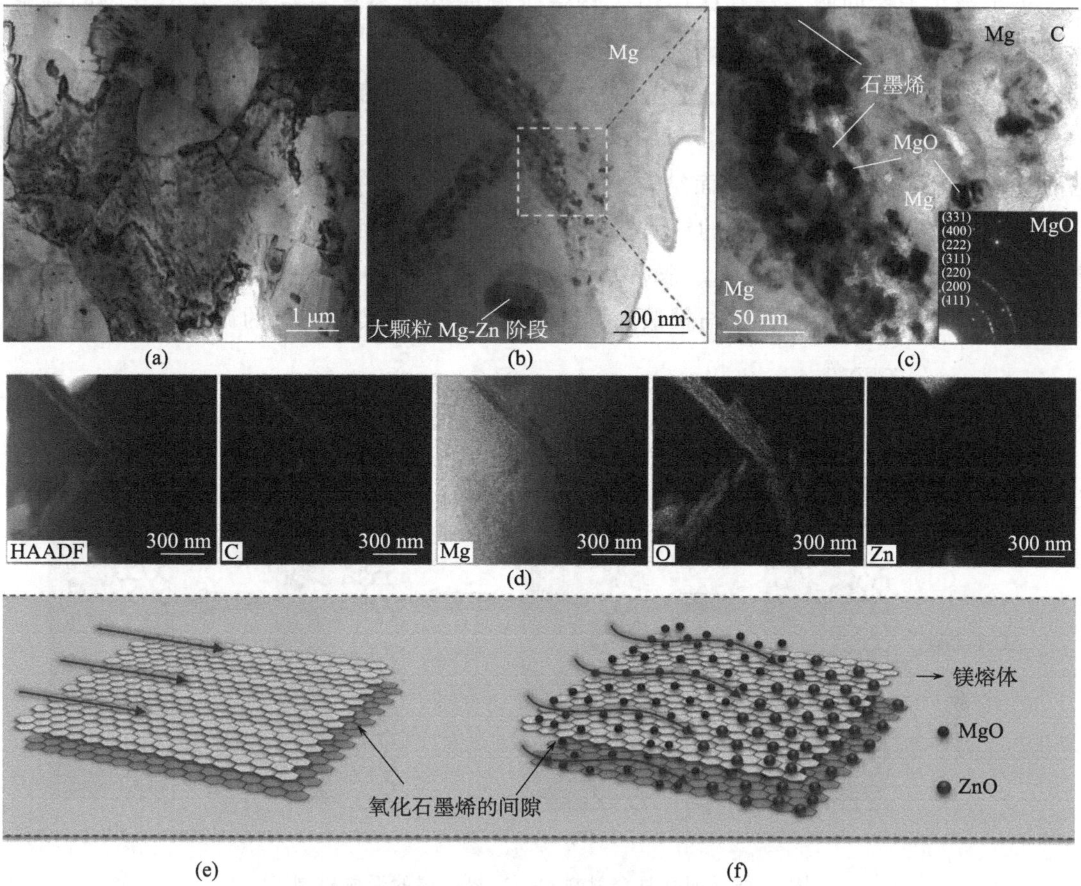

图 1-4 原位反应界面润湿过程[43]

(a) ～ (c) TEM 明场像；(d) STEM 像及元素分布谱图；(e)，(f) 原位润湿过程示意图

1.4.2 界面反应

通过控制石墨烯等增强体与基体金属元素发生适当的化学反应形成一定含量的界面产物，有效调控复合材料界面反应产物的形态、结构和数量，使得复合材料的界面由简单的机械结合转变为化学结合，也是实现界面设计的一种可行方法。例如，Zhou 等人通过静电自组装将一定含量的还原氧化石墨烯与铝粉混合，调控放电等离子体烧结的工艺参数，准确地控制界面元素的反应程度，成功地在氧化石墨烯和铝的界面处原位合成了 Al_4C_3 单晶纳米棒。由于界面产物 Al_4C_3 的机械互锁效应，在拉伸过程中没有观察到任何界面脱粘

现象的发生，因此复合材料强度得到了显著提高[44]。这一研究成果对利用适当的原位化学反应进行界面结构设计和生产具有重要的指导意义。但是，上述过程对于烧结温度与时间等工艺参数的要求极为苛刻。即使工艺参数发生微小波动，也极易引起石墨烯与基体金属间的反应过度或不足，导致界面强度不及预期。另外上述过程也不能应用于一些与碳元素不反应的金属基体。

为了解决上述问题，在基体中引入特定含量能够更容易与石墨烯发生反应的合金元素，通过溶质原子扩散也可以调控石墨烯与金属基体之间的界面结构。如图 1－5 所示，Chu 等人通过在铜基体中固溶一定量的铬（Cr）元素，利用铜基体中扩散的 Cr 元素与石墨烯表面的非晶碳反应，在复合材料的界面处原位形成了微量的 Cr_7C_3 纳米片与纳米颗粒，显著改善了复合材料的界面结合，提高了界面的载荷传递效率[45]。除此之外，研究人员还在铜基体中加入了微量的钛元素，在复合材料的界面处形成均匀的 Ti_8C 纳米颗粒，也实现了界面的改性[46]。因此，金属基体的合金化是一种更加通用的界面改性方法，通过控制基体中合金元素的含量与扩散，界面反应程度可以实现精确的调整。

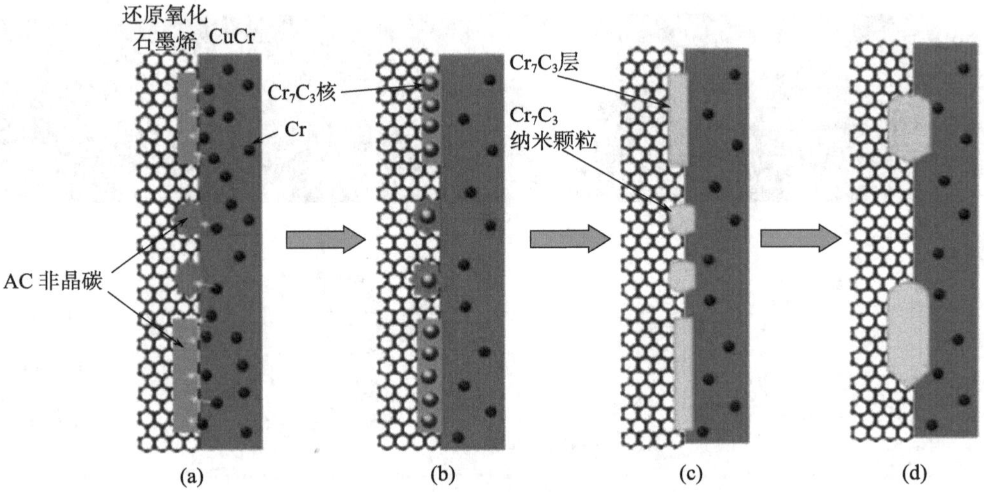

图 1－5 铜基复合材料 Cr_7C_3 界面层的形成机制[45]

（a）非晶碳形成；（b）～（d）Cr_7C_3 的成核、生长和聚结

1.4.3 缺陷工程

合理地利用石墨烯的表面缺陷也是复合材料界面改性的一种重要策略。石墨烯制备过程中不可避免地会在其表面产生大量的边缘、空位、非晶碳等缺陷，这些缺陷是化学反应的高活性区域，界面产物会优先在这些缺陷位置形成。相比之下，石墨烯的无缺陷区是惰性反应区，不利于界面产物的形成。另外，通过石墨烯表面的官能团还可能与界面产物等形成特殊的化学键合。在此背景下，可以控制石墨烯的缺陷程度在合适的水平，通过特定的化学反应确保在这些区域形成良好的界面产物。上述过程既能提高复合材料界面结合强度，还能缓解缺陷对石墨烯固有性能的损伤，从而实现金属基复合材料力学性能的优化。

Chu 等人利用等离子体处理在石墨烯表面形成的一定含量的缺陷，通过放电等离子烧结工艺制备了石墨烯/铜复合材料。在制备的复合材料中，Cu_xO_y 氧化物在缺陷处形成，生成的 Cu_xO_y 氧化物在界面处连接了基体与石墨烯，改善了界面结合[47]。除此之外，王秒通过化学吸附、高温石墨化和复合粉体的致密化等方法在铜粉体上涂覆萘和萘酚等不同碳源，由于不同碳源的含氧量的差异，可以精确调控原位生长的石墨烯表面官能团结构。最终利用萘酚作为碳源制备的复合材料在界面处形成 Cu—O—C 化学键，在这种化学键的作用下改善了界面结合，制备的复合材料获得了高强度和高导电性[48]。上述结果说明利用缺陷工程进行界面优化具有很大的潜力。然而，目前从石墨烯的缺陷工程的角度来设计复合材料的文献较少，还不能非常准确地探明界面的电子结构及界面反应的微观机制，有待进一步深入探索。

1.5　纳米碳材料增强镁基复合材料强韧化机制

1.5.1　复合材料强化机制

载荷传递强化：基体合金中引入力学性能更优异的增强相制备复合材料，在外加载荷下，载荷会从基体合金通过界面传递到增强体。载荷传递效果受增强相与基体之间界面的结合强度影响。如果界面结合强度比增强相强度更高，则发生增强相断裂，反之则发生增强相与基体之间脱粘。对于纳米碳材料增强复合材料，通常利用以下模型计算增强相的增强效果。

细晶强化：增强体的加入往往可以通过钉扎晶界而实现基体晶粒的细化。根据 Hall - Petch 公式，复合材料的晶粒尺寸越小，屈服强度越高。对于金属基复合材料，基体的晶粒尺寸与增强体体积分数密切相关，增强体尺寸越小，体积分数越高，最终材料的晶粒尺寸越小。镁金属的滑移系较少，因此晶粒细化对力学性能影响显著。

Orowan 强化机制：纳米尺寸增强体尺寸小，增强体的间距较小，因此在纳米增强体增强金属基复合材料中，增强体与基体之间的弹性模量 E 和热膨胀系数（CTE）差异使得增强体周围引入大量的几何必须位错。由于纳米增强体强度高，在位错运动过程中难以切过增强体，只能通过 Orowan 弓出的形式绕过纳米增强体。纳米增强体阻碍位错运动造成位错塞积，从而实现复合材料增强的作用。但是，如果增强相尺寸大（大于 1 μm）且距离较远，Orowan 增强机制可以忽略。

位错强化机制：在复合材料中，增强相和基体之间的热膨胀系数和弹性模量的差异一般较大，在复合材料从液态凝固到固态的过程中，增强体变形程度较小，基体变形程度大，两者之间的变形不协调，在界面处会产生高密度位错，形成较高的应力场。对于纳米增强相，由于其尺寸很小，位错强化机制一般可以忽略。

1.5.2　复合材料增韧机制

复合材料增韧机制与多种因素有关，增强体发挥直接增韧作用，增强体对基体微观结构发挥间接增韧作用。

直接增韧机制：对于石墨烯或碳纳米管增强的镁基、铝基复合材料，增强体的桥联与拔出形态均有报道。在复合材料发生塑性变形的过程中，增强体在基体中的变形过程分为4步：弯曲、拉直、桥联、拔出。在复合材料中，增强体通常是以弯曲形态存在的，材料在外加载荷作用下，随着基体的塑性变形，增强体逐渐被拉直，在这个过程中会消耗一定的断裂功。当外加载荷继续增大、增强体的界面与基体发生脱粘时，发生增强体拔出。如果增强体的两端仍然嵌入基体，则增强体以桥联的方式将裂纹两端连接在一起，延缓裂纹的扩展，提高材料的韧性。

间接增韧机制：增强体通过影响基体合金变形过程中的滑移来影响材料整体的韧性。镁是一种密排六方结构金属，对称性低，相比于立方结构金属，其独立滑移系少。镁中常见滑移系如图1-6所示，主要分为基面滑移（＜a＞滑移），柱面滑移（＜a＞滑移），一阶锥面滑移（＜a＞滑移）和二阶锥面滑移（＜a+c＞滑移）。镁的密排面为{0001}面，密排方向为$\langle 11\bar{2}0 \rangle$，在这个面上原子排列最密集，面间距最大，面之间容易发生滑动，因此，是镁中最容易开动的滑移系。在室温条件下，基面滑移为镁合金变形提供最大比例的变形量。但是，基面滑移的三个滑移方向都在同一个{0001}面上，这导致了三个滑移系中只有两个是独立的。与之相对应，柱面滑移系也只有两个独立的滑移系，一阶锥面滑移系和二阶锥面滑移系分别有4个和5个独立滑移系。但是在室温条件下，非基面滑移系临界剪切应力较高，很难启动。另一方面，无论基面、柱面还是一阶锥面的滑移，滑移方向均为a轴，这些滑移方式的启动不能协调沿c轴方向的应变。同时，二阶锥面滑移在常温下很难启动，这意味着基面滑移不能满足多晶体任意变形所需的5个滑移系条件，造成镁金属室温塑性差。虽然理论上非基面滑移常温下很难开动，但有研究指出，若镁合金中利于基面滑移的晶粒变形过程中受到周围不利于基面滑移开动的晶粒的阻碍，它们之间的变形不可协调，则在相关晶粒的晶界处会发生应力集中。此时，应力集中的强度可以达到外加应力的5倍。应力集中可以达到相邻晶粒（不利于基面滑移取向的晶粒）非基面滑移的CRSS（临界剪切应力），因此可提升材料整体的塑性。有研究指出，石墨烯或碳纳米管可以激活镁合金中柱面和锥面的滑移系，进而使镁基复合材料具有更多的滑移系。

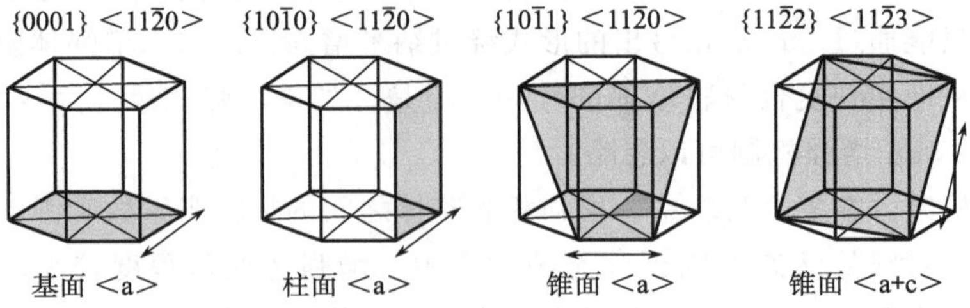

图1-6　镁合金基面＜a＞、柱面＜a＞、锥面滑移系＜a＞和＜a+c＞[49]

参考文献

[1] 丁文江．镁合金科学与技术 [M]. 北京：科学出版社，2007.

[2] FRANKEL G S. Magnesium alloys: Ready for the road [J]. Nature Materials, 2015, 14 (12): 1189-1190.

[3] JAYASATHYAKAWIN S, RAVICHANDRAN M, BASKAR N, et al. Mechanical properties and applications of Magnesium alloy-Review [J]. Materials Today: Proceedings, 2020, 27 (5).

[4] ZENG Z, STANFORD N, DAVIES C H J, et al. Magnesium extrusion alloys: a review of developments and prospects [J]. International Materials Reviews, 2019, 64 (1): 27-62.

[5] LUO A A. Magnesium casting technology for structural applications [J]. Journal of Magnesium and Alloys, 2013, 1 (1): 2-22.

[6] MORDIKE B L, EBERT T. Magnesium: properties-applications-potential [J]. Materials Science and Engineering: A, 2001, 302 (1): 37-45.

[7] 刘伟清．热轧制纳米 SiC 颗粒增强 AZ31 镁基复合材料显微组织、织构与力学性能研究 [D]. 哈尔滨：哈尔滨工业大学，2017.

[8] IIJIMA S. Helical Microtubules of Graphitic Carbon [J]. Nature, 1991 (354): 56-58.

[9] YAKOBSON B I, BRABEC C J, BERNOHOLC J. Nanomechanics of Carbon Tubes: Instabilities Beyond Linear Response [J]. Physical Review Letters, 1996, 76 (14): 2511-2514.

[10] ERIC ANGLARET, STéPHANE ROLS, JEAN-LOUIS SAUVAJOL. Comment on "Effect of the Growth Temperature on the Diameter Distribution and Chirality of Single-Wall Carbon Nanotubes" [J]. Physical Review Letters, 1998.

[11] SALVETAT J P, BRIGGS G A D, BONARD J M, et al. Elastic and Shear Moduli of Single-Walled Carbon Nanotube Ropes [J]. Physical Review Letters, 1999, 82 (5).

[12] SOLDANO C, MAHMOOD A, DUJARDIN E. Production, properties and potential of graphene [J]. Carbon, 2010 (48): 2127-2150.

[13] NIETO A, BISHT A, LAHIRI D, et al. Graphene reinforced metal and ceramic matrix composites: a review [J]. International Materials Reviews, 2017, 62 (5): 241-302.

[14] NOVOSELOV K S, GEIM A K, MOROZOV S V, et al. Electric field effect in atomically thin carbon films [J]. Science, 2004, 306 (5696): 666-669.

[15] 周国华．碳纳米管/AZ31 镁基复合材料的制备与等径角挤压研究 [D]. 南昌：南昌大学，2010: 1-98.

[16] BAUGHMAN R H, ZAKHIDOV A A. Carbon Nanotubes the Route Toward Applications [J]. Science, 2002 (297): 787.

[17] 吕德义，陈万喜，徐铸德．纳米碳管的制备 [J]. 化学通报，2000 (10): 15-21.

[18] IIJIMA S, ICHIHASHI T, ANDO Y. Pentagons, Heptagons and Negative Curvature in Graphite Microtubule Growth [J]. Nature, 1992 (356): 776-778.

[19] ZHU H W, XU C L, WU D H. Direct Synthesis of Long Single - Walled Carbon Nanotube Strands [J]. Science, 2002 (296): 884 - 886.

[20] COLOMER J F, STEPHAN C, LEFRANT S. Large Scale Synthesis of Single Wall Carbon Nanotubes by Catalytic Chemical Vapor Deposition (CCVD) Method [J]. Chemistry Physics Letters, 2000, 3 (17): 83 - 89.

[21] MEYER J C, GEIM A K, KATSNELSON M I, et al. The structure of suspended graphene sheets [J]. Nature, 2007, 446 (7131): 60 - 63.

[22] CHEN Z, REN W, GAO L, et al. Three - dimensional flexible and conductive interconnected graphene networks grown by chemical vapour deposition [J]. Nature Materials, 2011, 10 (6): 424 - 428.

[23] 陈永胜，黄毅．石墨烯：新型二维纳米碳材料 [M]．北京：科学出版社，2015.

[24] GEIM A K, NOVOSELOV K S. The rise of graphene [J]. Nature Materials, 2007, 6 (3): 183 - 191.

[25] PEI S, WEI Q, HUANG K, et al. Green synthesis of graphene oxide by seconds timescale water electrolytic oxidation [J]. Nature Communications, 2018, 9 (1): 1 - 9.

[26] MOON I K, LEE J, RUOFF R S, et al. Reduced graphene oxide by chemical graphitization [J]. Nature Communications, 2010, 1 (1): 1 - 6.

[27] BALANDIN A A, GHOSH S, BAO W, et al. Superior thermal conductivity of single - layer graphene [J]. Nano Letters, 2008, 8 (3): 902 - 907.

[28] LEE C, WEI X, KYSAR J W, et al. Measurement of the elastic properties and intrinsic strength of monolayer graphene [J]. Science, 2008, 321 (5887): 385 - 388.

[29] REINA A, JIA X, HO J, et al. Large area, few - layer graphene films on arbitrary substrates by chemical vapor deposition [J]. Nano Letters, 2009, 9 (1): 30 - 35.

[30] RASHAD M, PAN F S, ASIF M, et al. Improved mechanical properties of magnesium - graphene composites with copper - graphene hybrids [J]. Materials Science and Technology, 2015, 31 (12): 1452 - 1461.

[31] RASHAD M, PAN F S, TANG A T, et al. Synergetic effect of graphene nanoplatelets (GNPs) and multi - walled carbon nanotube (MW - CNTs) on mechanical properties of pure magnesium [J]. Journal of Alloys & Compounds., 2014 (603): 111.

[32] RASHAD M, PAN F S, HU H H, et al. Enhanced tensile properties of magnesium composites reinforced with graphene nanoplatelets [J]. Materials Science Engineering A, 2015, 630 (10): 36 - 44.

[33] RASHAD M, PAN F S, TANG A T, et al. Improved strength and ductility of magnesium with addition of aluminum and graphene nano - platelets (Al + GNPs) using semi powder metallurgy method [J]. Journal of Industrial and Engineering Chemistry, 2015 (23): 243 - 250.

[34] RASHAD M, PAN F S, ZHANG J Y, et al. Use of high energy ball milling to study the role of graphene nanoplatelets and carbon nano - tubes reinforced magnesium alloy [J]. Journal of Alloys Compounds, 2015 (646): 223 - 232.

[35] SHIMIZU Y, MIKI S, SOGA T, et al. Multi - walled carbon nanotube - reinforced magnesium alloy composites [J]. Scripta Materialia, 2008 (58): 267.

[36] GUPTA M, LAI M O, SOO C Y. Effect of type of processing on the microstructural features and mechanical properties of Al－Cu/SiC metal matrix composites [J]. Materials Science Engineering, 1996 (210): 114.

[37] GUPTA M, WONG W L E. Magnesium－based nanocomposites: Lightweight materials of the future [J]. Materials Characterization, 2015 (105): 30－46.

[38] 赵玉涛，戴起勋，陈刚．金属基复合材料［M］．北京：机械工业出版社，2007：72.

[39] GOH C S, WEI J, LEE L C, et al. Simultaneous enhancement in strength and ductility by reinforcing magnesium with carbon nanotubes [J]. Materials Science Engineering A, 2006 (423): 153.

[40] SUN F, SHI C, RHEE K Y, et al. In situ synthesis of CNTs in Mg powder at low temperature for fabricating reinforced Mg composites [J]. Journal of Alloys and Compounds, 2013 (551): 496－501.

[41] HAO X, WANG X, ZHOU S, et al. Microstructure and properties of silver matrix composites reinforced with Ag－doped graphene [J]. Materials Chemistry and Physics, 2018 (215): 327－331.

[42] BOOSTANI A F, TAHAMTAN S, JIANG Z Y, et al. Enhanced tensile properties of aluminium matrix composites reinforced with graphene encapsulated SiC nanoparticles [J]. Composites Part A: Applied Science and Manufacturing, 2015 (68): 155－163.

[43] WANG M, ZHAO Y, WANG L D, et al. Achieving high strength and ductility in graphene/magnesium composite via an in－situ reaction wetting process [J]. Carbon, 2018 (139): 954－963.

[44] ZHOU W, MIKULOVA P, FAN Y, et al. Interfacial reaction induced efficient load transfer in few－layer graphene reinforced Al matrix composites for high－performance conductor [J]. Composites Part B: Engineering, 2019 (167): 93－99.

[45] CHU K, WANG F, LI Y, et al. Interface structure and strengthening behavior of graphene/CuCr composites [J]. Carbon, 2018 (133): 127－139.

[46] CHU K, WANG F, WANG X, et al. Interface design of graphene/copper composites by matrix alloying with titanium [J]. Materials & Design, 2018 (144): 290－303.

[47] CHU K, WANG J, LIU Y, et al. Graphene defect engineering for optimizing the interface and mechanical properties of graphene/copper composites [J]. Carbon, 2018 (140): 112－123.

[48] 王秒．原位自生石墨烯增强铜基复合材料变形行为及性能［D］．哈尔滨：哈尔滨工业大学，2019.

[49] 郭长发．镁合金中形变孪晶间的应变协调效应及其变体选择机制［D］．重庆：重庆大学，2016.

第 2 章　搅拌铸造 CNTs 增强镁基复合材料制备、组织与性能

2.1　引言

碳纳米管强度高达 30～200 GPa，弹性模量高达 1 TPa，被认为是最理想的增强体。碳纳米管优异的强韧化效果已经在铝基复合材料中得到了充分证实。但是碳纳米管比表面积巨大，在范德华力的作用下很容易产生团聚。目前亟待解决碳纳米管在金属基体中分散性差的问题。在铝、钛、铜等金属中可以采用球磨的方式实现石墨烯在金属基体中的复合与分散。但是这种方法容易导致碳纳米管的断裂和破碎，对其结构完整性造成较大损伤，最终制备的复合材料尺寸和成本也面临着巨大挑战。另外，由于镁粉化学性质活泼，很容易引发燃烧和爆炸等灾难性后果，因此这种方法对于应用广泛的轻质镁基复合材料并不适用，存在很大的局限性。相比之下，石墨烯和金属镁即使在高温熔体中也不发生化学反应，具有很好的化学相容性，因此液态制备技术是石墨烯增强镁基复合材料最佳的选择。在镁液中，碳纳米管分散困难的原因主要来自两个方面：一是碳纳米管长径比很大，缠绕非常严重；二是碳纳米管与镁合金润湿性较差，直接影响两者的复合。只有克服这两个问题后，碳纳米管在镁熔体中的分散问题才会迎刃而解。针对上述问题，本章将采用合适的预分散手段消除原始碳纳米管的团聚，利用半固态搅拌和高能超声波实现碳纳米管的进一步分散和复合，制备出碳纳米管分散均匀的镁基复合材料。在此基础上，通过热挤压变形调控复合材料显微组织与石墨烯分布状态，充分发挥碳纳米管优异的强韧化效果，实现刚度、强度和塑性的协同匹配，揭示碳纳米管增强镁基复合材料的强韧化机制，开发出碳纳米管增强镁基复合材料的超声辅助搅拌铸造制备技术，为镁基复合材料的设计、制备和组织性能调控提供理论支持。

2.2　碳纳米管的预分散工艺

图 2-1 是原始碳纳米管的形貌，可以发现碳纳米管主要以团聚的形式存在，并且团聚的尺寸很大，高倍下可以看到碳纳米管之间相互缠绕在一起。如果不预先把碳纳米管团聚进行分散处理，而是通过搅拌的方式加入到镁合金中，半固态搅拌和超声过程无法将团聚碳纳米管分散开，复合材料中的碳纳米管仍然会以团聚的形式存在。团聚的碳纳米管在复合材料中会成为裂纹萌生的源头，是造成复合材料力学性能和物理性能不高甚至下降的主要原因。

CNTs 巨大的比表面积使其极易发生团聚，合理有效的 CNTs 预分散过程是制备复合

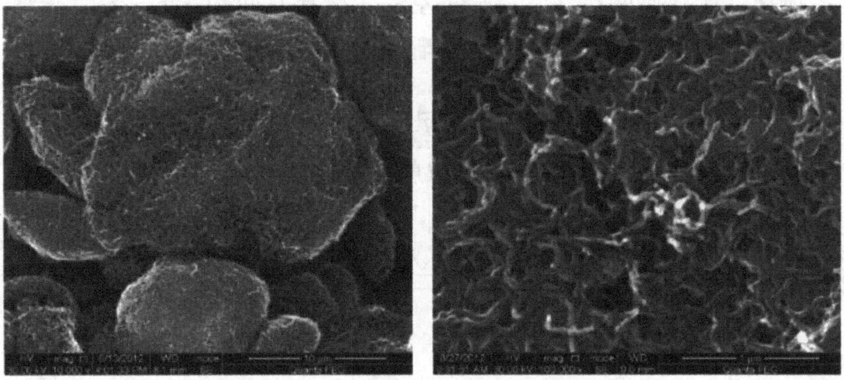

(a) 低倍　　(b) 高倍

图 2－1　原始碳纳米管的形貌

材料的重要环节。湿法混合对 CNTs 的结构完整性破坏较小，可以避免分散过程中 CNTs 尺寸的减小，且分散过程也不会引发金属镁的剧烈氧化。因此本研究采用湿法混合对 CNTs 进行化学预分散。本文所用的化学分散剂是中科院成都有机所有限公司研发的，产品型号为 TNADIS。为了防止已分散 CNTs 的再团聚，经过水分散的 CNTs 还需要有载体的支持。粉末状的载体由于其比表面积小且存在一定的表面曲率，具有超大比表面积的 CNTs 很难在其表面有效沉积或吸附。与球形的金属粉相比，片状的镁屑对碳纳米管的承载具有很大的优势：一方面，镁屑具有较大的比表面积，可以承载更多的碳纳米管；另一方面，碳纳米管不需要弯曲就能牢固地附着在镁屑表面上。所以镁屑是分散碳纳米管理想的载体。图 2－2 是镁屑形貌的 SEM 照片，从图 2－2（a）发现镁屑的宽度大约为 1 mm，从图 2－2（b）发现镁屑的厚度不到 100 μm。

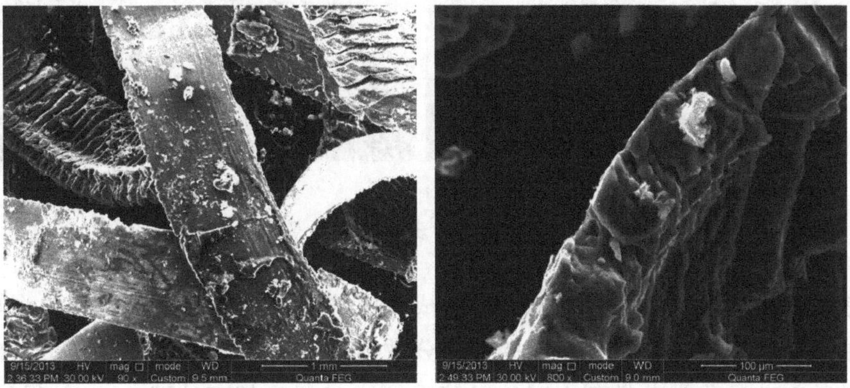

(a) 低倍　　(b) 高倍

图 2－2　镁屑形貌的 SEM 照片

预分散工艺的主要过程如下：首先称取适量的多壁碳纳米管，放入准备好的酒精溶液中；称取适量的化学分散剂 TNADIS 放入酒精中，与碳纳米管相互作用。将盛放碳纳米管的烧杯放入超声波仪器中进行超声处理，获得碳纳米管悬浮液。然后将适量镁屑加入到悬浮液中进行搅拌，搅拌速度在 200 r/min 左右，搅拌时间约 3 h，最后碳纳米管悬浮液在室温下自然干燥，分散均匀的碳纳米管逐渐沉积在镁屑表面（见图 2-3）。

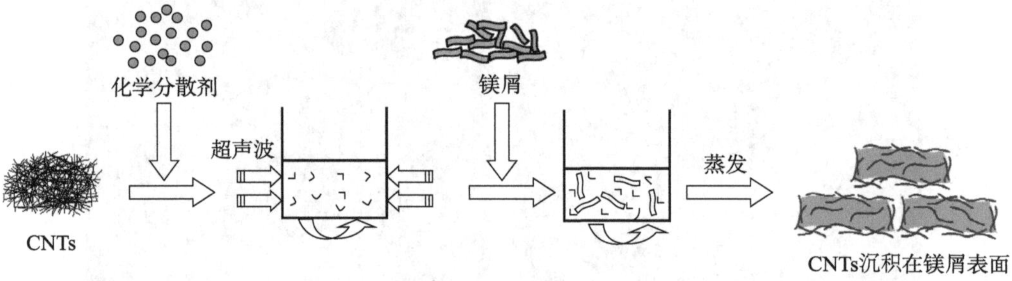

图 2-3　碳纳米管预分散流程

图 2-4（a）是碳纳米管预分散在镁屑表面的 SEM 照片。镁屑表面承载着均匀分散的碳纳米管，没有发现团聚状态的碳纳米管，发现一些碳纳米管相互缠联在一起，这种状态是无法避免的，因为碳纳米管长径比很大，单根碳纳米管相互缠联在一起是很正常的，这种分散状态也是很普遍的。图 2-4（b）是对图 2-4（a）的局部放大图，可以发现很多单根分布的碳纳米管，并且碳纳米管能牢固地附着在镁屑表面，达到了均匀分散碳纳米管的目的。

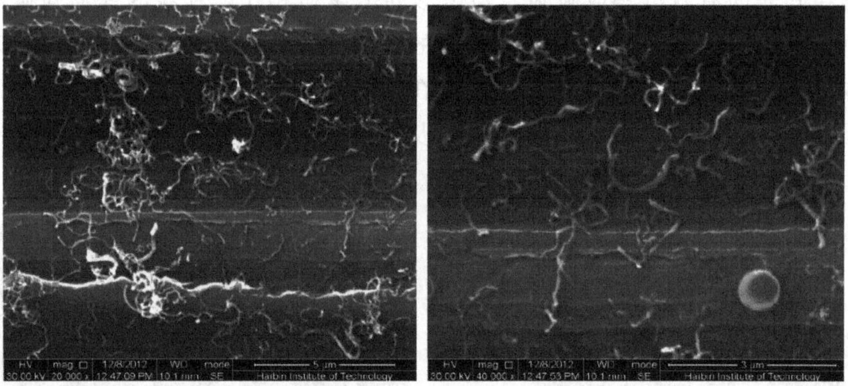

(a)　　(b)

图 2-4　吸附于镁屑表面的典型 GNPs 形貌

预分散过程可能会对碳纳米管的结构造成一定的破坏，影响碳纳米管的力学性能。为了确定碳纳米管结构的完整性，对原始和预分散的碳纳米管进行了拉曼光谱（Raman）分析，预分散的工艺是化学分散剂占碳纳米管质量的 15%，超声处理 3 h。结果如图 2-5 所示，原始和预分散的碳纳米管都在 1 340 cm^{-1} 和 1 570 cm^{-1} 处产生两个特征峰，分别称为 D 峰和 G 峰，这是典型的碳纳米管的 Raman 图谱。其中 D 峰能够表征碳纳米管结构的无序程度，反映了无规则碳原子的特征；G 峰可以表征碳纳米管的原始石墨结构特征，与碳纳米管的 sp^2 键振动联系[1]。如果碳纳米管的结构受到破坏，其破坏程度可以反映到 D 峰与 G 峰的比值上，即 I_D/I_G 的大小。I_D/I_G 可以表征碳纳米管的完整性，也就是碳纳米管的质量[2]。原始和预分散之后碳纳米管的 I_D/I_G 分别为0.9和0.91，说明预分散过程没有破坏碳纳米管的完整结构。

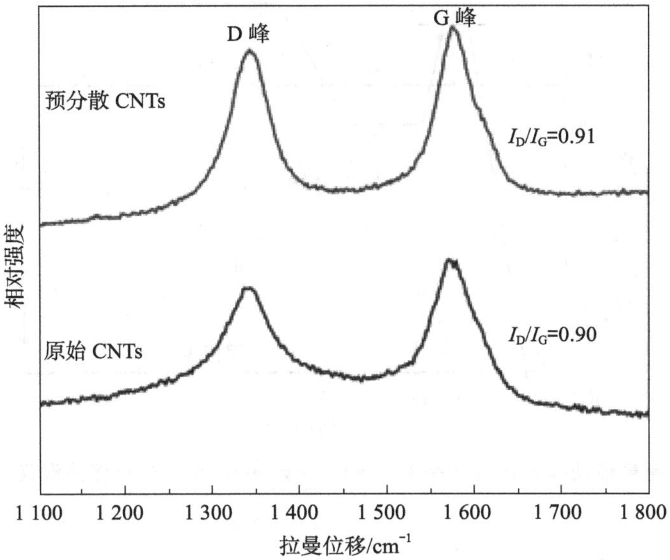

图2-5　原始与预分散碳纳米管的拉曼光谱

2.3　超声波半固态搅拌法制备过程

将镁锭加入坩埚中，将炉子温度设定为720 ℃，并通入 CO_2 和 SF_6 混合气防止镁合金燃烧，其中 CO_2 和 SF_6 体积比为40∶1。碳纳米管在高温条件下，容易燃烧，所以在碳纳米管的加入过程中，应该适当增加保护气的流通速度。镁锭熔化之后，加入准备好的锌锭，同时将加热温度调整到镁锌合金的半固态温度区间（440～630 ℃）。本文选择的半固态搅拌温度为600 ℃，因为在此温度下，熔体中固相比例适中，搅拌效果良好。达到设定温度之后，将搅拌桨放入熔体中金相搅拌，迅速将预分散好的碳纳米管加入涡流中。碳纳米管加入完毕后，继续搅拌一定时间来分散碳纳米管（见图2-6）。半固态搅拌装置如图2-7（a）所示。

将超声波工具杆放入加热炉中预热，预热温度为690 ℃。半固态搅拌之后，将熔体从600 ℃升温到690 ℃，再将预热好的超声波工具杆导入镁熔体中，如图2-7（b）所示。对熔体进行超声处理，超声波功率设定为450 W，超声波频率为20 000 Hz，超声完毕之后，移开超声波工具杆，并且将熔体温度升高到720 ℃。稳定一段时间之后，将熔体浇注到模具中，凝固成型。由于在超声处理过程中，熔体一直处于高温状态下，为了防止燃烧，需要在 CO_2 和 SF_6 混合气保护下进行超声处理。

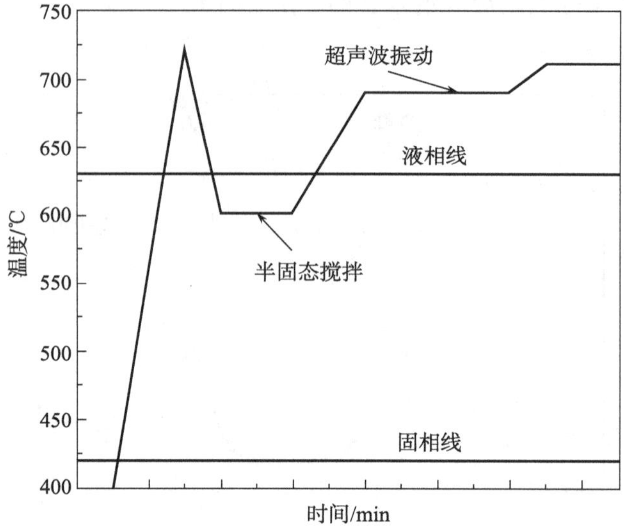

图 2-6　超声辅助搅拌铸造法制备 CNTs/Mg-6Zn 复合材料熔体温度与时间关系

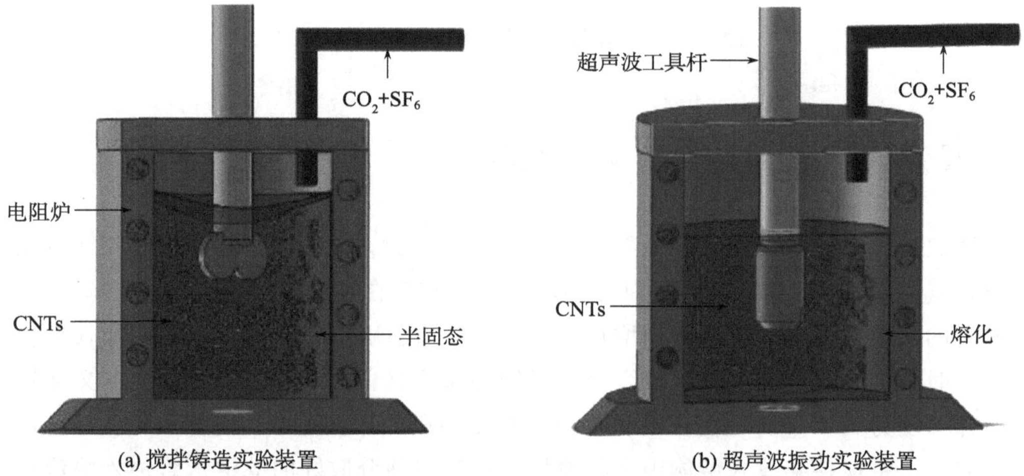

图 2-7　超声辅助搅拌铸造法制备 CNTs/Mg-6Zn 复合材料装置示意图

2.4　铸态 CNTs/Mg-6Zn 复合材料的组织

2.4.1　不同体积分数铸态 CNTs/Mg-6Zn 复合材料的组织

图 2-8 为超声辅助搅拌铸造法制备的不同体积分数的 CNTs/Mg-6Zn 复合材料的 SEM 照片。由图可见，当碳纳米管的体积分数为 0.5%和 1.0%时，碳纳米管在宏观上分布比较均匀，没有发现明显的碳纳米管偏聚现象。但当碳纳米管体积分数增加到 1.5%时，熔体黏度将会增加，超声波在熔体中空化效应和声流效应减弱，导致部分碳纳米管不能被

有效分散，这些碳纳米管将形成碳纳米管偏聚。碳纳米管是一种一维纳米材料，既具有纳米材料的尺寸效应，又具有一维材料的尺寸效应，所以在复合材料中碳纳米管容易团聚。一般来说，液态法制备的碳纳米管增强镁基复合材料中碳纳米管的体积分数较低，很难制备出高体积分数的复合材料。

(a) 体积分数0.5%

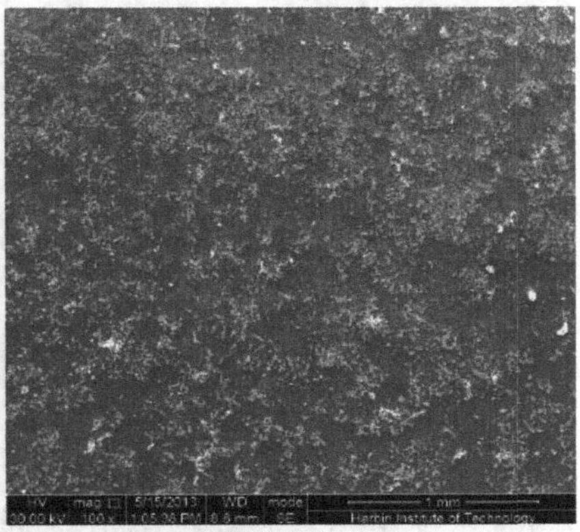

(b) 体积分数1.0%

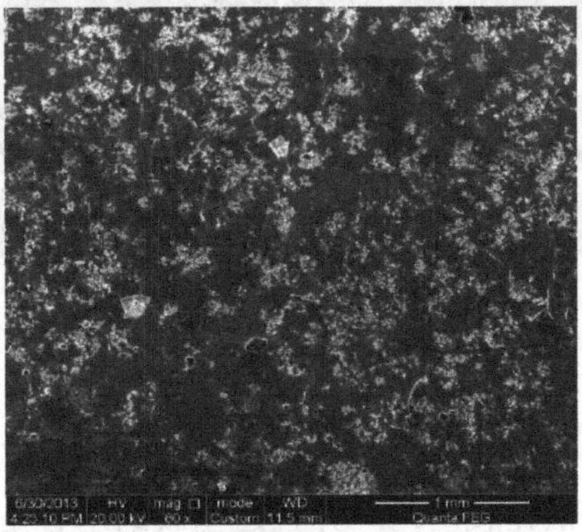

(c) 体积分数1.5%

图 2-8　不同体积分数的 CNTs/Mg-6Zn 复合材料的 SEM 照片

图 2-9 为体积分数 1.0% CNTs/Mg-6Zn 复合材料在不同放大倍数下的 SEM 照片。如图 2-9（a）和（b）所示，可以发现碳纳米管分布在晶界上面，但是没有发现碳纳米管偏聚，碳纳米管分布比较均匀。这是液态工艺制备金属基复合材料典型增强体分布，即“项链状”增强体分布。如图 2-9（c）和（d）所示，在高倍下，可以发现分布在晶粒内部的碳纳米管，并且可以清楚地看到碳纳米管的形貌，这些碳纳米管有的是以单根的形式存在，有的是以几根相互缠联的形式存在，这种形貌与预分散中发现的碳纳米管的形貌是一致的。碳纳米管均匀地分布在复合材料基体晶粒内部，这是由于碳纳米管在凝固过程中被液固界面前沿“吞并”。因此，超声辅助搅拌铸造法所制备的复合材料中碳纳米管在微观上的分布也是均匀的。

图 2-10 为超声辅助搅拌铸造法制备的体积分数 1.0% CNTs/Mg-6Zn 复合材料的 TEM 观察。发现在复合材料中存在长径比很大的物质，如图 2-10（a）中箭头所示。图

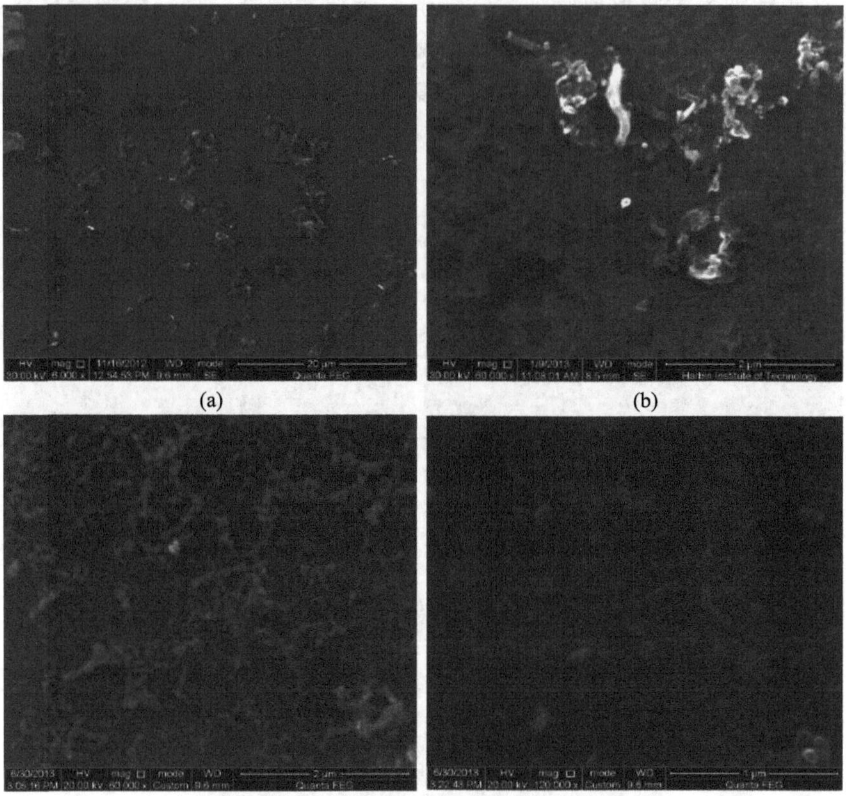

(a)　(b)　(c)　(d)

图 2-9　体积分数 1.0%CNTs/Mg-6Zn 复合材料在不同放大倍数下的 SEM 照片

2-10（b）是对图 2-10（a）的放大，发现这些长径比很大的物质是单根的碳纳米管。说明碳纳米管在复合材料中分散比较均匀，并且这些碳纳米管是以单根的形式存在的，证明碳纳米管分散效果良好。

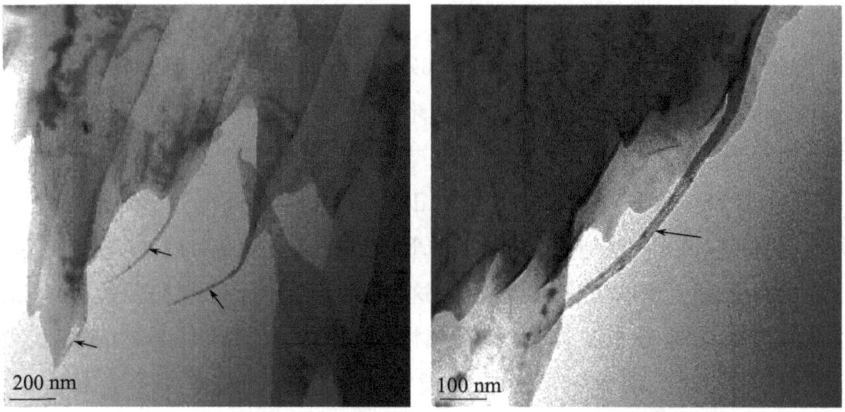

(a) 低倍　(b) 高倍

图 2-10　体积分数 1.0% CNTs/Mg-6Zn 复合材料的 TEM 观察

图 2－11 给出了 Mg－6Zn 合金和不同体积分数的 CNTs/Mg－6Zn 复合材料的金相照片。由图可见，与 Mg－6Zn 合金相比［见图 2－11（a）］，各个复合材料的晶粒都有所细化，碳纳米管体积分数越大，复合材料基体的晶粒尺寸就越小。说明碳纳米管的加入可以细化基体的晶粒尺寸。在凝固过程中，碳纳米管可作为非均质形核位置而提高形核率，使得凝固后复合材料的晶粒细化。

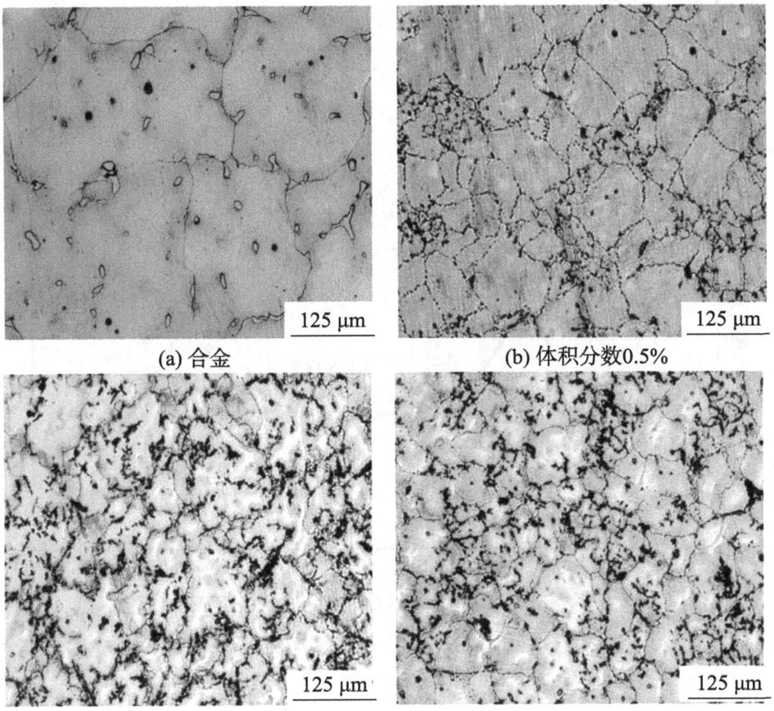

(a) 合金　(b) 体积分数0.5%　(c) 体积分数1.0%　(d) 体积分数1.5%

图 2－11　不同体积分数的 CNTs/Mg－6Zn 复合材料的光学显微组织分析

2.4.2　碳纳米管在铸态 CNTs/Mg－6Zn 复合材料中的完整性

碳纳米管具有非常优异的力学性能，这种优异的力学性能来自碳纳米管所具有的完美结构，而碳纳米管完整的石墨化结构是其力学性能的根本。如果碳纳米管的结构完整性遭到破坏，那么它的力学性能就会急剧下降。在传统的制备复合材料的方法中，球磨法是一种比较常用的方法。日本学者 Shimizu[3] 曾应用球磨法制备了碳纳米管增强镁基复合材料，但是球磨法是一种应用巨大的机械力将碳纳米管强制分散的方法，碳纳米管的结构完整性不可避免地遭到破坏，复合材料的力学性能也会受到影响。

前面已经表征过原始的和预分散的碳纳米管的完整性，其中原始碳纳米管和预分散的碳纳米管的 I_D/I_G 值分别是 0.90 和 0.91，说明预分散之后碳纳米管的结构基本保持完整，没有受到破坏。但是本文所用的超声辅助搅拌铸造法有可能对碳纳米管结构的完整性造成损坏，尤其是需要经过半固态搅拌和超声处理过程，所以研究复合材料中碳纳米管的结构完整性是非常有必要的。图 2－12 是原始碳纳米管和铸态复合材料中碳纳米管的拉曼光谱图，二者曲线具有典型的碳纳米管的拉曼图谱的特征，均在 1 340 cm^{-1} 和 1 570 cm^{-1} 附近呈现两个特征峰。原始碳纳米管的 I_D/I_G 值为 0.90，铸态复合材料的 I_D/I_G 值是 0.97。二者相比，变化不大，说明预分散、半固态搅拌和高能超声都没有破坏碳纳米管的完整结构。总之，超声辅助搅拌铸造法是一个可以获得完整碳纳米管的优良方法，这为复合材料力学性能的提高奠定了基础。

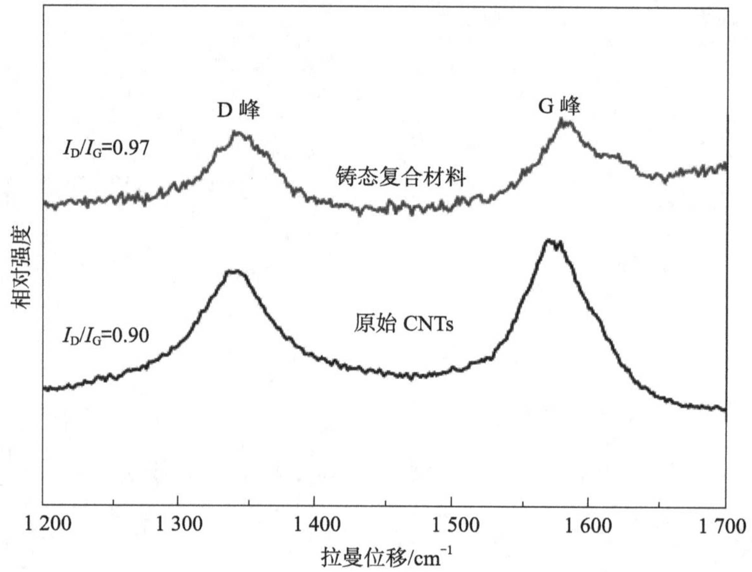

图 2－12　铸态 CNTs/Mg－6Zn 复合材料中碳纳米管的拉曼光谱分析

2.5　热挤压对 CNTs/Mg－6Zn 复合材料组织的影响

由于铸态 CNTs/Mg－6Zn 复合材料一般不可避免地存在晶粒组织较粗大、致密性较差、部分碳纳米管偏聚等缺点，导致铸态 CNTs/Mg－6Zn 复合材料力学性能不够理想。为了进一步细化晶粒，提高复合材料中碳纳米管的分散程度，同时提高复合材料力学性能，有必要对铸态 CNTs/Mg－6Zn 复合材料进行二次热变形。通过二次热变形来改善碳纳米管增强镁基复合材料的力学性能已有报道，其中最常用的工艺是热挤压变形。

与其他变形方式相比，热挤压变形所使用的设备简单并且成本较低，整体工艺流程也比较简单，产品的表观质量良好，适合于工业化生产的要求，是实现复合材料广泛应用的重要途径之一[4]。到目前为止，国内外已有学者对碳纳米管增强镁基复合材料进行热挤压变形研究，发现复合材料晶粒细化，力学性能明显提高。但是很少有学者研究热挤压对镁基复合材料中碳纳米管分布的影响，并且极少有学者研究碳纳米管对镁基复合材料动态再结晶和织构的影响，碳纳米管对基体组织演变影响规律及其机制尚不明确。

因此，开展 CNTs/Mg－6Zn 复合材料的热挤压变形具有十分重要的意义。本部分将采用三个挤压比 5∶1，12∶1 和 20∶1，三个挤压温度 300 ℃、350 ℃和 400 ℃，挤压速度设定为 13 mm/s。在挤压前对合金和复合材料进行固溶处理，固溶温度为 350 ℃，固溶时间为 12 h。为了方便记录，对不同挤压工艺参数进行编号，比如将挤压温度为 350 ℃，挤压比为 20∶1 记为 350*R*20，其他以此类推。研究挤压温度、挤压比和碳纳米管体积分数对 CNTs/Mg－6Zn 复合材料的增强体分布、基体显微组织和织构的影响及其机制，并且将研究挤压态 CNTs/Mg－6Zn 复合材料的界面。

2.5.1　挤压工艺对碳纳米管分布的影响

（1）挤压温度对碳纳米管分布的影响

图 2－13 为体积分数 1.0%CNTs/Mg－6Zn 复合材料在挤压比为 20∶1（*R*＝20∶1）时不同温度挤压后平行于挤压方向的 SEM 照片。与铸态复合材料相比较，热挤压之后复合材料中碳纳米管分布更加均匀，碳纳米管偏聚现象显著减少甚至消失。图 2－13（a）、（b）和（c）分别为体积分数 1.0% CNTs/Mg－6Zn 复合材料在挤压比为 20∶1，挤压温度为 300 ℃、350 ℃和 400 ℃挤压后平行于挤压方向的 SEM 照片。对比图 2－13（a）、（b）和（c），发现 300*R*20 挤压后，复合材料中存在一些碳纳米管聚集，但是经过 350*R*20 和 400*R*20 挤压后，这种偏聚的碳纳米管分布基本消失。

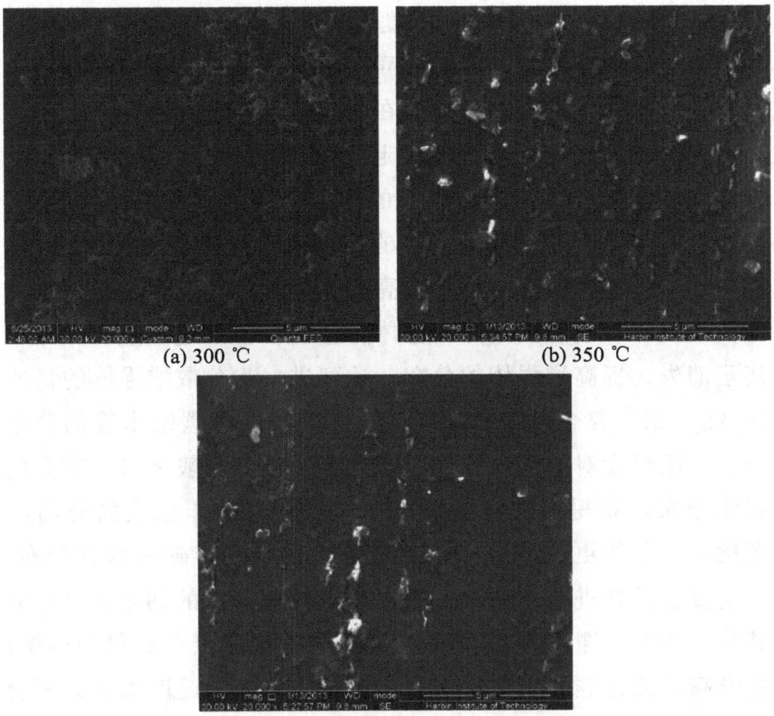
(a) 300 ℃　(b) 350 ℃

(c) 400 ℃

图 2－13　不同挤压温度下体积分数 1.0% CNTs/Mg－6Zn 复合材料的 SEM 照片（*R*＝20∶1）

图 2-14 为体积分数 1.0% CNTs/Mg-6Zn 复合材料经过 350R20 工艺挤压之后的面扫描分析，C 来自碳纳米管，C 元素的分布可以表征碳纳米管的分布。可以看到 C 元素的分布比较均匀，没有较大的团聚存在。这表明挤压温度为 350 ℃，挤压比为 20∶1 的工艺参数可以改善碳纳米管的分布，获得分布较好的 CNTs/Mg-6Zn 复合材料。

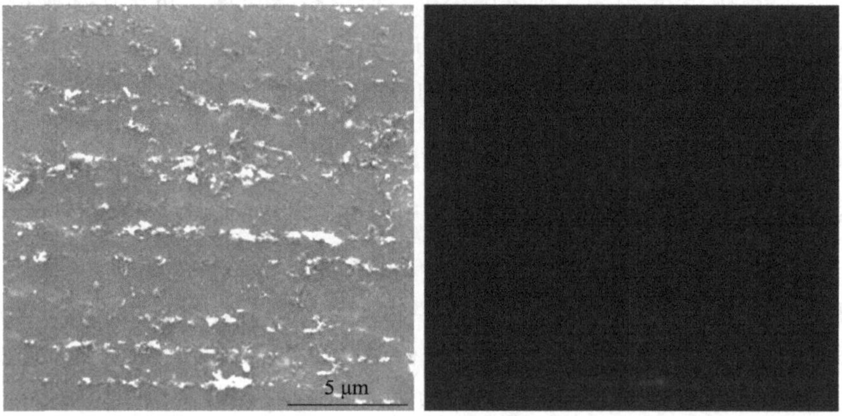

(a) CNTs的分布　　(b) 碳元素的K层电子产生的特征X射线能谱

图 2-14　350R20 挤压后体积分数 1.0% CNTs/Mg-6Zn 复合材料平行于挤压方向的面扫描分析（见彩插）

图 2-15 所示为体积分数 1.0% CNTs/Mg-6Zn 复合材料经过 350R20 工艺挤压之后的 TEM 照片。由图 2-15 可见，当挤压温度为 350 ℃，挤压比为 20∶1 时，CNTs/Mg-6Zn 复合材料中碳纳米管的分布较为均匀，可以看到碳纳米管灰色的管壁，有的碳纳米管以单根的形式存在，有的碳纳米管之间连接在一起，这种连在一起的分布状况与预分散时观察到的分散是相吻合的。碳纳米管连在一起不会造成孔洞等缺陷，因为通过超声处理，镁合金熔体可以渗入碳纳米管中间，这方面的内容会在界面部分详细说明。TEM 进一步说明了挤压温度为 350 ℃，挤压比为 20∶1 的挤压工艺可以有效地提高碳纳米管在复合材料中的分布。在挤压过程中，因为温度比较高，基体的流动性比较好，而增强体偏聚区流动性较差，只能发生破碎。流动性良好的基体合金就会被挤进增强体偏聚区域，最终使增强体偏聚减少甚至消失，提高增强体的分布，达到进一步分散增强体的目的[5]。

对于 CNTs/Mg-6Zn 复合材料来说，热挤压能够改善碳纳米管的分布，使碳纳米管偏聚均匀分散开。挤压温度对碳纳米管分布有重要影响，一般来说，较高的挤压温度能更高效地改善增强体分布，获得更优良的挤压棒材。随着挤压温度的升高，基体的塑性增加，流动性逐渐增强，基体更容易挤开碳纳米管偏聚，改善碳纳米管分布。徐镭[6] 对纳米碳化硅增强镁基复合材料进行热挤压，也发现 350 ℃挤压的纳米碳化硅分布比 250 ℃挤压的纳米碳化硅分布均匀。谢文等[7] 对碳化硅增强的镁基复合材料的热挤压研究也表明，随着挤压温度的升高，碳化硅分布更加均匀。但是如果挤压温度太高，复合材料表面开裂现象特别严重，急剧恶化复合材料的力学性能。

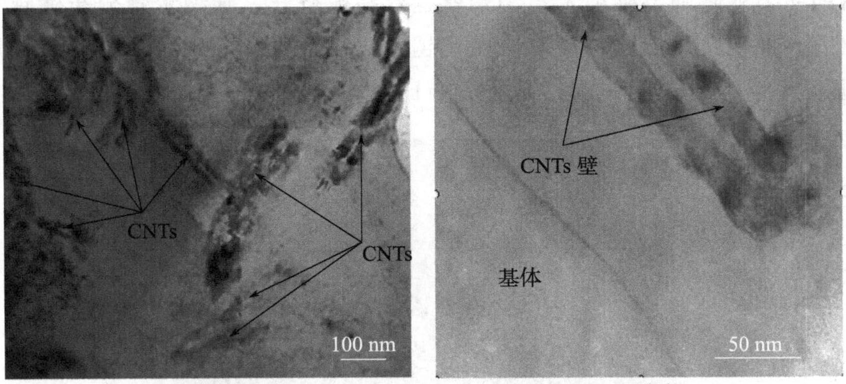

(a) 低倍　(b) 高倍

图 2-15　350*R*20 挤压后体积分数 1.0% CNTs/Mg-6Zn 复合材料的 TEM 照片

(2) 挤压比对碳纳米管分布的影响

除了挤压温度对增强体的分布有重要影响之外，挤压比会对增强体分布产生重要影响，这是因为挤压比控制变形量的大小。图 2-16 为体积分数 1.0% CNTs/Mg-6Zn 复合材料经过 350*R*5 工艺挤压之后的 SEM 照片。根据图 2-16（a）所示，碳纳米管聚集在变形带上面，并且变形带比较粗大。图 2-16（b）是对图 2-16（a）放大所得到的 SEM 照片，可以发现，碳纳米管没有充分地分散开，存在碳纳米管偏聚。与 350*R*20 的复合材料相比，可以发现挤压比为 20：1 的复合材料中碳纳米管的分布更加均匀。图 2-17 所示为体积分数 1.0% CNTs/Mg-6Zn 复合材料经过 350*R*5 工艺挤压之后的 TEM 照片。图 2-17 与 SEM 结果相互吻合，碳纳米管相互之间连接在一起，存在偏聚现象。与原始碳纳米管相比，这种分布状态有所改善，但是分散不充分、不均匀，还可以进一步提高。

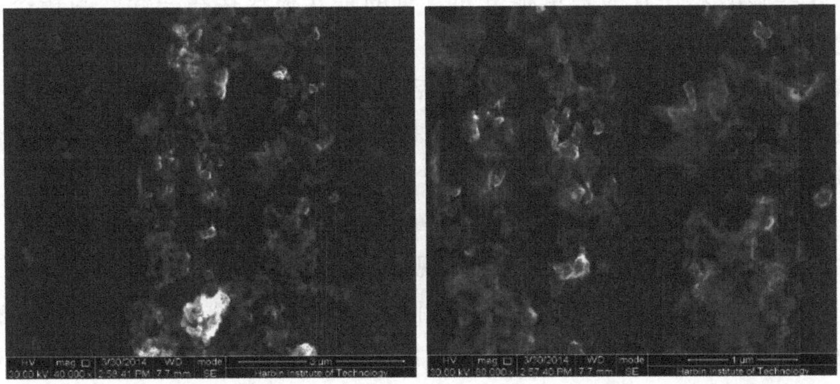
(a) 低倍　(b) 高倍

图 2-16　350*R*5 挤压后体积分数 1.0% CNTs/Mg-6Zn 复合材料的 SEM 照片

与图 2-13 比较可见，350*R*20 挤压的复合材料中的碳纳米管分布更加均匀。挤压比越大，碳纳米管的分布就越均匀，说明较大的挤压比能更高效地改善碳纳米管分布。挤压比决定了变形量的大小，随着挤压比的不断增大，材料变形量也在增大，挤压时合金进入碳纳米管偏聚的能力就越强，碳纳米管偏聚就越容易被挤开，碳纳米管分布就越均匀。结合上一节的研究，发现挤压温度越高，挤压比越大，复合材料中碳纳米管分布越均匀。经过 350R20 挤压之后，复合材料中碳纳米管分布比较均匀，如图 2-15 所示。

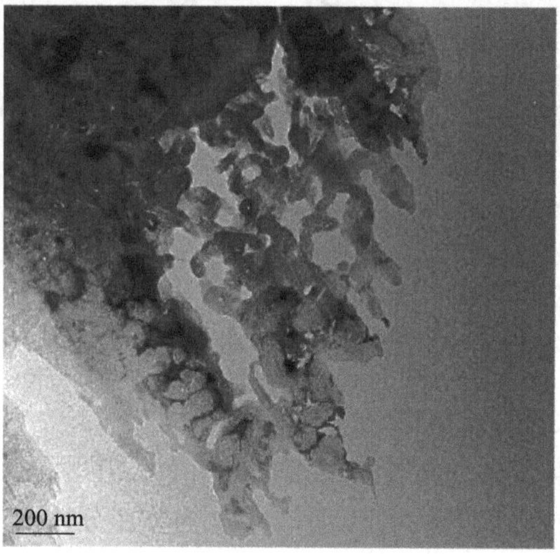

图 2-17 350R5 挤压后体积分数 1.0% CNTs/Mg-6Zn 复合材料的 TEM 照片

(3) 体积分数对碳纳米管分布的影响

图 2-18 为体积分数 0.5% CNTs/Mg-6Zn 复合材料经过 350R20 工艺挤压之后不同放大倍数的 SEM 照片。在低倍下，如图 2-18 (a) 和图 2-18 (b) 所示，可以发现沿着挤压方向存在较多白色的变形带，这些变形带分布比较均匀，没有发现明显的团聚碳纳米管。在高倍下，如图 2-18 (c) ～ (f) 所示，可以发现这些白色变形带就是弥散分布的碳纳米管，这些碳纳米管有的是单根分布，有的是几根连接在一起。与铸态复合材料相比，挤压之后复合材料中碳纳米管的分布更加均匀。图 2-19 为体积分数 0.5% CNTs/Mg-6Zn 复合材料经过 350R20 工艺挤压之后的面扫描分析，可以看到 C 元素分布比较均匀，没有发现较大的团聚碳纳米管。这表明 350R20 挤压工艺参数可以改善碳纳米管的分布，获得分布较均匀的 CNTs/Mg-6Zn 复合材料。

图 2-20 为体积分数 1.5% CNTs/Mg-6Zn 复合材料经过 350R20 工艺挤压之后不同放大倍数的 SEM 照片。在低倍下，可以发现沿着挤压方向存在很多白色的变形带，与体积分数 0.5% CNTs/Mg-6Zn 的复合材料相比，变形带更多，并且更粗大。在高倍下发现这些白色变形带是由碳纳米管组成的。由图 2-20 (a) 可见，体积分数 1.5% CNTs/Mg-6Zn 复合材料中的碳纳米管在宏观上分布不均匀。由图 2-20 (b) 可见，虽然经过热挤压，复合材料在微观上依然存在较多的碳纳米管偏聚。

图 2-21 所示为体积分数 1.5% CNTs/Mg-6Zn 复合材料经过 350R20 工艺挤压之后的 TEM 照片。由图可见，体积分数 1.5% CNTs/Mg-6Zn 复合材料中碳纳米管没有完全分散开，碳纳米管相互连接在一起。与原始碳纳米管和铸态复合材料相比，这种分布状态有所提高，但是碳纳米管的分散程度远远不如低体积分数的复合材料。

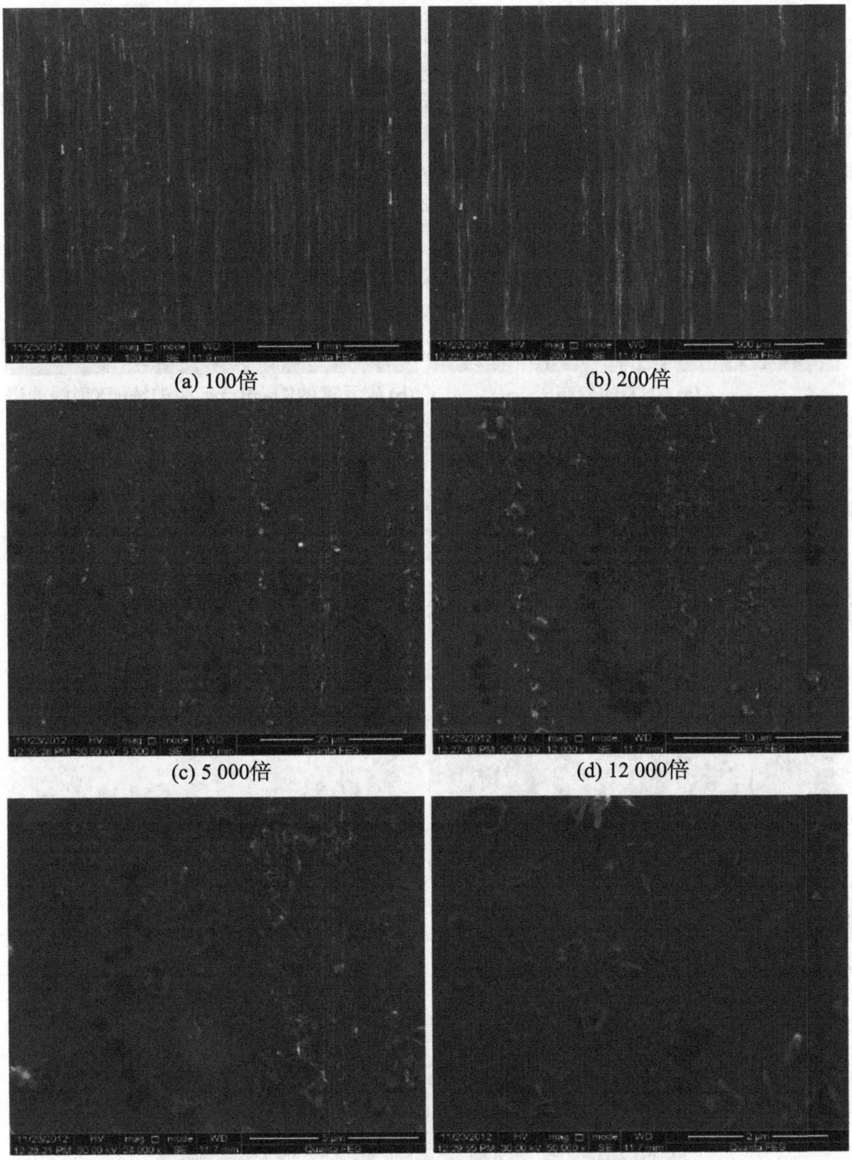

(a) 100倍　　(b) 200倍

(c) 5 000倍　　(d) 12 000倍

(e) 24 000倍　　(f) 50 000倍

图 2－18　350*R*20 挤压后体积分数 0.5% CNTs/Mg－6Zn 复合材料的 SEM 照片

图 2－22 为体积分数 1.0% CNTs/Mg－6Zn 复合材料经过 350*R*20 工艺挤压之后的 TEM 照片。在图 2－22（a）中，发现一些弥散分布的黑色线状的物质，如箭头所示，图 2－22（b）是图 2－22（a）中一根线状物质在高倍下的 TEM 照片，发现这些线状物质是单根的碳纳米管，可以清晰地看到碳纳米管的管状结构。所以，与体积分数 1.5% CNTs/Mg－6Zn 复合材料相比，体积分数 1.0% CNTs/Mg－6Zn 复合材料中碳纳米管的分布更加均匀。说明碳纳米管体积分数越大，就越难于分散。

图 2－23 为体积分数 1.0% CNTs/Mg－6Zn 复合材料经过 350*R*20 工艺挤压之后，垂

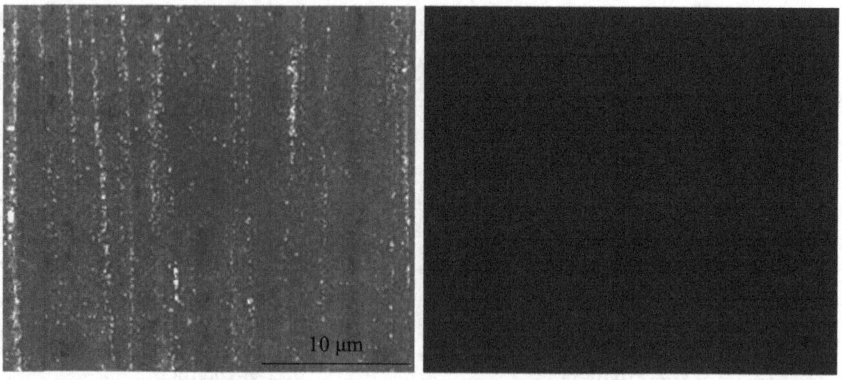

(a) CNTs的分布　　(b) 碳元素的K层电子产生的特征X射线能谱

图 2－19　350*R*20 挤压后体积分数 0.5% CNTs/Mg－6Zn 复合材料平行于挤压方向的面扫描分析（见彩插）

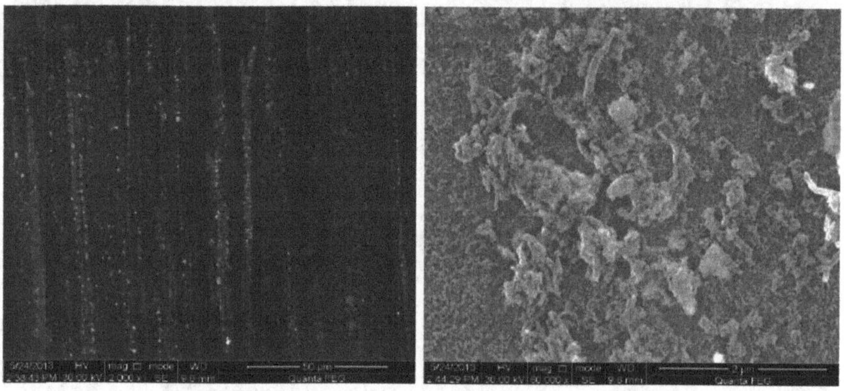

(a) 低倍　　(b) 高倍

图 2－20　350*R*20 挤压后体积分数 1.5% CNTs/Mg－6Zn 复合材料的 SEM 照片

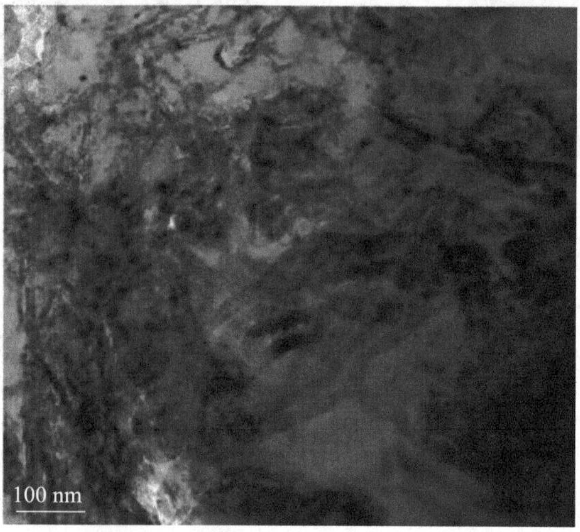

图 2－21　350*R*20 挤压后体积分数 1.5% CNTs/Mg－6Zn 复合材料的 SEM 照片

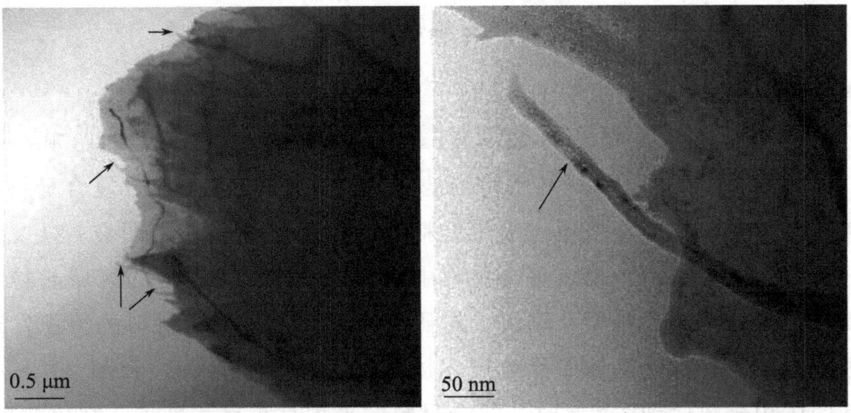

(a) 低倍　　(b) 高倍

图 2-22　350R20 挤压后体积分数 1.0% CNTs/Mg-6Zn 复合材料的 TEM 照片

直于挤压方向的 SEM 照片。如图 2-23（a）所示，在低倍下观察发现，经过挤压之后，在晶界上的碳纳米管被挤到原本的碳纳米管贫瘠区，这样可以使碳纳米管分散更加均匀。图 2-23（b）是对图 2-23（a）的放大，在高倍下发现，复合材料中还存在碳纳米管贫瘠区。通过比较不同方向复合材料中碳纳米管的分布发现，垂直于挤压方向的碳纳米管没有充分分散开，但是比铸态复合材料中碳纳米管分散更均匀，而平行于挤压方向的碳纳米管分布比较均匀。这与挤压过程中各个方向变形不均匀有关，复合材料在横向和纵向上受力不一致，导致变形不均匀。在垂直挤压方向，“项链状”碳纳米管分布现象还是比较明显。但是平行于挤压方向，这种“项链状”碳纳米管分布却基本上消失了。王晓军[8] 制备了碳化硅增强镁基复合材料，经过热挤压之后，研究了垂直和平行于挤压方向碳化硅的分布规律，也发现平行于挤压方向的碳化硅分布更加均匀。

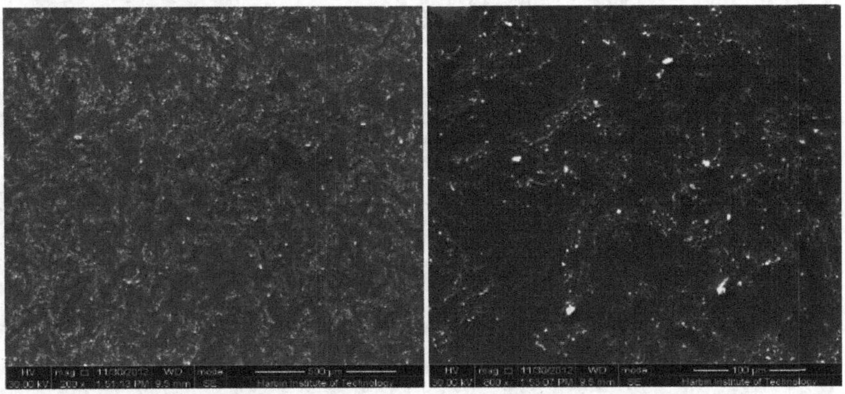

(a) 低倍　　(b) 高倍

图 2-23　350R20 挤压后体积分数 1.0% CNTs/Mg-6Zn 复合材料垂直于挤压方向的 SEM 照片

2.5.2 挤压过程中基体显微组织的演变规律

（1）体积分数对基体显微组织的影响

图 2 - 24 为合金和不同体积分数 CNTs/Mg - 6Zn 复合材料经过 350*R*20 挤压后的 EBSD 图。图 2 - 25 是根据 EBSD 结果得出的合金与 CNTs/Mg - 6Zn 复合材料的晶粒尺寸分布。与铸态复合材料相比，挤压态复合材料的晶粒明显细化。由图 2 - 24（b）和图 2 - 24（c）可见，在 CNTs/Mg - 6Zn 复合材料中碳纳米管变形带附近的区域晶粒尺寸更加细小，在远离变形带的区域晶粒尺寸略大。对比不同体积分数复合材料的组织发现，碳纳米管体积分数越大，复合材料基体中晶粒尺寸越小。由图 2 - 24（d）和图 2 - 25（d）可见，当碳纳米管的体积分数达到 1.5%时，复合材料的平均晶粒尺寸最小，细化效果最明显。

当增强体尺寸大于 1 μm 时，在变形时增强体附近区域会产生应力集中，导致较高密度的位错，该区域会形成颗粒变形区（Particle Deformation Zone，PDZ）。在 PDZ 中存在较大的取向梯度差和较高的位错密度，这些条件有利于促进动态再结晶（DRX）形核，所以 PDZ 是理想的再结晶形核区域[9-13]。

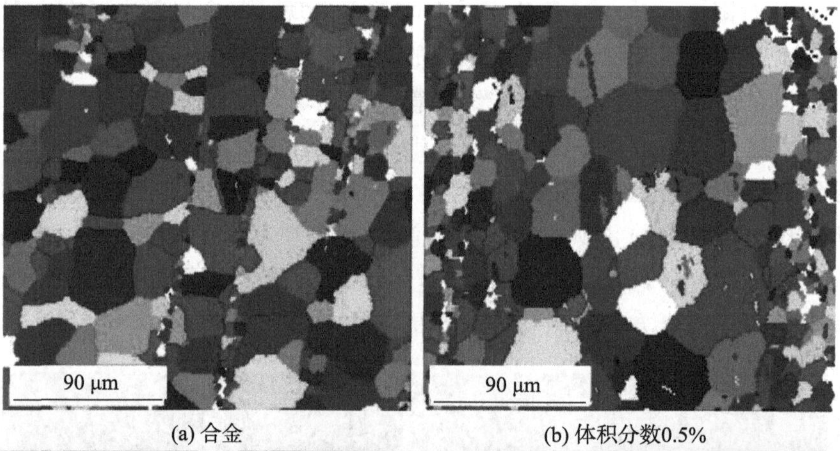

(a) 合金　　(b) 体积分数0.5%

(c) 体积分数1.0%　　(d) 体积分数1.5%

图 2 - 24　350*R*20 挤压后合金与复合材料平行于挤压方向的 EBSD 图

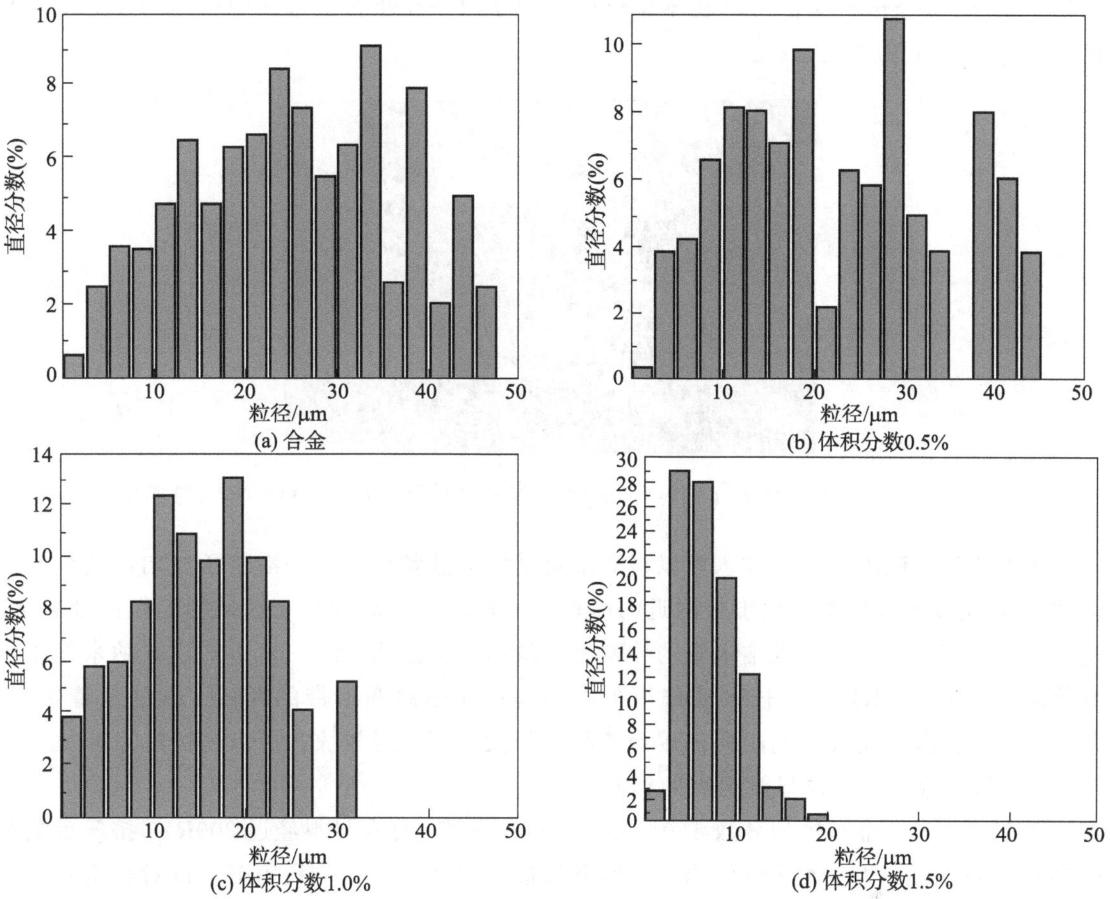

图 2－25　350*R*20 挤压后合金与复合材料平行于挤压方向的晶粒尺寸分布

纳米增强体晶粒细化作用主要是通过钉扎作用抑制晶粒的长大。假设纳米增强体分布完全均匀，在热挤压过程中其基体晶粒的 Zenner 钉扎效应可通过下式来表示[14]：

$$d_z = \frac{4\alpha d}{3V_{CNT}} \tag{2-1}$$

式中　d_z——Zenner 钉扎效应能达到的最小晶粒尺寸（μm）；

d——纳米增强体的直径（μm）；

V_{CNT}——纳米增强体的体积分数（%）；

α——常数。

根据式（2－1），复合材料中基体 DRX 晶粒最终尺寸取决于纳米增强体的半径和体积分数。纳米增强体尺寸越小，那么增强体对于基体 DRX 晶粒长大的阻碍作用就越强，纳米增强体体积分数越大，基体 DRX 晶粒越小。

图 2－26 为 350*R*20 挤压后 CNTs/Mg－6Zn 复合材料中晶界上的碳纳米管的 TEM 照片，由图 2－26 可见，碳纳米管位于基体晶粒的晶界处，可以通过钉扎作用阻碍晶界的迁移，将晶界牢牢固定在碳纳米管附近，从而抑制晶粒继续长大。所以碳纳米管的加入可以

细化 CNTs/Mg－6Zn 复合材料基体晶粒尺寸的原因是在热变形过程中碳纳米管对基体晶粒产生 Zenner 钉扎效应。

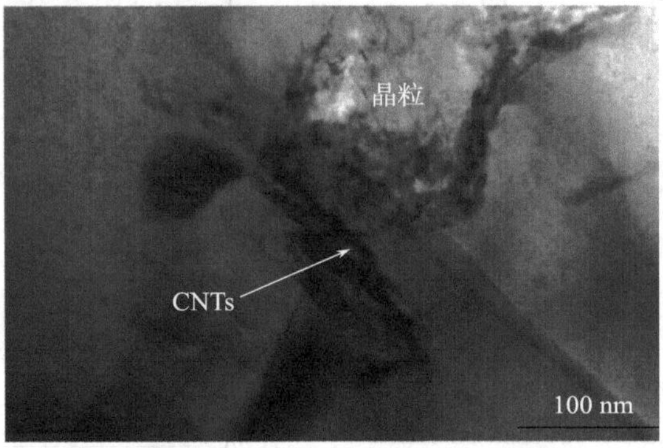

图 2－26　350R20 挤压后 CNTs/Mg－6Zn 复合材料中晶界上 CNTs 的 TEM 照片

综上所述，碳纳米管的加入可以显著细化基体的晶粒尺寸，并沿挤压方向形成由小的 DRX 晶粒构成的变形带，变形带附近的晶粒尺寸较小，远离变形带区域的晶粒尺寸较大。这是因为在变形带附近，碳纳米管的体积分数最高。根据式（2－1）可知，碳纳米管体积分数越大，阻碍 DRX 晶粒长大的作用也越明显；而远离变形带的区域，碳纳米管较少，基体晶粒的长大不受强烈的阻碍作用而使晶粒长大速度相对较快，所以晶粒较为粗大。

（2）挤压温度对基体显微组织的影响

图 2－27 为合金和体积分数 1.0% CNTs/Mg－6Zn 复合材料经过 300R20 挤压后复合材料的 EBSD 图。为了确定碳纳米管对镁基体晶粒尺寸的影响，利用 EBSD 对合金及复合材料的晶粒尺寸进行分析，结果如图 2－28 所示。比较图 2－28（a）和图 2－25（a），300 ℃挤压的合金晶粒小于 350 ℃ 挤压的合金。比较图 2－28（b）和图 2－25（c），300 ℃ 挤压的体积分数 1.0% CNTs/Mg－6Zn 复合材料的晶粒小于 350 ℃ 挤压的复合材料。随着挤压温度的升高，合金和复合材料的晶粒尺寸都有所增大，并且复合材料的晶粒尺寸都小于合金。

晶粒尺寸与两个参数有密切关系，分别是晶粒长大速度 G 与形核率 N，晶粒尺寸是二者相互作用的结果。温度升高有利于 DRX 晶粒形核与长大，而碳纳米管则具有阻碍 DRX 晶粒长大的作用。对于 Mg－6Zn 合金来说，挤压温度的升高可以促进 DRX 的发生，晶粒的长大速度 G 增加较快，而合金中由于位错密度较低，这导致形核率 N 上升缓慢，从而使得 DRX 晶粒的尺寸增大[15]。随着挤压温度的不断升高，挤压态 CNTs/Mg－6Zn 复合材料基体晶粒尺寸不断增大，这主要是由于挤压温度较高，DRX 晶粒易于长大，削弱了碳纳米管对基体 DRX 晶粒长大的阻碍作用。说明 N/G 减小时，晶粒长大速度是主要影响因素。

（3）挤压比对基体显微组织的影响

图 2－29 为合金和体积分数 1.0% CNTs/Mg－6Zn 复合材料经过 350R5 挤压后的 EBSD 图。为了确定碳纳米管对镁基体晶粒尺寸的影响，利用 EBSD 对合金及复合材料的

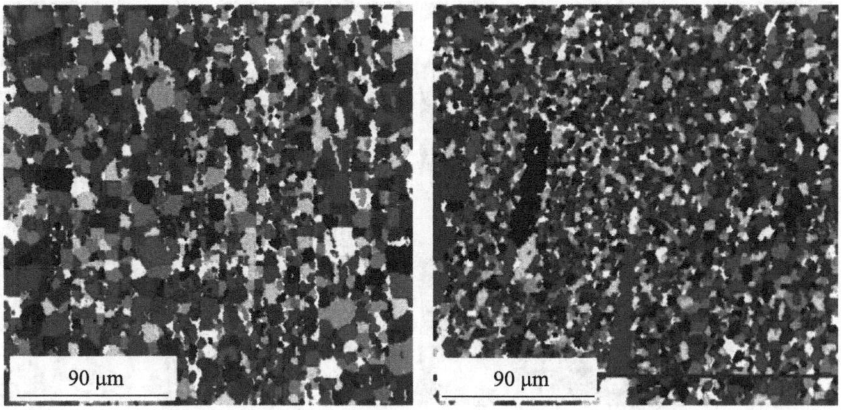

(a) 合金　　(b) 复合材料

图 2－27　300*R*20 挤压合金与复合材料平行于挤压方向的 EBSD 图

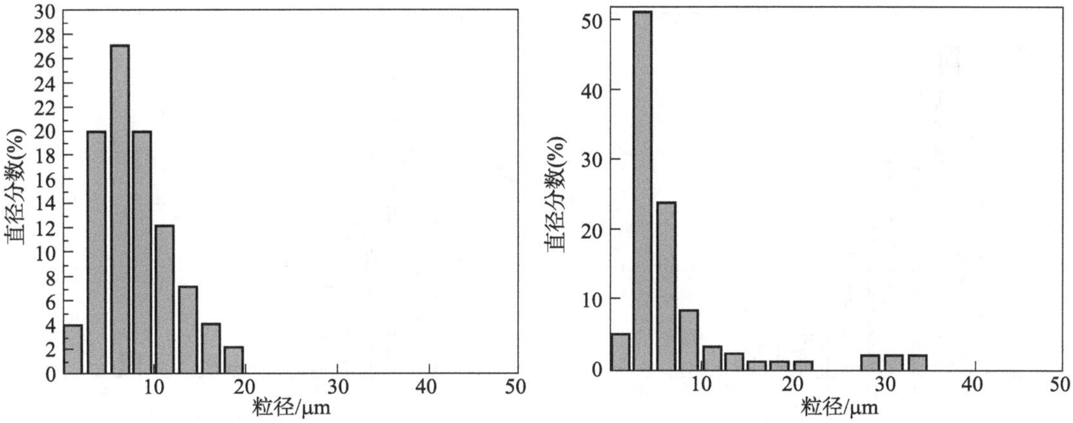

(a) 合金　　(b) 复合材料

图 2－28　300*R*20 挤压后合金与复合材料平行于挤压方向晶粒尺寸分布

晶粒尺寸进行分析，如图 2－30 所示。由图 2－30 可见，复合材料的 DRX 处于完成的状态，复合材料的晶粒尺寸明显小于合金，说明在挤压温度为 350 ℃、挤压比为 5∶1 的挤压工艺下，碳纳米管依然可以细化晶粒。通过比较图 2－30（b）与图 2－25（c）发现，350*R*5 挤压后的复合材料 DRX 晶粒要小于 350*R*20 挤压后的复合材料。

350*R*5 挤压后复合材料的 DRX 处于刚刚完成的状态，所以 DRX 形核的小晶粒长大不明显，导致晶粒细小，而 350*R*20 挤压后复合材料的晶粒较大。挤压比越大，变形量就越大，在挤压比为 5∶1 的状态下，DRX 已经完成，变形量继续增加，复合材料温度会升高，导致 DRX 晶粒迅速长大，最终 350*R*20 的晶粒较大。王晓军[8] 研究了碳化硅增强镁基复合材料的挤压过程，也发现 350*R*5 挤压的复合材料中的 DRX 晶粒尺寸比 350*R*12 小很多，这就进一步证实了这种现象的普遍性。

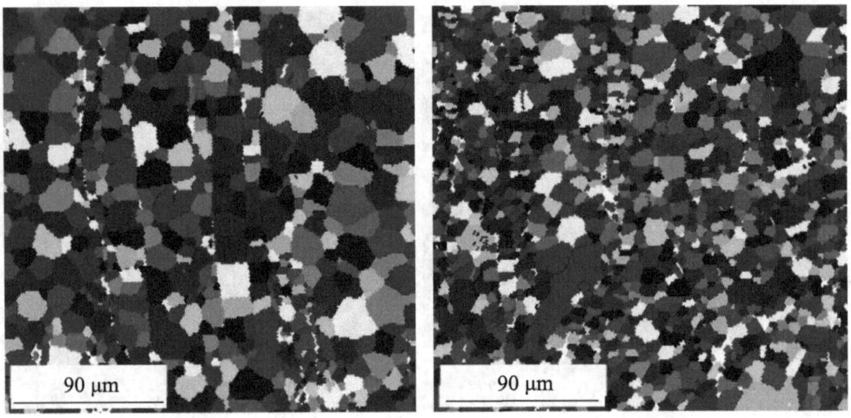

(a) 合金　　(b) 复合材料

图 2 - 29　350*R*5 挤压后合金与复合材料平行于挤压方向的 EBSD 图

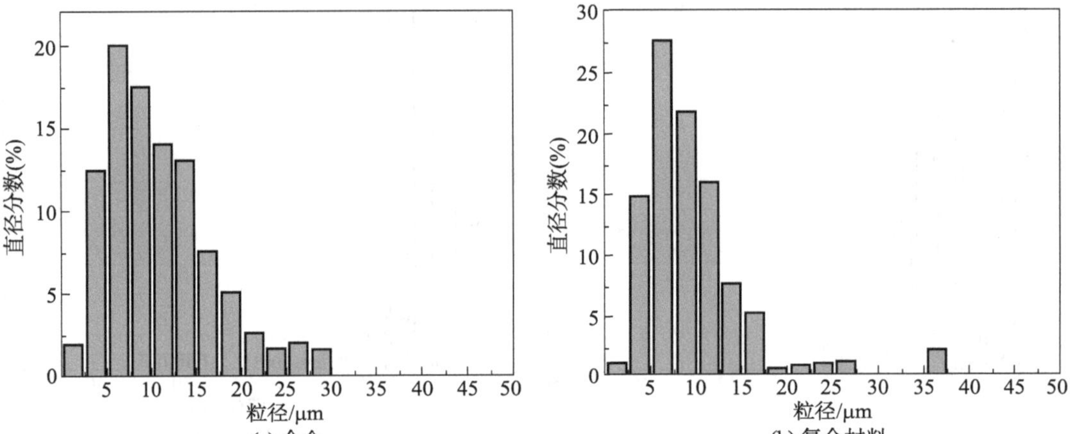

(a) 合金　　(b) 复合材料

图 2 - 30　350*R*5 挤压后合金与复合材料平行于挤压方向的晶粒尺寸分布

2.5.3　碳纳米管在 CNTs/Mg - 6Zn 复合材料中的完整性

前面已经表征了原始的和铸态 CNTs/Mg - 6Zn 复合材料中碳纳米管的完整性，其 I_D/I_G 值分别是 0.90 和 0.97，说明铸态 CNTs/Mg - 6Zn 复合材料中碳纳米管的结构基本保持完整，没有受到破坏。但是热挤压有可能对碳纳米管结构的完整性造成损坏，所以挤压态 CNTs/Mg - 6Zn 复合材料中碳纳米管的结构完整性需要进一步表征。图 2 - 31 是原始碳纳米管的高分辨透射电镜（HRTEM）分析，从图 2 - 31（a）可以观察到完整的碳纳米管，从图 2 - 31（b）可以观察到原始碳纳米管的多壁石墨化结构。

图 2 - 32（a）是挤压态 CNTs/Mg - 6Zn 复合材料中碳纳米管的 TEM 图像，发现一根完整的碳纳米管，没有断裂，也没有破损。图 2 - 32（b）为挤压态 CNTs/Mg - 6Zn 复合材料中碳纳米管 HRTEM 图像，发现碳纳米管的多壁石墨化结构，这个结构与原始碳

(a) 低倍　(b) 高倍

图 2 - 31　原始碳纳米管的高分辨透射电镜分析

纳米管完全一致，说明挤压态复合材料中的碳纳米管的完整结构并没有遭到破坏。为了进一步分析碳纳米管的结构完整性，对挤压态复合材料进行拉曼光谱分析。如图 2 - 32（d）所示，发现挤压态复合材料的 I_D/I_G 为 1.02，而铸态复合材料中碳纳米管的 I_D/I_G 为 0.97，二者相差不大，说明热挤压过程没有损坏碳纳米管的完整结构。结合前面的数据，发现在超声辅助搅拌铸造法制备复合材料的过程中，预分散之后碳纳米管的 I_D/I_G 为 0.91，与原始碳纳米管几乎一样，铸态复合材料中碳纳米管的 I_D/I_G 为 0.97，而挤压态复合材料中碳纳米管的 I_D/I_G 为 1.02，可以看出碳纳米管的 I_D/I_G 在慢慢增大，但是变化不大，所以碳纳米管的结构依然保持完整。

2.5.4　CNTs/Mg - 6Zn 复合材料的界面研究

碳纳米管与镁合金之间的界面结合情况，直接影响到复合材料的力学性能，因为界面是载荷高效传递的关键，因此，本节将研究挤压变形后 CNTs/Mg - 6Zn 复合材料的界面。

图 2 - 33 所示为超声辅助搅拌铸造法制备的体积分数 1.0% CNTs/Mg - 6Zn 复合材料经过 350*R*20 挤压后，碳纳米管与基体界面 HRTEM 照片。图 2 - 33（a）是一根碳纳米管的管壁与镁基体之间界面的 HRTEM 图像，由图可见，碳纳米管与基体界面处无界面反应发生，并且没有发现孔洞等缺陷，表明二者结合良好，可以有效地传递载荷。超声波作用于熔体时，可以清洗增强体表面，改善熔体中增强体与基体的润湿性，从而增强界面结合。图 2 - 33（b）是一根碳纳米管的头部与镁基体之间界面的 HRTEM 图像，发现界面也比较干净，没有发现反应产物，说明无论是横向的碳纳米管还是纵向的碳纳米管，与基体的界面都很干净。在图 2 - 33（c）中，发现两根紧密相连并且垂直排列的碳纳米管，两根碳纳米管之间的距离很近，不到 5 nm，中间是通过基体合金紧密结合在一起的。说明在制备的过程中，镁合金基体能够进入碳纳米管之间的缝隙之中，也证明镁合金与碳纳米管之间具有良好的润湿性能。在镁合金熔体中，半固态搅拌与超声波对碳纳米管的表面有强烈的作用力，摩擦和清理碳纳米管的表面，提高碳纳米管与镁合金之间的润湿性能，并且高能超声通过空化效应给予镁基体很大的冲击力，促使镁基体渗入碳纳米管之间的空隙

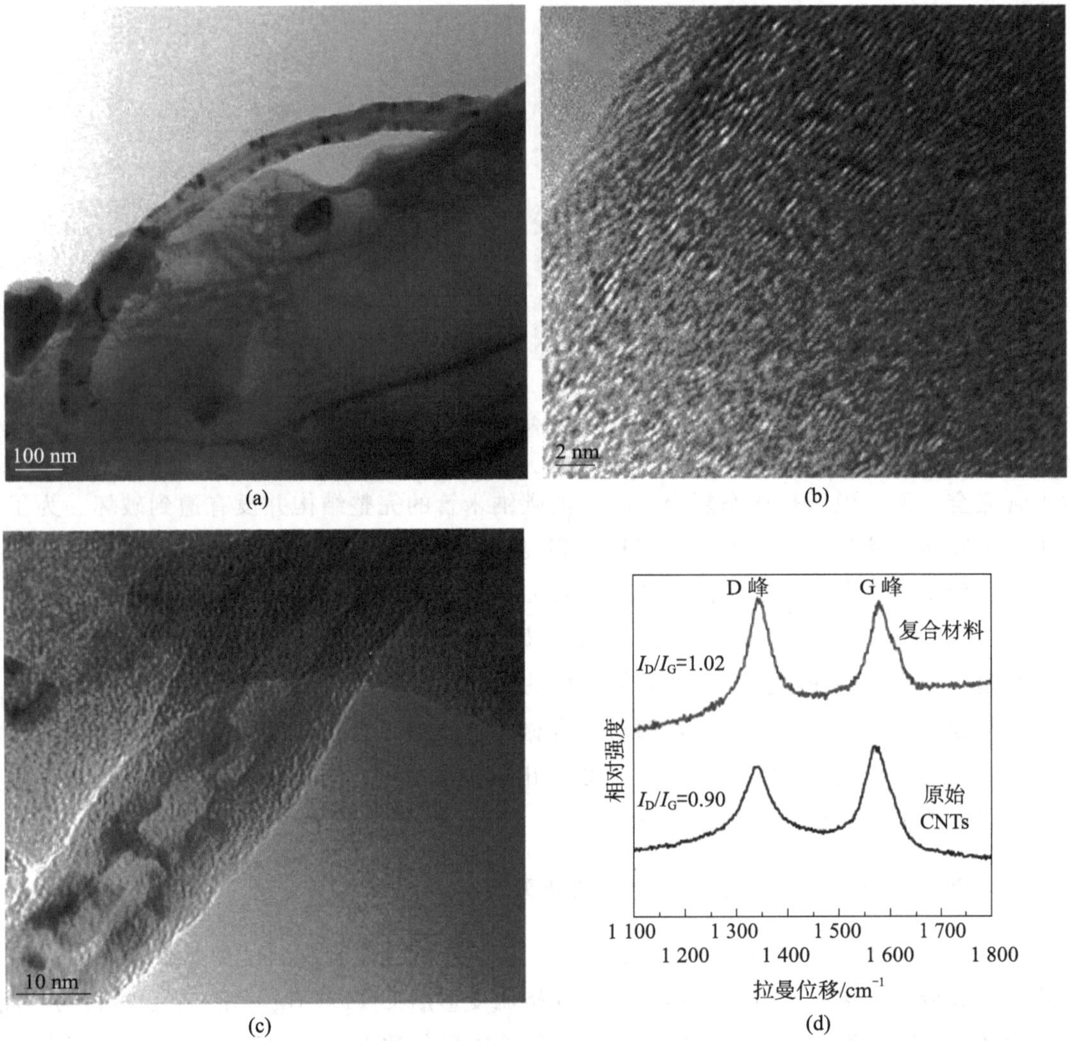

图 2-32　体积分数 1.0% CNTs/Mg-6Zn 复合材料的 TEM 照片和拉曼光谱

（a）复合材料中典型碳纳米管的 TEM 图像；（b）、（c）复合材料中典型 CNTs 的 HRTEM 图像；（d）挤压复合材料中 CNTs 的拉曼光谱

内。在图 2-33（d）中，发现两根相互平行并列的碳纳米管，它们之间也同样充满镁合金，不存在孔洞等缺陷。综上所述，碳纳米管与镁基体之间的界面结合是机械结合，不是冶金结合，这是因为在理论上基体合金中的 Mg 和 Zn 元素都不和 C 发生化学反应。

碳纳米管能否有效承担和传递载荷，主要取决于碳纳米管和镁基体之间界面结合情况。如果界面结合良好，载荷通过界面由基体传递到碳纳米管，使碳纳米管成为载荷承担者，而碳纳米管具有优异的力学性能，所以复合材料的力学性能得以提高。如果界面结合较差，载荷无法传递至碳纳米管，导致复合材料的力学性能不理想。

根据上一章的研究结果，在铸态 CNTs/Mg-6Zn 复合材料中，大部分碳纳米管与镁合金基体之间直接结合，无界面反应产物，但仍有一小部分界面处存在纳米 MgO。

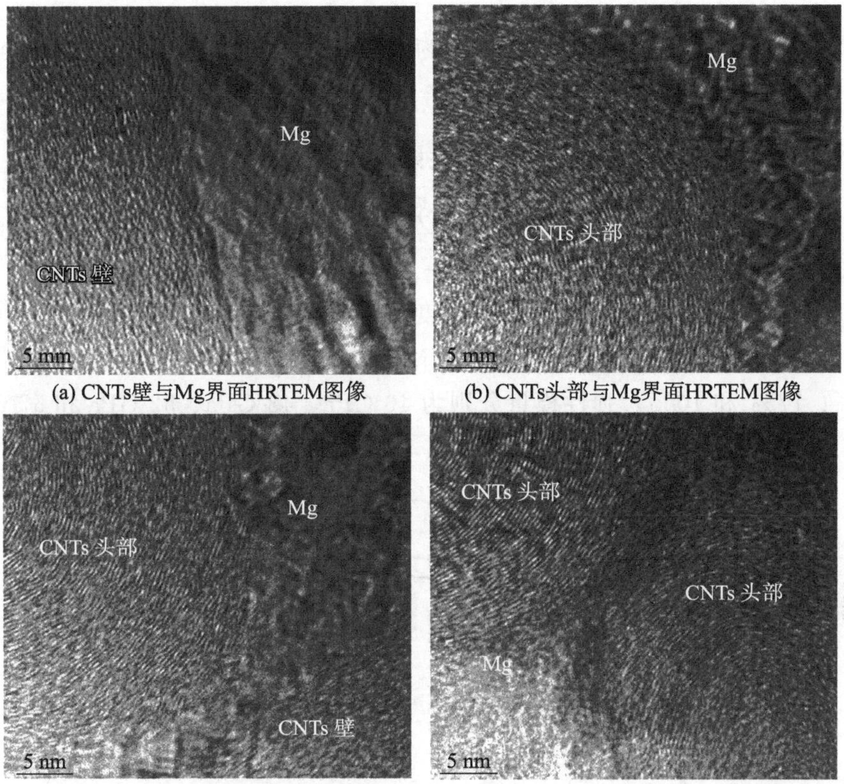

(a) CNTs壁与Mg界面HRTEM图像　(b) CNTs头部与Mg界面HRTEM图像

(c) CNTs头部与CNTs壁的HRTEM图像　(d) 两个CNTs头部的HRTEM图像

图 2 - 33　体积分数 1.0% CNTs/Mg - 6Zn 复合材料的 HRTEM 照片

图 2 - 34 (a) 是体积分数 1.0% CNTs/Mg - 6Zn 复合材料的 TEM 照片，发现一根碳纳米管，表面有的区域颜色浅，有的区域颜色深。通过电子衍射斑点可以确定，碳纳米管的表面存在 MgO 颗粒，如图 2 - 34 (b) 所示。

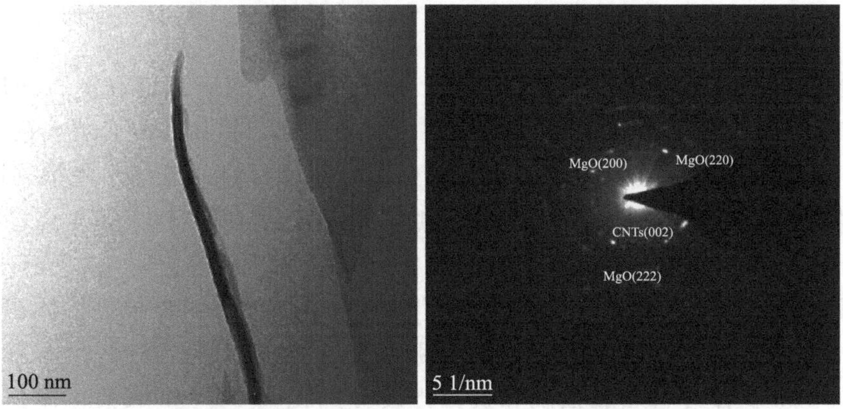

(a) CNTs的分布　(b) CNTs的电子衍射

图 2 - 34　超声辅助搅拌铸造法制备的 CNTs/Mg - 6Zn 复合材料的 TEM 照片

2.6 CNTs/Mg－6Zn 复合材料的力学性能与强韧化机制

2.6.1 CNTs/Mg－6Zn 复合材料的力学性能

图 2－35 为不同体积分数 CNTs/Mg－6Zn 复合材料经过 350*R*20 挤压后典型的拉伸曲线。Mg－6Zn、体积分数 0.5% CNTs/Mg－6Zn、体积分数 1.0% CNTs/Mg－6Zn 和体积分数 1.5% CNTs/Mg－6Zn 的屈服强度分别为 157 MPa、173 MPa、209 MPa 和 197 MPa，抗拉强度分别为 271 MPa、295 MPa、321 MPa 和 308 MPa，延伸率分别为 22%、27%、17% 和 10%，弹性模量分别为 40 GPa、43 GPa、52 GPa 和 57 GPa。

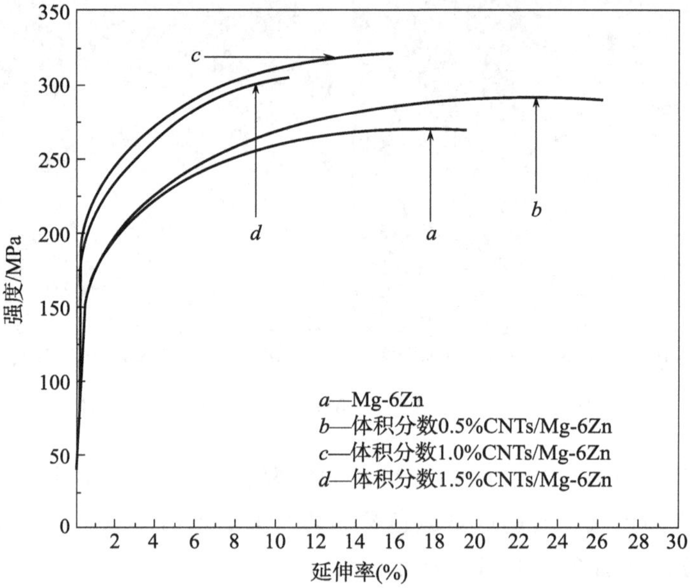

图 2－35 Mg－6Zn 和 CNTs/Mg－6Zn 复合材料挤压后典型的拉伸曲线

与铸态合金力学性能相比，挤压态 Mg－6Zn 合金的屈服强度和抗拉强度分别提高 161%和 77%，延伸率提高 266%；与铸态复合材料相比，挤压态复合材料的力学性能也都有明显的提高。这主要是因为经过热挤压变形后复合材料的碳纳米管偏聚已经明显减少，甚至消除，并且基体晶粒显著细化，孔隙率大幅减小，所以挤压态复合材料的力学性能明显高于铸态复合材料。

与挤压态合金相比，各体积分数复合材料的力学性能都明显提高：体积分数 0.5% CNTs/Mg－6Zn 复合材料屈服强度和抗拉强度分别提高 10%和 9%；体积分数 1.0% CNTs/Mg－6Zn 复合材料屈服强度和抗拉强度分别提高 33%和 18%；体积分数 1.5% CNTs/Mg－6Zn 复合材料屈服强度和抗拉强度分别提高 25%和 14%。与挤压态合金相比，体积分数 0.5% CNTs/Mg－6Zn 复合材料的延伸率提高了 23%，其他体积分数的复合材料的延伸率均有所下降，但是最低的延伸率也在 10%左右，而传统颗粒增强的镁基复合材料延伸率不超过 3%。与挤压态合金相比，各体积分数 CNTs/Mg－6Zn 复合材料的弹性模量都明显提高：体积分数 0.5% CNTs/Mg－6Zn 复合材料弹性模量提高 7.5%；体积分数 1.0% CNTs/Mg－6Zn 复合材料弹性模量提高 30%；体积分数 1.5% CNTs/Mg－6Zn 复合材料弹性模量提高 43%。

综上所述，与挤压态合金相比，超声辅助搅拌铸造法所制备的 CNTs/Mg－6Zn 复合材料强度和弹性模量都有所提高，并且延伸率还保持在较高的水平上。在传统的镁基复合材料中，陶瓷颗粒是最常用的增强体。纳米颗粒虽然可以提高镁合金的强度和延伸率，但是复合材料弹性模量基本不变；微米颗粒虽然可以提高镁合金的强度和弹性模量，但是复合材料的延伸率急剧下滑。通过比较，说明 CNTs/Mg－6Zn 复合材料是一种综合力学性能优良的镁基复合材料，突破了传统镁基复合材料强度、弹性模量和延伸率无法兼得的局限，这一突破可以拓展镁基复合材料的应用范围。

2.6.2　CNTs/Mg－6Zn 复合材料的断裂特征与增韧机制

图 2－36 为体积分数 1.0% CNTs/Mg－6Zn 复合材料经过 350R20 挤压后拉伸断口的 SEM 照片。从图 2－36（a）可见复合材料的断口表面比较粗糙，并且发现较多的韧窝存在，韧窝比较规则，以圆形韧窝为主。从微观上看，具有典型的韧性断裂的特征。从图 2－36（b）、（c）中可见，复合材料断口上存在大量的撕裂棱和韧窝，没有发现团聚的碳纳米管，在高倍下没有发现裂缝与空洞等缺陷。在尺寸较大的韧窝内部可以发现单根的碳纳米管，碳纳米管的一端固定在基体中，另一端呈"拔出"状态。

图 2－37 为体积分数 1.5% CNTs/Mg－6Zn 复合材料经过 350R20 挤压后拉伸断口的 SEM 照片。从图 2－37（a）中可见，复合材料断口高低不平，起伏巨大。从图 2－37（b）和（c）中可见，复合材料断口存在较大的裂缝，裂缝中存在团聚的碳纳米管，其中的碳纳米管紧密缠绕在一起，在复合材料制备的过程中，镁基体并没有渗入到团聚内部，碳纳米管与镁基体结合不紧密，因此，在复合材料受到应力作用时，裂纹首先在碳纳米管团聚附近产生，从而对复合材料的力学性能产生不利影响。

图 2－38 为挤压态体积分数 1.0% CNTs/Mg－6Zn 复合材料中拔出碳纳米管的 SEM 照片。由图 2－38（a）可知，碳纳米管在复合材料中主要以拔出的形式存在，碳纳米管均匀地分布在断口上，图 2－38（b）是对图 2－38（a）放大之后的观察，发现碳纳米管与基体结合良好，没有发现空洞与裂纹。图 2－38（c）是在断口发现的聚集的碳纳米管，这些碳纳米管密集地聚集在一起，但并不是疏松的一团，在碳纳米管内部填充满了镁基体，裂纹不会从这种状态的碳纳米管处萌生，也不会使复合材料的力学性能恶化。镁基体能够渗入碳纳米管中，这是由于超声处理的"空化效应"能够产生巨大的压力，促使镁合金熔体渗入碳纳米管中，这说明本文的制备方法是优良的，可行的。

碳纳米管在复合材料断口拔出并不意味着碳纳米管与镁基体之间的界面结合较差。对于纤维增强的金属基复合材料来说，载荷可以通过增强体与金属的界面，从金属基体传递到纤维或者晶须上面[16,17]。所以应力在纤维上面的大小是不同的。应力沿着纤维端部不断

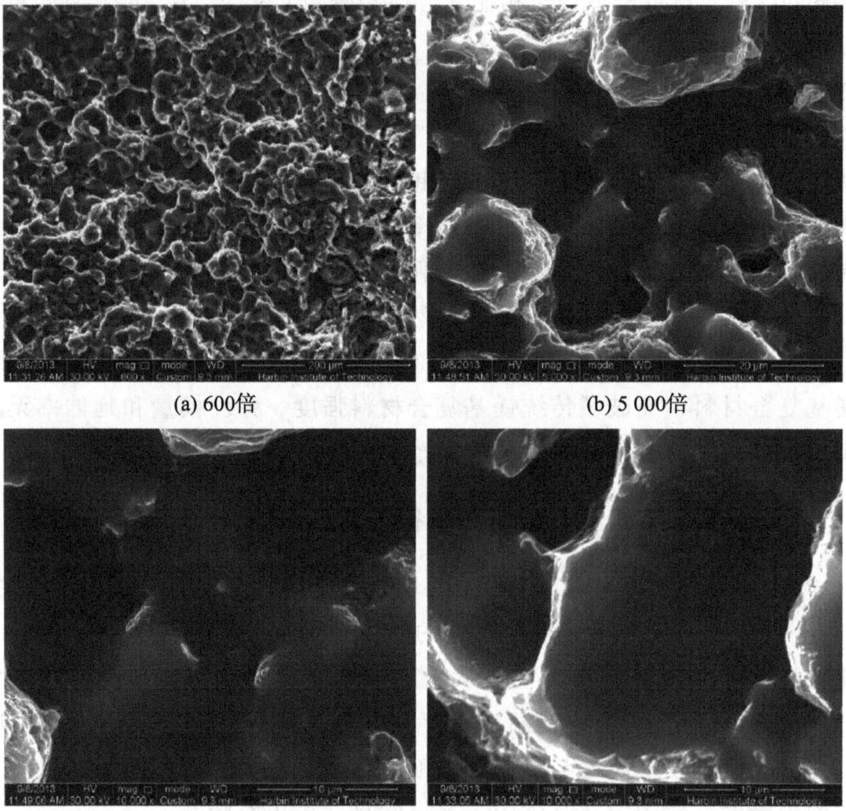

(a) 600倍 (b) 5 000倍

(c) 10 000倍

图 2－36 体积分数 1.0% CNTs/Mg－6Zn 复合材料断口的 SEM 照片

增大，在纤维的中间达到最大值。纤维在基体中被拔出或者拔断取决于纤维的长度、纤维的强度和基体的强度。如果纤维被拔断，所需的最短长度称为临界长度（l_c）。临界长度可以用下面的公式计算[18-20]：

$$l_c = \sigma_f \cdot d_f / \sigma_{my} \qquad (2-2)$$

式中 σ_{my}——基体的强度（MPa）；

σ_f——纤维的强度（MPa）；

d_f——纤维的平均直径（μm）。

碳纳米管在复合材料中是拔出还是拔断，主要取决于碳纳米管本身的抗拉强度、基体材料的抗拉强度以及碳纳米管的长径比。根据式（2－2）计算的 CNTs/Mg－6Zn 复合材料临界长度是 5.5 μm，而在本书中所使用的碳纳米管的最大长度是 2 μm。这个结果表明在碳纳米管上面的应力无法达到使碳纳米管断裂的程度。所以在 CNTs/Mg－6Zn 复合材料的端口处观察到很多拔出的碳纳米管，但是观察不到拔断的碳纳米管。

图 2－39 为挤压态体积分数 1.0% CNTs/Mg－6Zn 复合材料中“桥联”碳纳米管的 SEM 照片。从图 2－39（a）中可以发现断口处有裂纹，在裂纹的附近有很多碳纳米管呈单根分散的状态，并且处于拔出的状态。除此之外，还有碳纳米管在裂纹两侧呈“桥联”

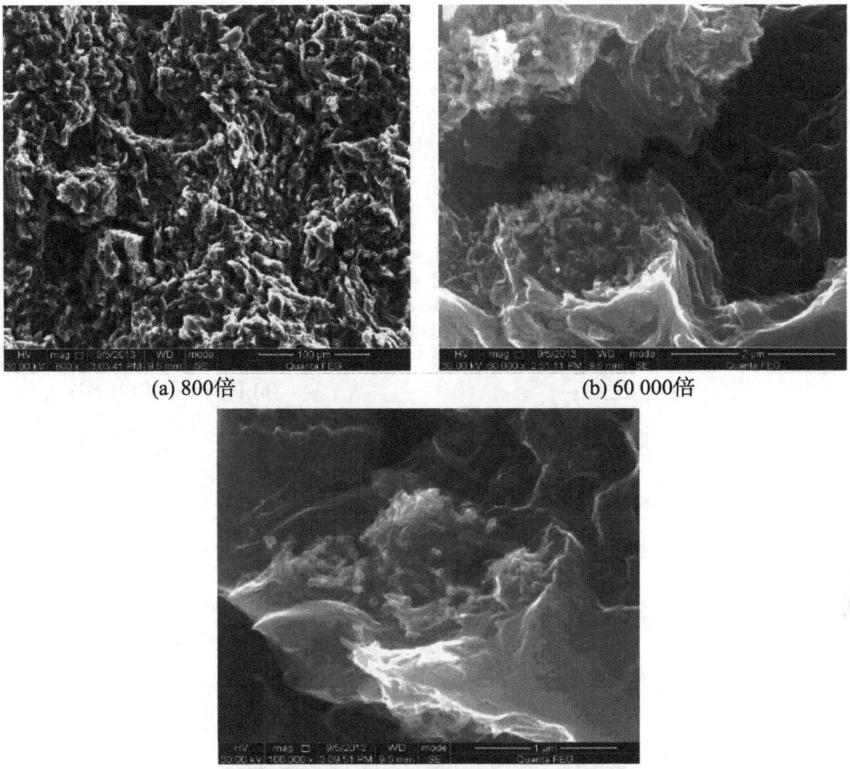

(a) 800倍　　(b) 60 000倍

(c) 100 000倍

图 2 - 37　体积分数 1.5% CNTs/Mg - 6Zn 复合材料断口的 SEM 照片

状态，碳纳米管两端固定在基体中。从图 2 - 39（b）也能够发现几根碳纳米管通过“桥联”结构联接裂缝的两端，这种结构普遍地存在于 CNTs/Mg - 6Zn 复合材料中，并且在碳纳米管增强陶瓷基复合材料中也有发现。

在复合材料中不可避免地存在微裂纹，它们可能存在于基体、碳纳米管团聚区域或界面处，在外加应力的作用下，这些微裂纹会按照一定规律扩展，一部分裂纹平行于碳纳米管扩展，另一部分垂直于碳纳米管扩展。对于垂直于碳纳米管的裂纹，经过一定距离的扩展之后到达碳纳米管的表面，由于碳纳米管与基体之间界面结合良好，所以碳纳米管可能会和基体一起发生断裂，这是一种脆性破坏。碳纳米管具有极高的强度，在复合材料中碳纳米管发生断裂需要满足两个条件：其一要求界面的结合良好；其二要求碳纳米管的长度大于临界长度。因为本文所用碳纳米管的长度小于临界长度，所以碳纳米管不会被拔断，而是在断口被拔出，或者碳纳米管在断裂面之间形成桥联结构。

对于晶须和纤维增强的复合材料来说，其增韧机制一般为“拔出机制”和“桥联机制”。从图 2 - 39 中可以明显看到碳纳米管在基体形成桥联结构，说明在复合材料中存在裂纹“桥联”增韧机制。其过程如下：复合材料在应力作用下，产生裂纹，裂纹沿着一定的方向继续扩展，遇到碳纳米管的阻碍，裂纹扩展的阻力增大，如果材料所受应力比较大，裂纹会继续沿着原来的方向扩展，碳纳米管最终以“桥联”的形式抵消一部分应力的

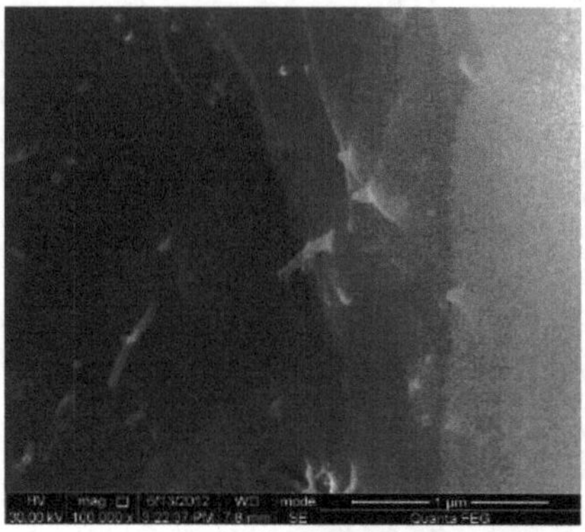

(a) 拔出CNTs

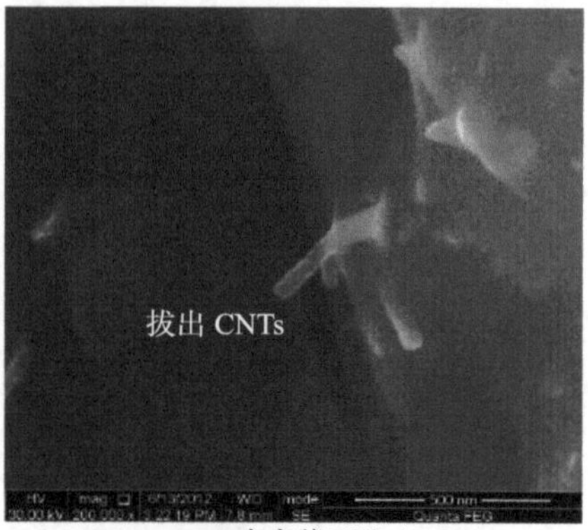

(b) 在高倍下拔出CNTs

(c) Mg进入CNTs

图 2-38　体积分数 1.0% CNTs/Mg-6Zn 复合材料中拔出碳纳米管的 SEM 照片

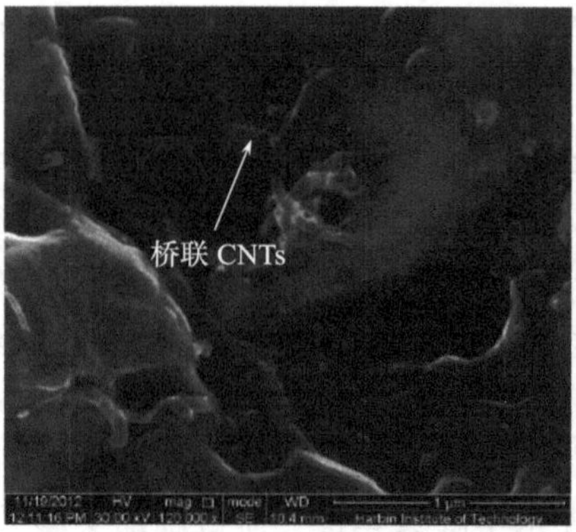

(a)

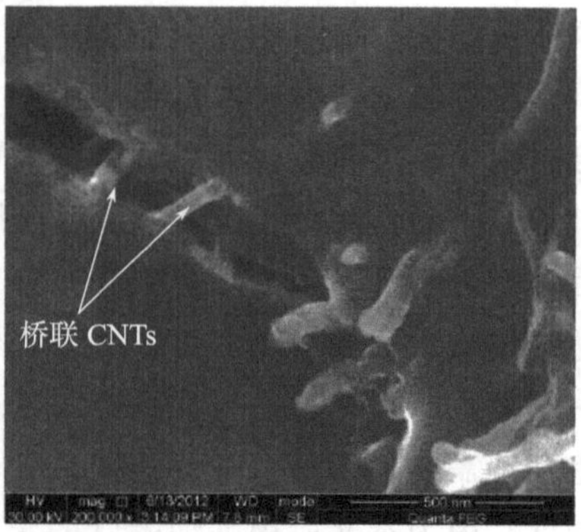

(b)

图 2-39　体积分数 1.0% CNTs/Mg-6Zn 复合材料中“桥联”碳纳米管的 SEM 照片

作用，延缓复合材料发生断裂，提高复合材料的韧性，其中碳纳米管的增韧作用与其长度有一定的关系。如果裂纹继续扩展，碳纳米管就会在断口被拔出，碳纳米管的拔出过程中，由于碳纳米管与基体之间界面结合良好，所以此过程可以大量消耗断裂能，提高复合材料的韧性。这些“拔出”和“桥联”的碳纳米管能阻碍裂纹的扩展，延缓复合材料断裂，提高复合材料的力学性能，并且使复合材料保持较高的延伸率。如图 2 - 38 和图 2 - 39 所示的碳纳米管“拔出”和“桥联”结构证明传统的增韧机制，即碳纳米管的“拔出”和“桥联”增韧机制，也适用于本复合材料。随着复合材料中碳纳米管含量的增加，就有更多的碳纳米管发生团聚。而团聚碳纳米管与基体合金的界面结合不牢固，致使碳纳米管不能高效地传递载荷，从而无法发挥增韧作用。

除此之外，镁及其合金的晶体结构属于密排六方结构，在室温下只有三个基面滑移系，所以这种材料的塑性变形能力受到了限制。其实，镁及其合金中还存在棱柱面和锥面等潜在的非基面滑移系。如果这些滑移系能够被激活，将使镁及其合金具有最少 5 个滑移系（3 个基面滑移系，2 个非基面滑移系），这样就可以提高这种材料的韧性。在金属基复合材料中，增强体与基体之间的相互影响和作用，可能会使复合材料产生滑移模式的转化。C. G. Goh 等人证明了碳纳米管可以激活镁及其合金中棱柱面和锥面潜在的非基面滑移系，所以碳纳米管增强镁基复合材料具有较多的滑移系。

2.6.3　CNTs/Mg - 6Zn 复合材料的强化机制

与传统方法相比，本文采用超声辅助搅拌铸造法制备的 CNTs/Mg - 6Zn 复合材料避免了碳纳米管结构的损伤，同时获得了良好的界面结合，最终获得了力学性能优良的 CNTs/Mg - 6Zn 复合材料。目前，针对碳纳米管增强镁基复合材料的研究尚处于初期阶段，更多的研究关注于复合材料的制备，而对其强化机理的研究极少。其中，大多数强化机制研究是机械地采用微米级短纤维和陶瓷颗粒的相关公式及相关规律对碳纳米管的强化机制进行研究，尚未考虑碳纳米管的尺寸形态效应可能对强化机制产生的重要影响。因此，研究碳纳米管增强镁基复合材料的强化机制对后续的理论和实验研究具有重要意义。本节将结合实验中得到的复合材料的组织与性能，对碳纳米管增强镁基复合材料的增强机理进行深入探讨。一般来讲，金属基复合材料的主要增强机制包括 Hall - Petch 强化机制、载荷传递效应、Orowan 强化机制和热错配强化机制。

（1）Hall - Petch 强化机制

在碳纳米管增强金属基复合材料中，均匀分布的碳纳米管可以通过钉扎效应阻碍晶粒长大，这是因为碳纳米管尺寸比较小，可以通过“钉扎效应”阻碍基体晶界迁移，最终实现细化基体晶粒的目的。复合材料的晶粒尺寸与屈服强度关系密切，通常情况下晶粒越细，复合材料的屈服强度就越高，细晶强化可以通过 Hall - Petch 公式来表达[18,19]：

$$\sigma_y = \sigma_0 + k_y d^{-1/2} \tag{2-3}$$

式中　σ_0——材料的初始强度（MPa）；

d——材料的晶粒尺寸（m）；

k_y——材料常数，取决于材料的晶体结构（$MPa \cdot m^{-1/2}$）。

本文中为 0.13 $MPa \cdot m^{-1/2}$[18]，k_y 值与金属材料滑移系的数量有关。与体心立方和面心立方的金属相比，密排六方金属的 k_y 值更大。镁合金属于密排六方金属，所以对于镁合金和镁基复合材料来说，晶粒细化对屈服强度的贡献更大 。

在碳纳米管增强金属基复合材料中，基体的晶粒尺寸与碳纳米管体积分数有重要关系。一般来说，碳纳米管体积分数越大，复合材料基体的晶粒尺寸越小，这是因为碳纳米管的钉扎效应与其体积分数有重要关系。对于镁合金及镁基复合材料，由于其滑移系较少，因此晶粒细化将显著影响其力学性能。通过比较 Mg－6Zn 合金与复合材料，晶粒细化对屈服强度的贡献可以用下面的公式表示[21]：

$$\Delta\sigma_{\text{Hall-Petch}} = k_{y}(d_{com}^{-1/2} - d_{alloy}^{-1/2}) \tag{2-4}$$

式中 d_{com}——复合材料的晶粒尺寸（m）；

d_{alloy}——合金的晶粒尺寸（m）。

图 2－40 为 Mg－6Zn 合金、体积分数 0.5% CNTs/Mg－6Zn、体积分数 1.0% CNTs/Mg－6Zn 和体积分数 1.5% CNTs/Mg－6Zn 复合材料经过 350R20 挤压后的光学显微组织照片。对比图 2－40（a）、（b）、（c）和（d）可知，经挤压后，由于碳纳米管的加入，CNTs/Mg－6Zn 复合材料的晶粒尺寸都比 Mg－6Zn 合金更小，并且碳纳米管加入量越大，CNTs/Mg－6Zn 复合材料晶粒的尺寸越小。

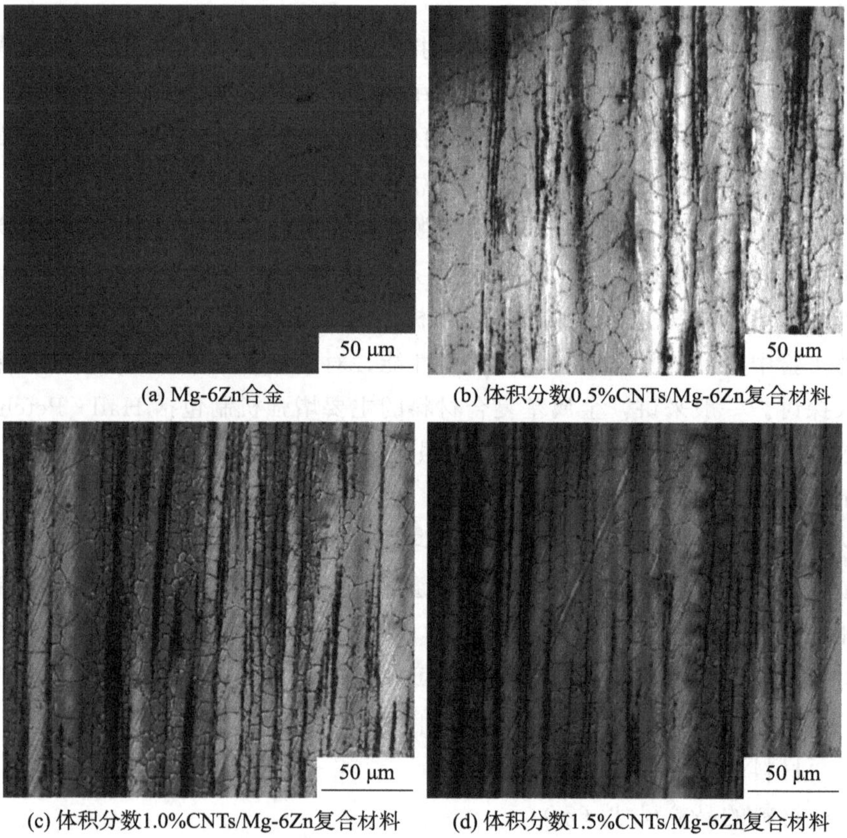

(a) Mg-6Zn合金　(b) 体积分数0.5%CNTs/Mg-6Zn复合材料

(c) 体积分数1.0%CNTs/Mg-6Zn复合材料　(d) 体积分数1.5%CNTs/Mg-6Zn复合材料

图 2－40　合金与不同体积分数 CNTs/Mg－6Zn 复合材料光学显微组织

（2）载荷传递效应

界面是载荷的“中介”，均匀分散的碳纳米管与基体之间存在结合良好的界面，可以通过界面将载荷传递到碳纳米管上，而碳纳米管具有优异的力学性能，所以复合材料的力学性能得到提高。复合材料中增强体的载荷传递效应通常可表示为[20,22-24]

$$\Delta\sigma_{\text{load}} = V\sigma_{\text{m}}\left[\frac{(1+d)s}{4l}\right] \tag{2-5}$$

式中　V——增强体的体积分数（%）；

σ_{m}——复合材料基体的屈服强度（MPa）；

l——增强体长度（m）；

d——增强体的直径（m）；

s——增强体的长径比。

（3）Orowan 强化机制

在碳纳米管增强金属基复合材料中，碳纳米管周围存在大量的位错，这些位错会以滑移等方式来释放内应力。碳纳米管具有极高的强度，不易发生切变断裂等现象，所以位错受到阻碍，并在碳纳米管周围停滞，造成位错塞积。位错需要以 Orowan 弓出的形式绕过碳纳米管，从而提高复合材料的屈服强度。对于镁合金来说，这种 Orowan 位错环增强机制非常重要。但是对于常规的金属基复合材料来说，如果增强相尺寸较大，且增强体之间距离较远，Orowan 位错环增强机制可以忽略不计。由于碳纳米管的尺寸很小，并且均匀分散的碳纳米管之间距离较近，所以在碳纳米管增强的金属基复合材料中就必须考虑这种机制的作用[25]。对于镁基复合材料，Orowan 强化机制可表示为[26]

$$\Delta\sigma_{\text{Orowan}} = \frac{0.8G_{\text{m}}bM}{L_{\text{p}}} \tag{2-6}$$

式中　G_{m}——基体合金的剪切模量（MPa）；

b——基体合金的柏氏矢量（m）；

M——Taylor 因子，本文取 3；

L_{p}——增强体之间的距离（m）。

本文所用碳纳米管直径大约是 50 nm，长度大约是 2 μm，所以碳纳米管可以被看成是短棒型增强体。根据 Li[26] 和 Kelly[27] 的研究，短棒型增强体的间距可以用下面的公式表示为

$$L_{\text{p,rods}} = \sqrt{\frac{\pi d^2}{2V_{\text{CNTs}}}} \tag{2-7}$$

式中　d——碳纳米管的直径（m）；

V_{CNTs}——碳纳米管的体积分数（%）。

（4）热错配强化机制

由于复合材料中增强体与基体间热膨胀系数（CTE）和弹性模量的差异，在变形后冷却的过程中，复合材料内部会产生高密度的位错。碳纳米管的热膨胀系数很小，接近于零，而镁合金的热膨胀系数要大得多。所以碳纳米管与镁基体的热膨胀系数差距特别巨

大，在其界面附近会形成较高的应力场，这是热力学不稳定因素。当复合材料冷却降温的时候，界面附近的错配应力会不断地增大，并且可能会超过镁合金的屈服强度。塑性变形在靠近界面区域发生，并且常常伴随位错冲孔现象。这些塑性变形一方面使得加工硬化在基体中产生，提高复合材料的强度，另一方面可以释放界面区域的应力。需要强调的是，在纳米增强体增强的复合材料中，由于加工硬化和弹性模量的错配所导致复合材料强度的增大一般可以忽略。而热错配对复合材料的增强效应可表示为[28]

$$\sigma_d = M\beta G_m b\sqrt{\rho^{CTE}} \tag{2-8}$$

式中 β ——常数，$\beta=1.25$；

ρ^{CTE} ——位错密度（cm^{-2}），ρ^{CTE} 可表示为[22]

$$\rho^{CTE} = \frac{A\Delta\alpha\Delta T v_p}{bd_p}$$

式中 A ——几何常数，大小介于 10～12；

$\Delta\alpha$ ——复合材料基体与增强体热膨胀系数差值（$℃^{-1}$）；

ΔT ——材料制备温度与力学性能测试温度差值（℃）；

v_p ——增强体的体积分数（%）；

d_p ——增强体的直径（m）。

对镁基复合材料由热膨胀系数差异导致屈服强度的增加值可表示为[29]

$$\Delta\sigma_{CTE} = \sqrt{3}\beta G_m b\sqrt{\frac{12(T_{process}-T_{test})(\alpha_m-\alpha_p)v_p}{bd_p}} \tag{2-9}$$

式中 $T_{process}$ ——镁基复合材料制备温度（℃）；

T_{test} ——力学性能测试温度（℃）；

α_m ——镁基复合材料的热膨胀系数（$℃^{-1}$）；

α_p ——增强体的热膨胀系数（$℃^{-1}$）。

对 CNTs/Mg－6Zn 复合材料进行 TEM 观察，如图 2－10 和图 2－15 所示，可以发现，CNTs/Mg－6Zn 复合材料中碳纳米管周围并没有观察到位错，并且热错配位错是热力学上不稳定的状态。碳纳米管是纳米级增强体，尺寸很小，并且碳纳米管具有极大的比表面积。为了使复合材料处于稳定的状态，复合材料会从高能量的状态自发降低能量，导致碳纳米管的加入不会引起大量位错。因此，在 CNTs/Mg－6Zn 复合材料中热错配强化机制可以忽略。

目前，对于碳纳米管增强镁基复合材料增强机制的研究尚处于起步阶段，但已经引起各国学者的广泛关注。基于先前文献的报道，碳纳米管增强镁基复合材料的屈服强度可以用下面的公式表达[29]：

$$\sigma_{yc} = \sigma_{ym} + \Delta\sigma_{Hall\text{-}Petch} + \Delta\sigma_{load} + \Delta\sigma_{Orowan} \tag{2-10}$$

式中 σ_{yc} ——复合材料的屈服强度（MPa）；

σ_{ym} ——基体合金的屈服强度（MPa）；

$\Delta\sigma_{Hall\text{-}Petch}$ ——晶粒细化对屈服强度的贡献（MPa）；

$\Delta\sigma_{load}$——载荷传递效应对复合材料屈服强度的贡献（MPa）；

$\Delta\sigma_{Orowan}$——Orowan 增强效应对复合材料屈服强度的贡献（MPa）。

研究者[19] 基于 Hall - Petch 强化机制和载荷传递机制研究了碳纳米管增强金属基复合材料屈服强度的预测公式，需要说明的是这个公式适用于短纤维增强的复合材料，即碳纳米管长度小于临界长度（l_c）。本文所用碳纳米管满足这一条件。那么复合材料屈服强度可以用下面的公式表示：

$$\sigma_{ym} + \Delta\sigma_{Hall\text{-}Petch} + \Delta\sigma_{load} = [\sigma_{ym} + K(d_{com}^{-1/2} - d_{alloy}^{-1/2})][V_{CNT}(s+4)/4 + (1 - V_{CNT})] \tag{2-11}$$

式（2 - 11）没有考虑 Orowan 强化机制对复合材料屈服强度的影响，但是对于纳米增强体增强的金属基复合材料，Orowan 强化机制是重要的增强机制。如果考虑 Orowan 强化机制，那么基于以上的分析，CNTs/Mg - 6Zn 复合材料的屈服强度可以用下面的公式表达为

$$\sigma_{yc} = [\sigma_{ym} + K(d_{com}^{-1/2} - d_{alloy}^{-1/2})][V_{CNT}(s+4)/4 + (1 - V_{CNT})] + \frac{0.8G_m bM}{L_p} \tag{2-12}$$

本文制备了体积分数分别为 0.5%、1.0% 和 1.5%的 CNTs/Mg - 6Zn 复合材料，并分别通过试验测试和理论计算获得其室温拉伸性能，如图 2 - 41 所示。由图可见，通过公式计算得到的 CNTs/Mg - 6Zn 复合材料屈服强度与试验值差别很小。试验值与理论计算值差异主要来源于理论计算中假定碳纳米管分布完全均匀，且分布于晶粒内部，而实际复合材料中发现部分碳纳米管沿晶界分布，这将削弱复合材料中 Orowan 强化机制。当碳纳米管体积分数为 1.5%时，采用公式计算得到的复合材料屈服强度的理论值与试验值偏差较大。超声辅助搅拌铸造法制备的 1.5% CNTs/Mg - 6Zn 复合材料中存在明显的碳纳米管偏聚，这些偏聚的存在可能导致 Orowan 强化效应与载荷传递效应减弱，从而使复合材料的屈服强度比理论计算强度低。在纳米颗粒增强的镁基复合材料中，其屈服强度主要与 Hall - Petch 强化机制和 Orowan 强化机制有关，而纳米颗粒因为长径比很小，所以载荷传递机制可以忽略不计。而在短纤维增强的镁基复合材料中，其屈服强度主要与 Hall - Petch 强化机制和载荷传递机制有关，而短纤维因为尺寸比较大，间距较大，所以 Orowan 强化机制并不显著。综上所述，碳纳米管作为一维纳米材料，既具有纳米材料的尺寸效应，也具有一维材料的形态效应，集二者优势于一身，所以被认为是最理想的复合材料增强体。

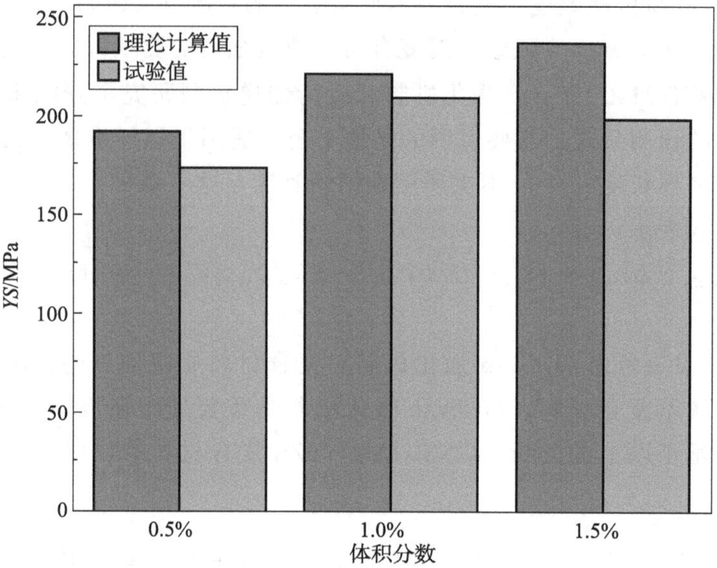

图 2-41　CNTs/Mg-6Zn 复合材料屈服强度的试验值与理论计算值

参 考 文 献

[1] MCCULLOCH D G, PRAWER S, HOFFMAN A. Structural Investigation of Xenon - Ion - Beam - Irradiated Glassy Carbon [J]. Physical Review B, 1994, 50 (9): 5905 - 5917.

[2] LI W, ZHANG H, WANG C. Raman Characterization of Aligned Carbon Nanotubes Produced by Thermal Decomposition of Hydrocarbon Vapor [J]. Appllied Physics Letters, 1997 (70): 2684 - 2686.

[3] SHIMIZU Y, MIKI S, SOGA T. Multi - walled Carbon Nanotube - Reinforced Magnesium Alloy Composites [J]. Scripta Materialia, 2008 (58): 267 - 270.

[4] 谢建新，刘静安．金属挤压理论与技术［M］．北京：冶金工业出版社，2002：1 - 75.

[5] NIE K B, WANG X J, XU L, et al. Influence of Extrusion Temperature and Process Parameter on Microstructures and Tensile Properties of a Particulate Reinforced Magnesium Matrix Nanocomposite [J]. Materials and Design, 2012 (36): 199 - 205.

[6] 徐镭．纳米 SiCp/AZ91 复合材料的制备与热变形行为的研究［D］．哈尔滨：哈尔滨工业大学，2011：1 - 60.

[7] 谢文，刘越，张振伟，等．挤压温度对 15vol% SiCp/Mg - 9Al 镁基复合材料拉伸性能与断口形貌的影响［J］．复合材料学报，2006（23）：127 - 133.

[8] 王晓军．搅拌铸造 SiC 颗粒增强镁基复合材料高温变形行为研究［D］．哈尔滨：哈尔滨工业大学，2008：1 - 136.

[9] LIU Y L, HANSEN N, JENSEN D. Recrystallization Microstructure in Cold - Rolled Aluminum Composites Reinforced by Silicom Carbide Whiskers [J]. Metallurgical and Materials Transactions A, 1989 (20): 1743 - 1753.

[10] LIU Y L, JENSEN D, HANSEN N. Recover and Recrystallization in Cold - rolled Al - SiCw Composites [J]. Metallurgical and Materials Transactions A, 1992 (23): 807 - 818.

[11] FERRY M, MUNORE P R, CROSKY A. The Effect of Processing Parameters on the Recrystallized Grain Size and Shape of Particulate Reinforced Metal Matrix Composite [J]. Scripta Materialia, 1993 (29): 741 - 746.

[12] CHAN H M, HUMPHREYS F J. The Recrystallization of Aluminium - Silicon Alloys Containing a Bimodal Particle Distribution [J]. Acta Materialia, 1984 (32): 235 - 243.

[13] HUMPHREYS F J. The Nucleation of Recrystallization at Second Phase Particles in Deformed Aluminium [J]. Acta Materialia, 1977 (25): 1323 - 1344.

[14] 聂凯波．超声波复合法制备 SiCp/AZ91 镁基纳米复合材料及多向锻造研究［D］．哈尔滨：哈尔滨工业大学，2013：1 - 148.

[15] 郑明毅．SiCw/AZ91 镁基复合材料的界面与断裂行为［D］．哈尔滨：哈尔滨工业大学，1999：1 - 110.

[16] LIU Z Y, XIAO B L, WANG W G, et al. Singly Dispersed Carbon Nanotube/aluminum Composites Fabricated by Powder Metallurgy Combined with Friction Stir Processing [J]. Carbon,

2012 (50): 1843 - 1852.

[17] JIANG L, FAN G, LI Z, et al. An Approach to the Uniform Dispersion of a High Volume Fraction of Carbon Nanotubes in Aluminum Powder [J] . Carbon, 2011 (49): 1965 - 1971.

[18] CORTES P, CANTWELL W J. Interfacial Fracure Properties of Carbon Fiber Reinforced PEEK/Titanium Fiber Metal Laminates [J]. Journal of Meterials Science Letters, 2002 (21): 1819 - 1823.

[19] YE H Z, LIU X Y. Review of Recent Studies in Magnesium Matrix Composites [J]. Journal of Materials Science, 2004 (39): 6153 - 6171.

[20] LI Y, ZHAO Y H, ORTALAN V, et al. Investigation of Aluminum - based Nanocomposites with Ultra - high Strength [J]. Materials Science and Engineering A, 2009 (527): 305 - 316.

[21] SANATY - ZADEH A. Comparison between Current Models for the Strength of Particulate - reinforced Metal Matrix Nanocomposites with Emphasis on Consideration of Hall - Petch Effect [J]. Materials Science and Engineering A, 2012 (531): 112 - 118.

[22] ZHANG Z, CHEN D L. Consideration of Orowan Strengthening Effect in Particulate - reinforced Metal Matrix Nanocomposites: A Model for Predicting Their Yield Strength [J]. Scripta Materialia, 2006 (54): 1321 - 1326.

[23] NGUYEN Q B, GUPTA M. Enhancing Compressive Response of AZ31B Using Nano - Al_2O_3 and Copper Additions [J]. Journal of Alloys and Compounds, 2010 (490): 382 - 387.

[24] ZHANG Z, CHEN D L. Contribution of Orowan Strengthening Effect in Particulate - reinforced Metal Matrix Nanocomposites [J]. Materials Science and Engineering A, 2008 (483 - 484): 148 - 152.

[25] SHAO I, VEREECKEN P M, CHIEN C L, et al. Synthesis and Characterization of Particle - reinforced Ni/Al_2O_3 Nanocomposites [J] . Journal of Materials Research, 2002 (17): 1412 - 1418.

[26] LI Q, VIERECKL A, ROTTMAIR C A. Improved Processing of Carbon Nanotube/magnesium Alloy Composites [J]. Composites Science and Technology, 2009 (69): 1193 - 1199.

[27] KELLY P M, AUSTRALIA N S W. The Effect of Particle Shape on Dispersion Hardening [J]. Scirpta Metall, 1972 (6): 647 - 656.

[28] HASSAN S F, TAN M J, GUPTA M. High - temperature Tensile Properties of Mg/Al_2O_3 Nanocomposite [J]. Materials Science and Engineering A, 2008 (486): 56 - 62.

[29] GOJNY F H, WICHMANN M H G, KOPKE U, et al. Carbon Nanotube Reinforced Epoxy Composites: Enhanced Stiffness and Fracture Toughness at Low Nanotube Content [J]. Composite Science and Technology, 2004, 64 (15): 2363 - 2371.

第 3 章　搅拌铸造 GNPs 增强镁基复合材料制备、组织与性能

3.1　引言

纳米碳材料家族中的另一重要成员——石墨烯，与碳纳米管同样具有优异的力学、电学和热学等性能，被认为是发展高性能金属基复合材料最具吸引力的纳米增强相[1-7]。鉴于此，本章选择石墨烯纳米片为增强体，采用与前一章相同工艺，制备了 GNPs 增强镁基复合材料；采用多种分析手段对制备的复合材料进行了显微组织观察、物相分析、界面分析和力学性能测试等；探讨了 GNPs 对复合材料组织和力学性能的影响。本章的目标在于探索与碳纳米管形态不同的 GNPs 对镁基复合材料的微观组织与力学性能的影响规律与机制，进一步为纳米碳材料增强镁基复合材料的设计、制备和组织性能调控提供理论支持。

3.2　GNPs 对复合材料微观组织的影响规律

3.2.1　复合材料 GNPs 分布

石墨烯增强镁基复合材料与碳纳米管制备工艺类似。图 3－1 为铸态 Mg－6Zn 合金与不同 GNPs 含量复合材料的光学显微组织，从图中可知，铸态合金晶粒较为粗大，为 100～200 μm。复合材料与合金相比，晶粒得到细化的原因主要有两点：1）GNPs 的加入为熔体的凝固过程提供了非均匀形核的质点，增大了凝固过程中的形核率，只有当 GNPs 被吞并在晶粒内部，才能成为有效的非均匀形核的质点。2）纳米 GNPs 对晶界有钉扎作用，能够阻碍晶粒的长大。但是从金相照片上也能清楚看到，GNPs 在铸态组织中的分布仍然存在较为明显的偏聚。

本章直接对铸态复合材料进行 340 ℃的均匀化处理 12 h，随后复合材料在 300 ℃温度下热挤压，挤压比为 14∶1。图 3－2 为挤压态 Mg－6Zn 及体积分数 0.7%、1.0%与 1.6% GNPs 的复合材料扫描照片。对于 Mg－6Zn，可见基体中只存在灰色的富 Mg 相与白色的富 Zn 相，其中，白色的富 Zn 相大多在合金晶粒的晶界处析出。因此通过富 Zn 相的“勾勒”也能看出挤压态 Mg－6Zn 的基体晶粒大小，为 20～30 μm。

当合金基体中加入 GNPs 后，除了基体富 Mg 相与白色的富 Zn 相，材料中还存在沿挤压方向呈现条带状分布的颗粒［图 3－2（b）～（d）］。进一步观察颗粒带的集中分布区域，如图 3－2（e）所示，该颗粒带主要由片状灰色小颗粒与白色块状大颗粒组成。图 3－2（e）中用箭头指示出片状灰色小颗粒的分布状况。根据 GNPs 的形貌特征，片状

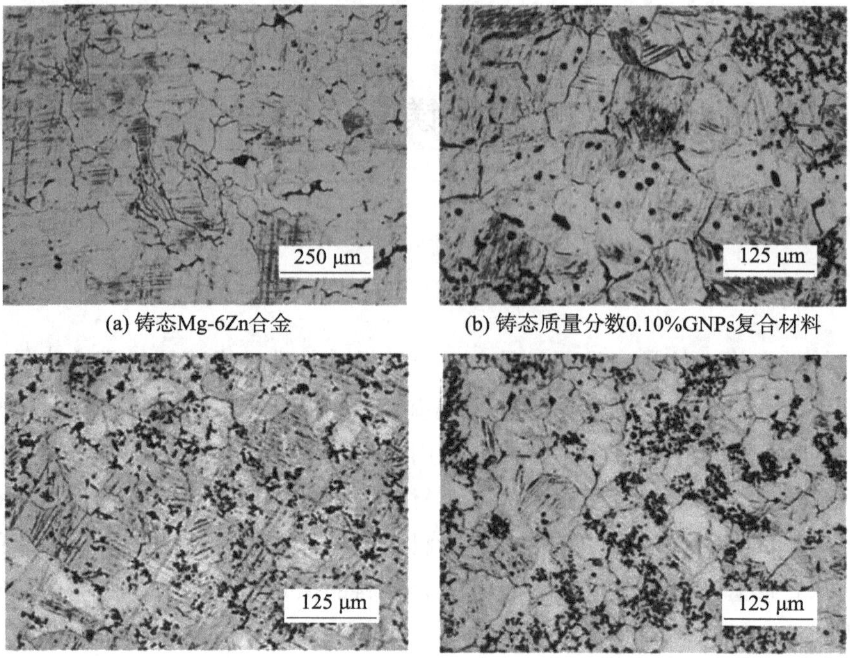

(a) 铸态Mg-6Zn合金　(b) 铸态质量分数0.10%GNPs复合材料

(c) 铸态质量分数0.15%GNPs复合材料　(d) 铸态质量分数0.20%GNPs复合材料

图 3－1　铸态合金及复合材料的光学显微组织

灰色小颗粒为 GNPs。

从图 3－3（a）与（b）的能谱线扫描结果也能测定这些灰色片状小颗粒含 C 量高于周围基体，因此确认为 GNPs。而在 GNPs 附近存在的富 Zn 第二相则来源于热挤压以及热挤压后的冷却过程，原来已经固溶进入 Mg 基体的 Zn 会过饱和析出，而这种过饱和析出相会优先选择容易形核的点析出长大。材料中存在的 GNPs 由于属于异质颗粒，额外析出的 Mg－Zn 相会选择在 GNPs 附近形核析出。复合材料中的 Mg－Zn 相除了以散点状析出外，Mg－Zn 相在合金与复合材料中也会以沿着挤压方向的“挤压带”形式存在，如图 3－3（c）所示的能谱分析结果。热挤压温度处于两相区内，部分 Mg－Zn 相沿 Mg 基体晶界析出后变形伸长形成挤压带。

复合材料的拉曼光谱分析结果如图 3－4 所示。本章加入了高能超声步骤，表明高能超声过程为 GNPs 引入了缺陷与无序结构，例如高能超声引起的空化效应会使 GNPs 氧化。尽管 GNPs 的缺陷有了小幅度增加，但是超声过程促进了 GNPs 的分散，有效阻碍了物理团聚的形成。且由图 3－3（a）与（b），GNPs 的片状结构依然在复合材料内得以保留。

复合材料中 GNPs 呈现平行于挤压方向的层状分布，GNPs 在基体中则可分为 GNPs 的富集区与贫瘠区。当 GNPs 含量由 0.7％增至 1.6％时，明显可见复合材料中 GNPs 富集区的范围及含量增加，GNPs 贫瘠区的范围则明显缩小［图 3－5（b）～（d）］。造成 GNPs 在基体中呈现出层状分布的原因在于复合材料制备过程的凝固过程采用常规凝固速度，而非快速凝固方法。复合材料中非均匀层状 GNPs 分布的形成过程如图 3－5 所示。在常规凝固过程中，凝固速度相对较慢，熔体中的 GNPs 随着凝固过程的进行而被凝固前

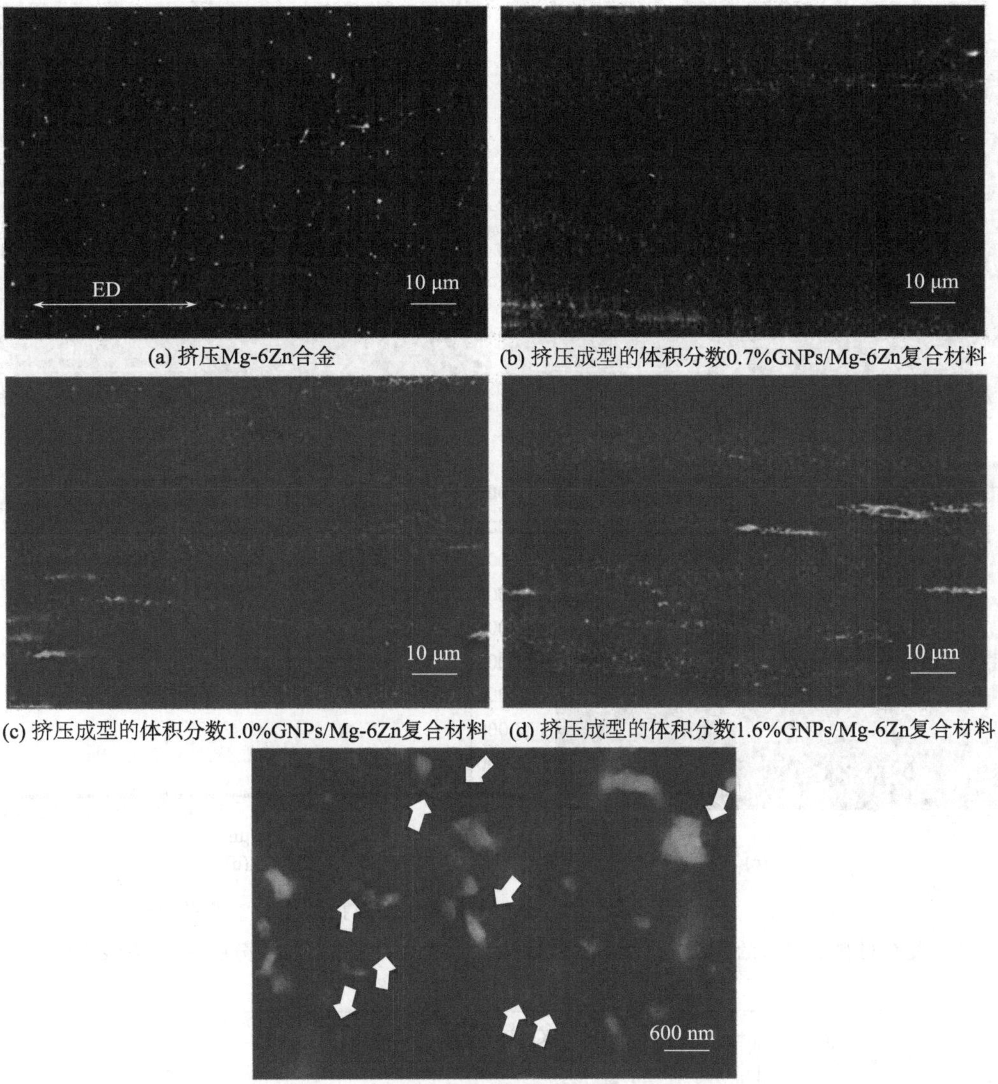

(a) 挤压Mg-6Zn合金

(b) 挤压成型的体积分数0.7%GNPs/Mg-6Zn复合材料

(c) 挤压成型的体积分数1.0%GNPs/Mg-6Zn复合材料

(d) 挤压成型的体积分数1.6%GNPs/Mg-6Zn复合材料

(e) 分图(d)的放大部分

图 3－2　挤压态 Mg－6Zn 及复合材料的表面形貌扫描照片

沿逐渐推移到凝固组织的晶界附近。图 3－5（a）为铸态复合材料的金相照片，GNPs 在某些晶界附近存在一定程度的富集，而远离这些晶界处的区域则 GNPs 含量较低。由图 3－5（b）的扫描照片中 GNPs 的片状形貌清楚鉴定出偏聚于晶界的 GNPs。尽管 GNPs 的偏聚会带来一定程度的 GNPs 微观团聚，但是在随后的热挤压过程中有助于粉碎微观团聚且使 GNPs 沿挤压方向排布。由于在铸态复合材料中已经存在 GNPs 的偏聚区与非偏聚区，则随着热挤压过程的进行，挤碎的 GNPs 偏聚区形成条带状的 GNPs 富集区，而铸态复合材料中的 GNPs 非偏聚区则在挤压态复合材料里形成 GNPs 贫瘠区，其过程如图 3－5（c）与（d）所示。

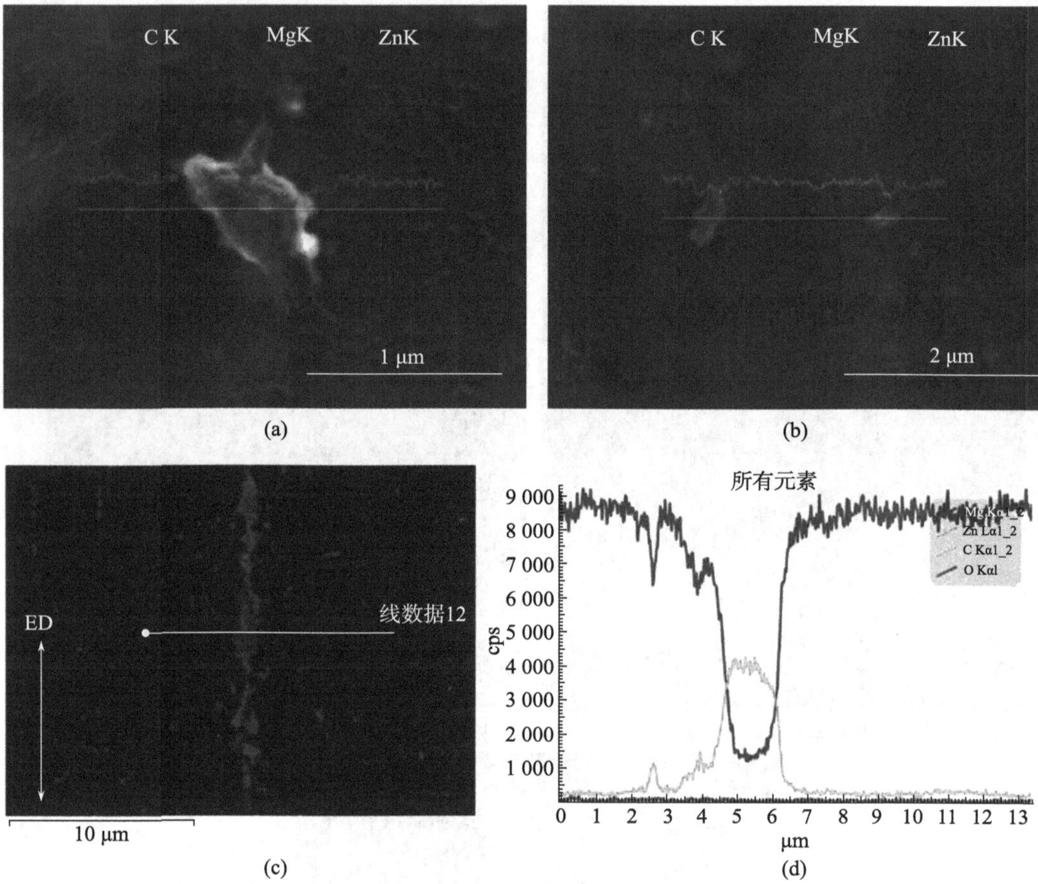

图 3-3　复合材料内 GNPs 与挤压带的能谱线扫描分析（见彩插）

（a）、（b）复合材料中嵌入的 GNPs；（c）复合材料基体中的挤压带；（d）分图（c）直线上的元素分布

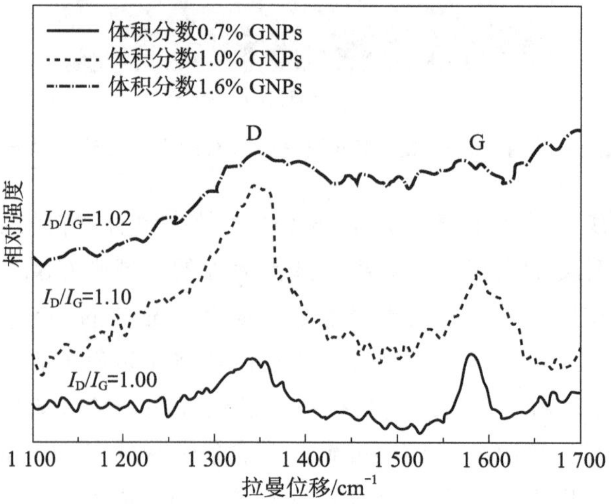

图 3-4　复合材料的拉曼光谱图

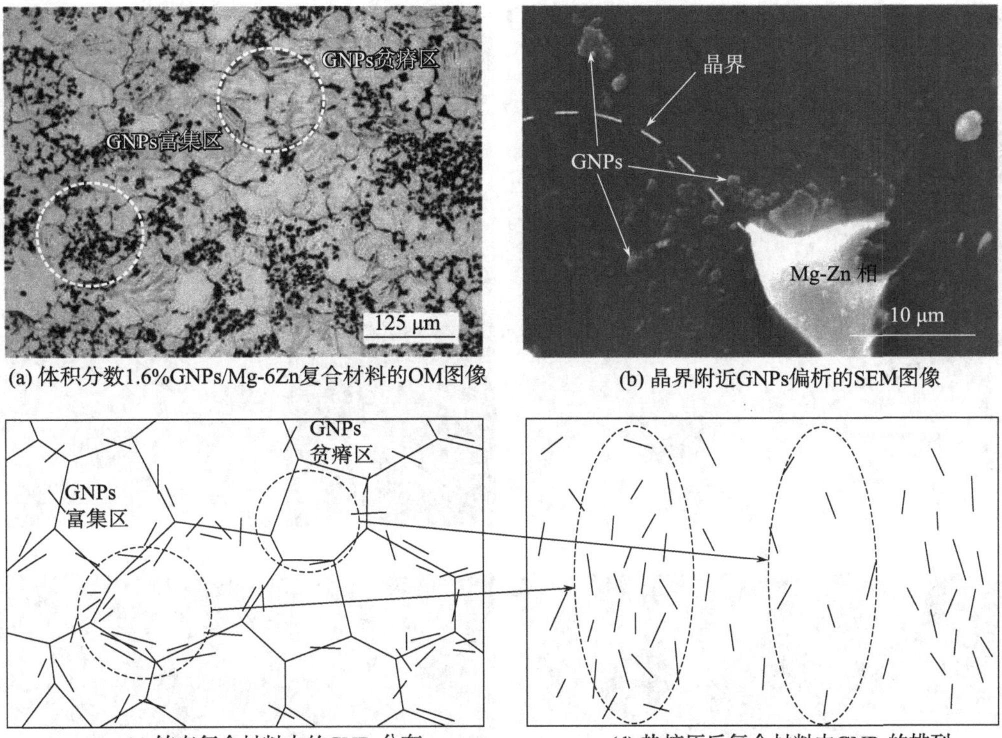

(a) 体积分数1.6%GNPs/Mg-6Zn复合材料的OM图像　(b) 晶界附近GNPs偏析的SEM图像

(c) 铸态复合材料中的GNPs分布　(d) 热挤压后复合材料中GNPs的排列

图 3-5　复合材料中层状条带状 GNPs 分布的形成过程

图 3-6（a）与（b）为复合材料中 GNPs 的透射电镜照片，对图 3-6（b）中的 GNPs 区域进行选区衍射分析，得到的多晶衍射环示于图 3-6（b）中。经过标定，该衍射结果为多晶碳，可以证明 GNPs 在复合材料中的存在与结构稳定。从图中可以看出，高倍下 GNPs 呈现出明显的表面褶皱形态，二维 GNPs 的表面褶皱结构对其在加载过程中牢固锁住基体、提升载荷传递效果具有重要的促进意义。图 3-6（c）与（d）为复合材料中 GNPs 边缘的高分辨透射形貌照片。由高分辨透射分析可知，GNPs 与基体界面结合紧密，界面处无孔洞与界面相形成。通过超声波复合法制备的复合材料内 GNPs 的厚度得到了进一步减薄。

3.2.2　基体显微组织

热挤压态的 Mg-6Zn 以及体积分数 0.7%、1.0%与 1.6% GNPs 复合材料的金相照片如图 3-7（a）～（d）所示。对于挤压态的 Mg-6Zn［图 3-7（a）］，合金的晶粒属于完全动态再结晶的典型形貌。合金组织主要由尺寸均匀的等轴晶粒组成，晶粒尺寸约为 20 μm。对于复合材料［见图 3-7（b）、（d）］，其组织中晶粒尺寸相对于基体合金有了显著减小，但是晶粒尺寸并不均一，而是明显可以划分为两种尺寸等级：较大的等轴晶粒属于粗晶（CEG）区，而细小的晶粒区域则属于超细晶（UFG）区。CEG 与 UFG 区域沿挤压方向呈现出平行相间的条带状分布，即双尺寸层状分布晶粒。随着 GNPs 含量的增加，UFG 区域所占比例与厚度都逐渐增加，而 UFG 在复合材料中的所占区域则随 GNPs 的增

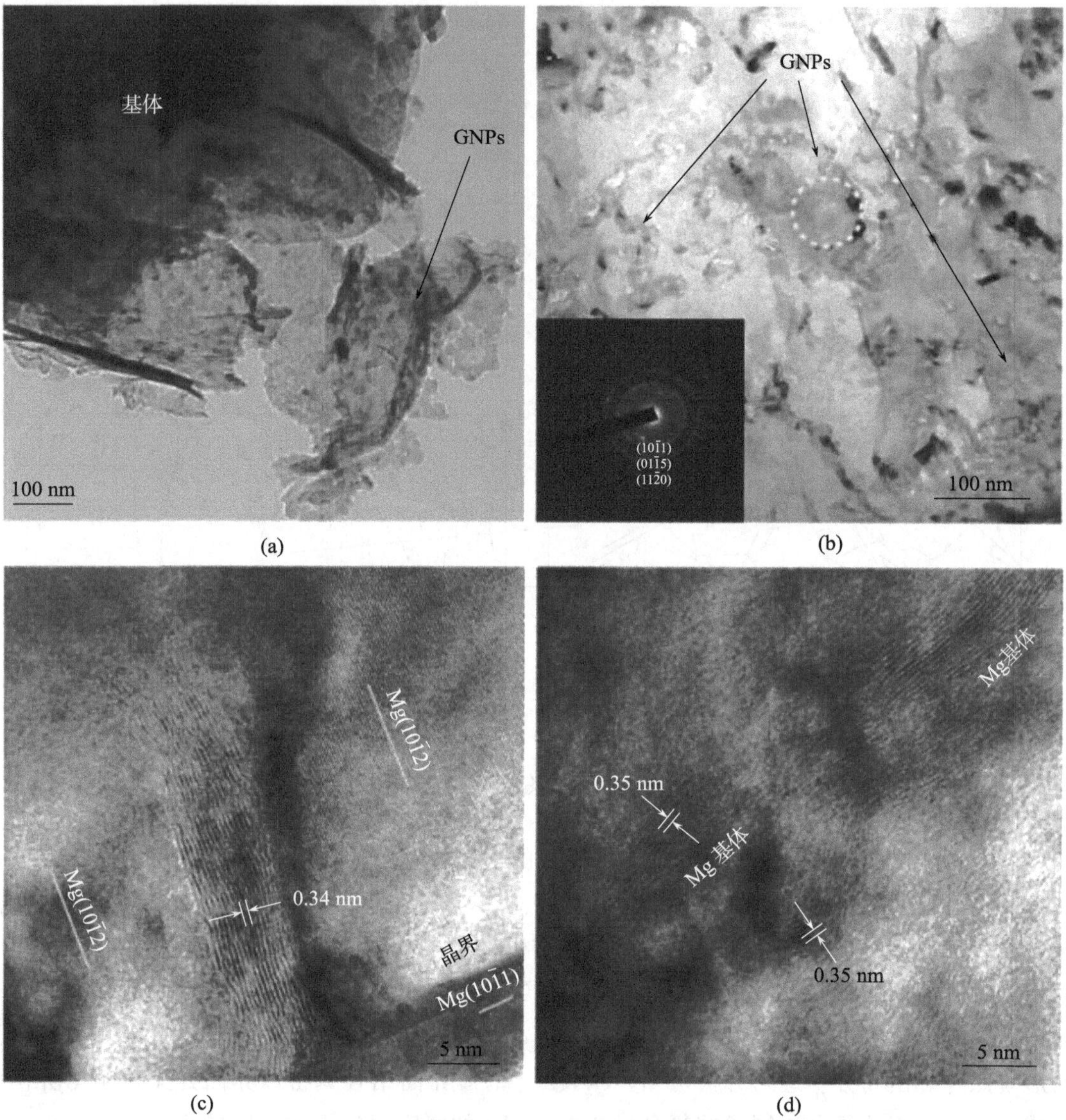

图 3－6　复合材料中 GNPs 的形貌与界面的透射分析

(a) 体积分数 1.0% GNPs/Mg－6Zn 复合材料；(b) 体积分数 1.6% GNPs/Mg－6Zn 复合材料；
(c)、(d) 复合材料中 GNPs 的 HRTEM 图像

注：(b) 显示了圆圈区域的衍射图案。

加而减少。由金相照片，复合材料中 CEG 区域的晶粒尺寸为 5～10 μm，UFG 区域的晶粒尺寸则细小不易辨认。

通过进一步透射观察（见图 3－8），UFG 区域的晶粒尺寸处于亚微米级别［见图 3－8（a）］。而在如图 3－8（b）与（c）中的某些 UFG 区域，其晶粒甚至可以细化至纳米级别（约 100 nm），图 3－8（b）内的多晶衍射环对应纳米晶镁基体。在此区域可见半透明的 GNPs 与基体纳米晶的共存状态，图 3－8（b）与（c）内可分辨的 GNPs 以椭圆表示。而

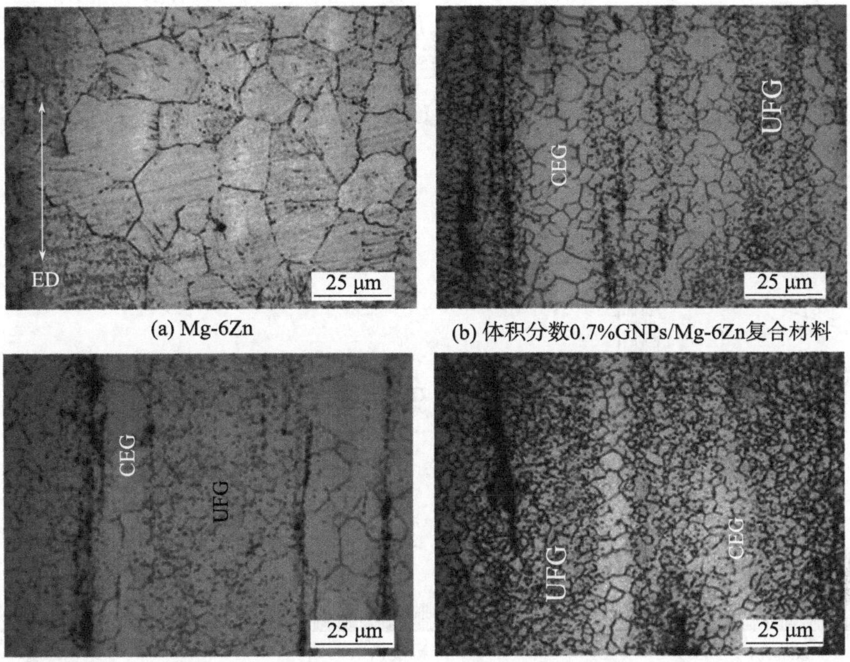

(a) Mg-6Zn　(b) 体积分数0.7%GNPs/Mg-6Zn复合材料

(c) 体积分数1.0%GNPs/Mg-6Zn复合材料　(d) 体积分数1.6%GNPs/Mg-6Zn复合材料

图 3 - 7　挤压态 Mg - 6Zn 与复合材料的金相照片

UFG 内出现的条纹则说明此区域内的晶粒受到了强烈的扭曲畸变效应。

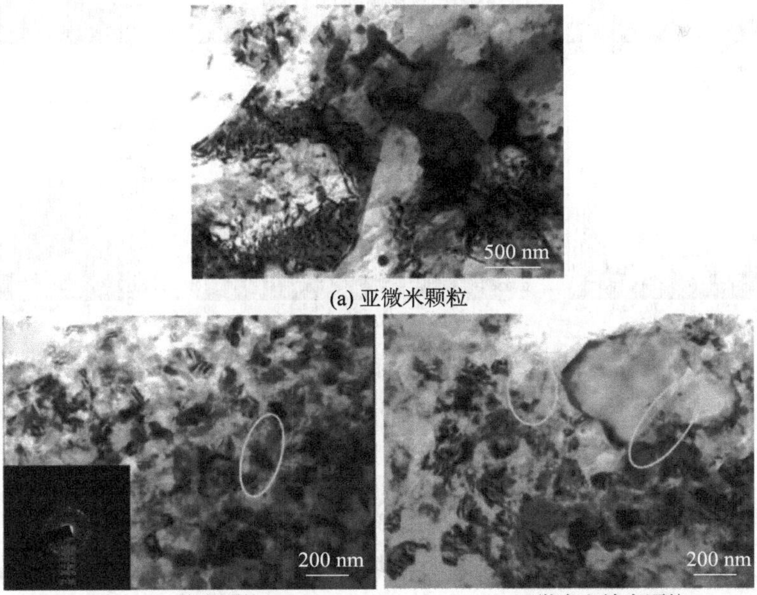

(a) 亚微米颗粒

(b) 纳米颗粒　(c) 亚微米和纳米颗粒

图 3 - 8　复合材料 UFG 区域的透射照片

图 3 - 9 为挤压态 Mg - 6Zn 与不同含量 GNPs 复合材料的晶界取向差角分布图，几种重要晶界取向差角所占比例统计如图 3 - 10 所示。由于本章中复合材料为双尺寸晶粒结构，因此对于不同 GNPs 含量的复合材料，CEG 与 UFG 部分的取向差角分布及统计均单独列出，见图 3 - 9 与图 3 - 10 中的 CEG 与 UFG 部分。

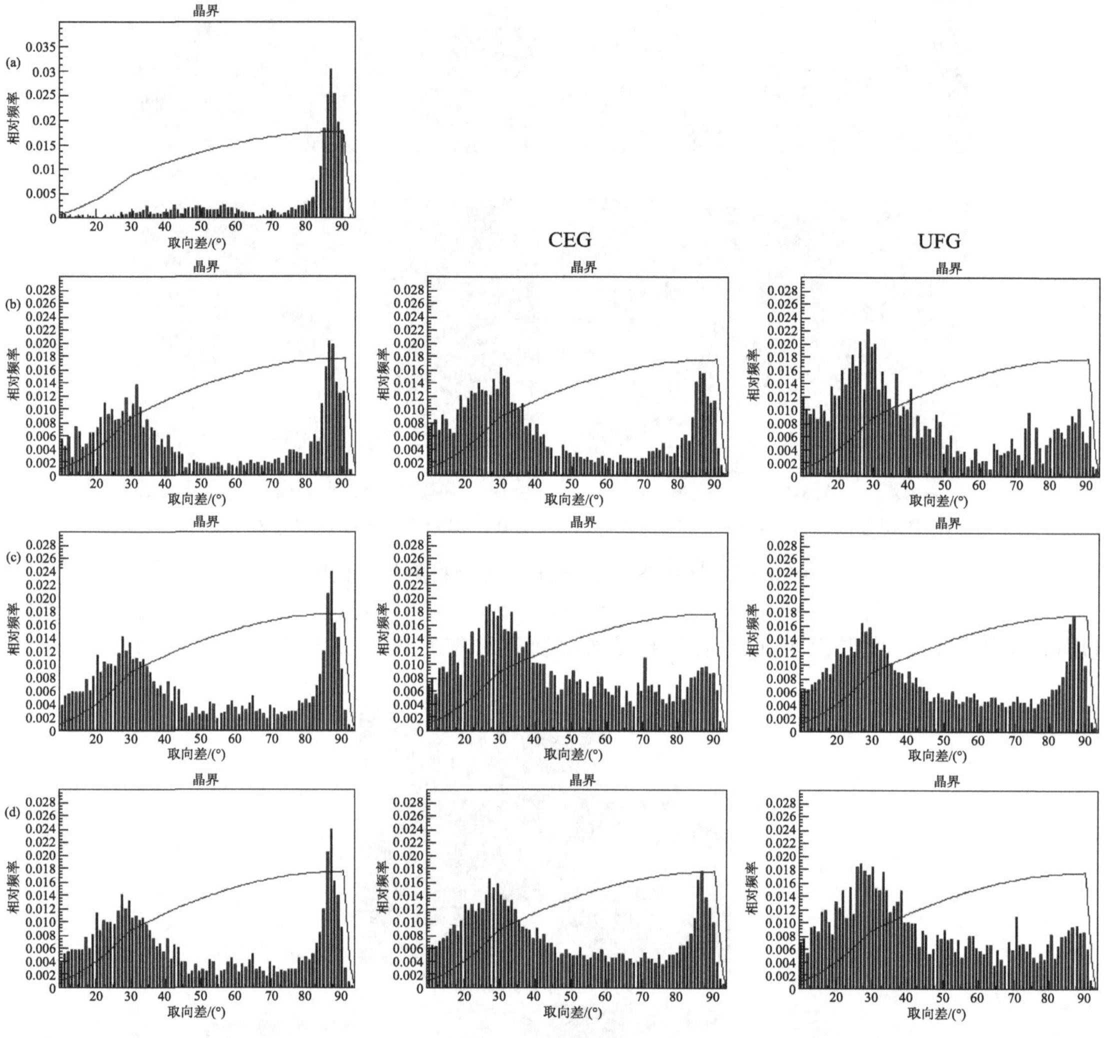

图 3 - 9　挤压态 Mg - 6Zn 及复合材料内晶界取向差角分布图（见彩插）

(a) Mg - 6Zn；(b) 体积分数 0.7%GNPs/Mg - 6Zn 复合材料；(c) 体积分数 1.0%GNPs/Mg - 6Zn 复合材料；(d) 体积分数 1.6%GNPs/Mg - 6Zn 复合材料

对于 Mg - 6Zn，晶界在取向差角为 81.3°～91.3°范围内所占比例较大。随着 GNPs 的加入，取向差为 51°～61°的晶界比例无明显增长，81.3°～91.3°处晶界所占比例则在逐渐降低（见图 3 - 10）。如果将取向差为 51°～61°与 81.3°～91.3°范围晶界的 UFG 区与 CEG 区分开统计（见图 3 - 10 中的虚线部分），则可以发现随着 GNPs 的加入，以上两种类型晶界在 CEG 区与 UFG 区内的含量变化与其在复合材料内的含量变化保持一致，无明显差别。在复合材料内，UFG 区域内具有更高的 GNPs 局部浓度，且随复合材料内 GNPs 含量的增加，UFG 区域的面积也逐渐增大。但是实验结果表明，GNPs 含量的增加并未显著增加复合材料内的孪生含量，其中拉伸孪生含量反而随着 GNPs 的加入而减少。

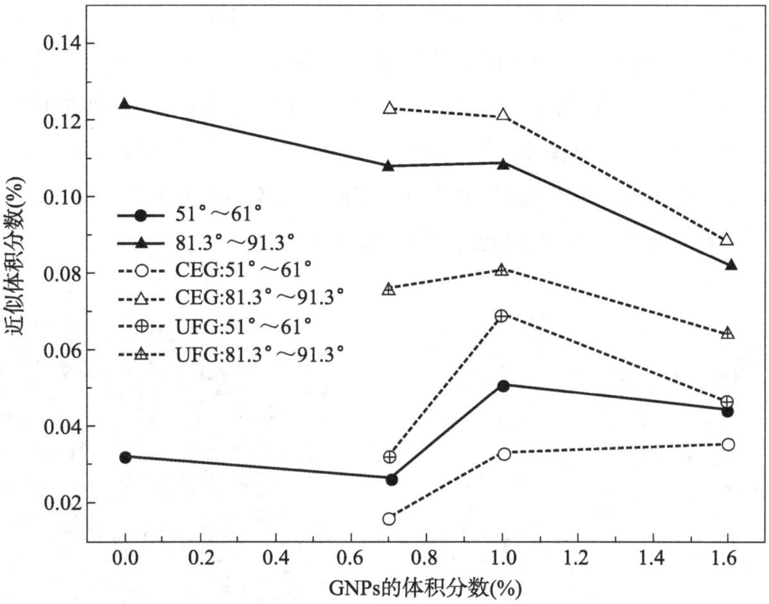

图 3-10　复合材料内晶界取向差角统计

3.3　复合材料微观组织演变的讨论

3.3.1　GNPs 对双尺寸晶粒结构的影响机制

复合材料中的双尺寸晶粒结构与 GNPs 在基体中的非均匀层状分布直接相关。双尺寸晶粒形成于动态再结晶过程，在复合材料中孪晶数量较少的情况下，基体的动态再结晶主要采用连续动态再结晶（CDRX）与非连续动态再结晶（DDRX）机制。

对于 CDRX，变形基体通过其中的小角度晶界构成稳定的三维阵列而形成再结晶核心。在此基础上，亚晶里的小角晶界逐渐吞并位错，与相邻亚晶取向差逐渐增大而形成大角晶界[8]。在 Mg-6Zn 中，CDRX 与其启动的变形机制密切相关。原始晶界处三维小角晶界阵列的构成需要两种不同类型 Burgers 矢量位错的共同作用以及后续的位错重排[9]。镁基体中最常见的位错为＜a＞型位错，＜a＞ 型位错的滑移面可为（0001）基面、$(10\bar{1}0)$ 柱面以及 $(10\bar{1}1)$ 锥面。因此，只有当 $(11\bar{2}2)\langle 11\bar{2}3\rangle$ 锥面滑移系的 ＜c + a＞ 位错被激活，才可构成稳定的 CDRX 核心[10]。而＜c + a＞位错的 Burgers 矢量比＜a＞ 型位错大得多，从而激活＜c + a＞位错的 CRSS 亦比＜a＞ 型位错大得多。复合材料热挤压过程中，GNPs会导致其附近基体内形成应力集中区。这些微观应力集中区域中的<c + a> 位错更易被激活，从而有利于在这些局部区域内形成三维小角晶界。在随后的变形中，这些稳定的三维小角晶界则可成为CDRX形核点。图3－11（a）～（d）所示分别为挤压态Mg－6Zn、体积分数0.7%、1.0%与1.6% GNPs/Mg－6Zn复合材料的小角晶界（5°～15°，粉红色线）与大角晶界（>15°，黑色线）分布图。由于合金与复合材料都已经过热挤压及动态再结晶过程，其中的小角晶界则表示尚未完成或有待发生动态再结晶的位置。对于Mg－6Zn合金［见图3－11（a）］，小角晶界较少，这与热挤压后发生动态再结晶有关。而对于复合材料［见图3－11（b）～（d）］，其中存在的小角晶界含量明显高于Mg－6Zn合金，且小角晶界主要集中在GNPs含量较高的UFG区域，因此可以推测GNPs通过激活<c + a>位错而促进了CDRX形核。

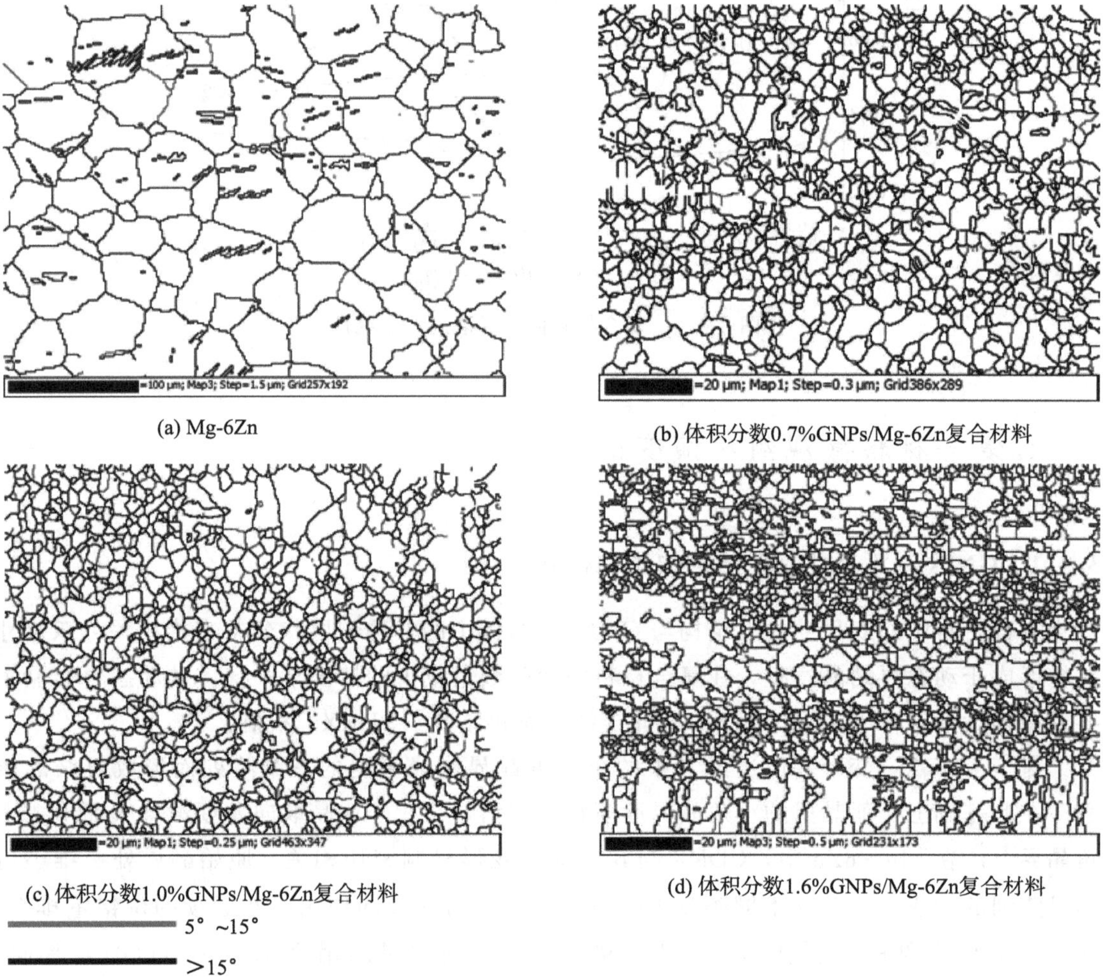

(a) Mg-6Zn

(b) 体积分数0.7%GNPs/Mg-6Zn复合材料

(c) 体积分数1.0%GNPs/Mg-6Zn复合材料

(d) 体积分数1.6%GNPs/Mg-6Zn复合材料

图3－11 挤压态Mg－6Zn与复合材料的小角晶界及大角晶界分布图（见彩插）

对于DDRX，动态再结晶的过程由大角晶界的形核与长大两个部分组成。DDRX的形核通过大角晶界的“弓出”机制形成[11,12]。复合材料内晶粒的变形具有不均匀性，不同变形程度晶粒的晶界两侧的应变程度与位错密度均不相同。因此，在晶界两侧储存能差以及晶界处的位错交互驱动力作用下，晶界通过从低应变晶粒“弓出”扩张至高应变晶粒。晶界扫过区域位错密度减小，能量降低，成为低畸变区或无畸变区。晶粒“弓出”部分结构并不稳定，它通常被由垂直于原始大角晶界而演化的亚晶所固定而完成再结晶的形核。有这些位错即可通过重排形成小角晶界，进而促进动态再结晶过程的进行。GNPs 虽然能够诱发附近基体产生剩余位错，也对位错运动具有强烈的阻碍作用，但是晶界不易发生“弓出”。在 GNPs 附近的晶粒更倾向于采用 CDRX 方式形成再结晶晶粒。在动态再结晶晶粒长大过程中，GNPs 的存在也通过进一步阻碍晶界迁移而抑制晶粒长大。在图 3－8（c）所示的 UFG 区域，右上角晶粒的尺寸相比其他晶粒明显较大，而该晶粒长大至 GNPs 处，其晶界被有效钉扎而固定。

综上所述，GNPs 通过促进动态再结晶形核与钉扎再结晶晶界迁移的双重作用影响基体的动态再结晶组织。因此在 GNPs 的贫瘠区与富集区分别构成了基体的 CEG 区与 UFG 区，其对应关系如图 3－12 所示。除了 GNPs 对基体的晶粒细化具有强烈作用，挤压过程中由 GNPs 诱发产生的动态 Mg－Zn 析出相［见图 3－2（d）与图 3－8（a）］也参与了对再结晶晶粒长大的限制。

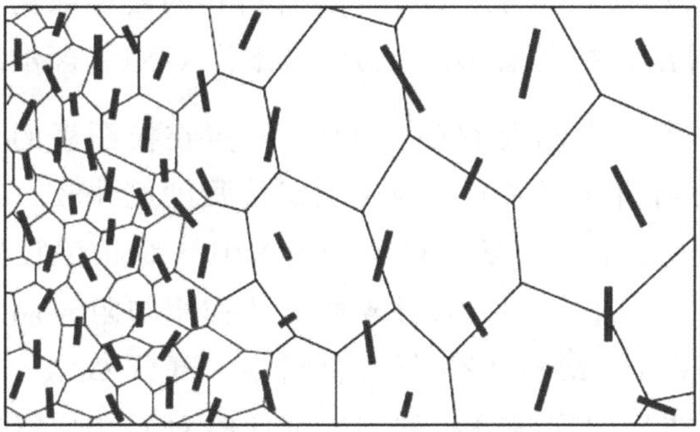

(a) GNPs的不均匀分布与双峰结构的对应关系

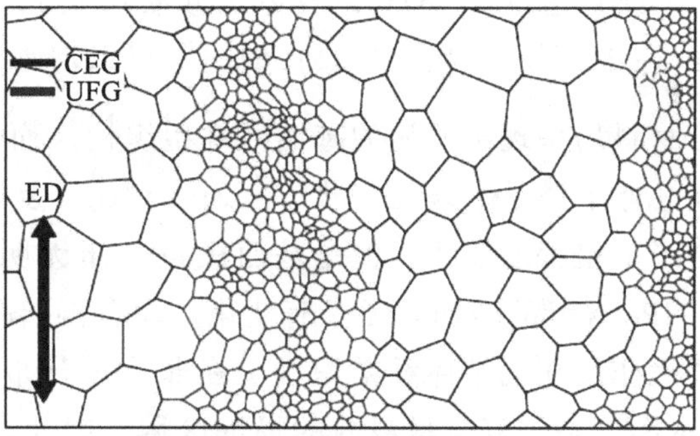

(b) 复合材料中的双峰微观结构

图 3－12 复合材料双尺寸层状分布晶粒组织的形成

3.3.2 GNPs 对孪生的影响机制

GNPs 对复合材料中孪生的产生有重要影响。加入 GNPs 后的复合材料由于热挤压过程中 GNPs 边缘及片层周围的应力集中与晶粒的滑移及转动受到 GNPs 的阻碍而产生大量孪生。通过晶界取向差角分析，双尺寸晶粒复合材料内部依然产生了一定数量的形变孪生（见图 3－9）。然而，孪晶的数量比 GNPs 增强纯镁复合材料显著减少，且拉伸孪晶随 GNPs 含量的增加而显著递减（见图 3－9 与图 3－10）。可见，该种复合材料内的形变孪生受到了抑制。影响合金中孪生形成的主要因素有原始织构、应变速率、温度、合金元素与晶粒尺寸等。由于 Mg－6Zn 合金与复合材料具有完全相同的合金成分与加工工艺，挤压态复合材料的晶粒尺寸更加细小，因此细化的晶粒是抑制形变孪生的主要因素。首先，孪生的形核主要在晶界处发生[13,14]。对于一个粗大的晶粒（尺寸为 D）与一个细化的晶粒（尺寸为 d，$D>d$），粗大晶粒的晶界面积要远大于细小晶粒的晶界面积（$D^2>d^2$），细小晶粒内的孪晶形核点数量极其有限，通过金相观察的结果尤其明显（见图 3－7）。其次，晶粒尺寸越小，孪晶形核的空间也越小。相比于较大的晶粒，细化的晶粒内产生的孪晶晶核直径减小。当晶粒尺寸继续减小至孪晶晶核小于其临界半径 r_c 时，将只剩下一处层错，而且孪晶生长需要在其相邻原子面上连续发射 Shockley 不全位错。随着晶粒尺寸的减小，Shockley 不全位错传递到相邻原子面的概率降低，孪晶也难以长大[15]。孪生数量的减少也直接限制了孪生在复合材料热挤压变形过程中的作用。复合材料中当孪生含量达到一定临界体积分数 f^* 时，才会对材料塑性变形的启动造成影响[16]。由于孪生产生于晶界，孪生的体积分数与形核点的密度（N）、孪生片层厚度（t）及晶粒尺寸（d）有关。其中，N 与 t 均是加载应力 τ 的正比例函数，因此孪生的临界体积分数 f^* 与 $N(\tau)\cdot t(\tau)\cdot d$ 成正比。当晶粒尺寸减小时，为达到 f^*，需要提高 τ 以得到更大的 $N(\tau)$ 或者 $t(\tau)$ 值。因此对于细化晶粒的 Mg－6Zn，挤压过程中的主要变形机制为晶体滑移。综上，可以解释在 GNPs 诱发双尺寸晶粒的复合材料中孪晶含量的锐减。

3.3.3　织构演变

挤压态 Mg－6Zn 以及体积分数 0.7%、1.0% 与 1.6% GNPs 复合材料的宏观织构如图 3－13 所示。从 {0001} 极图中可以清晰看出，挤压态 Mg－6Zn 与不同 GNPs 含量复合材料均呈现出明显的基面纤维型织构。而合金与复合材料的 $\{10\bar{1}0\}$ 极点在极图里的分布总体上还是呈现无序状态。通过对比，复合材料在 {0001} 极图的织构强度整体较合金有了一定程度弱化，但是基面极点分布无明显变化，且复合材料的 {0001} 织构强度随 GNPs 含量的增加并无显著变化。动态再结晶过程中 GNPs 通过异质形核作用与阻碍晶粒长大作用弱化基体纤维织构。在非均匀分布 GNPs/Mg－6Zn 复合材料中，部分 GNPs 被“浓缩”到了复合材料内的局部区域。因此，非均匀层状分布的 GNPs 此时对 GNPs 富集区（UFG 区）的织构具有更加显著的影响。图 3－14（a）～（c）分别为体积分数 0.7%、1.0%与 1.6% GNPs/Mg－6Zn 复合材料 CEG 区域与 UFG 区域的 {0001} 微观织构极图。从图中可以明显看到，在复合材料内，CEG 区域与 UFG 区域均呈现出纤维型织构的特征，即 {0001} 极点主要分布于 TD 轴左右。然而，通过对比图 3－13 中的 CEG 与 UFG 区域，发现 UFG 区域的 {0001} 极点分布明显较 CEG 区域更加分散，且 UFG 区域的织构强度也较 CEG 区域有所弱化。因此，复合材料中依然遵循着 GNPs 弱化纤维织构的结果。但由于复合材料中的 GNPs 仅在 UFG 区域内体现了弱化织构的效果，相对于整个复合材料的宏观织构，其织构弱化程度不如均匀分散 GNPs 的效果。

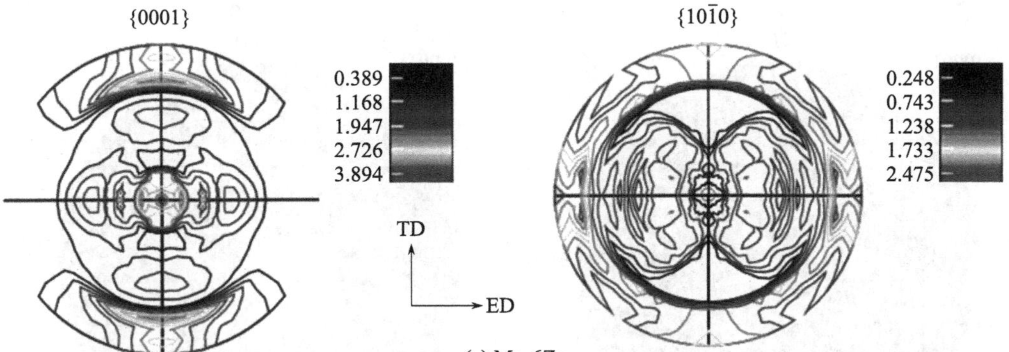

(a) Mg-6Zn

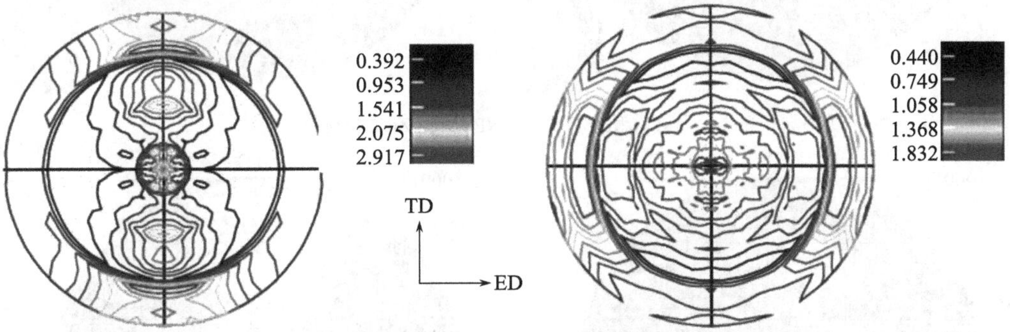

(b) 体积分数0.7%GNPs/Mg-6Zn复合材料

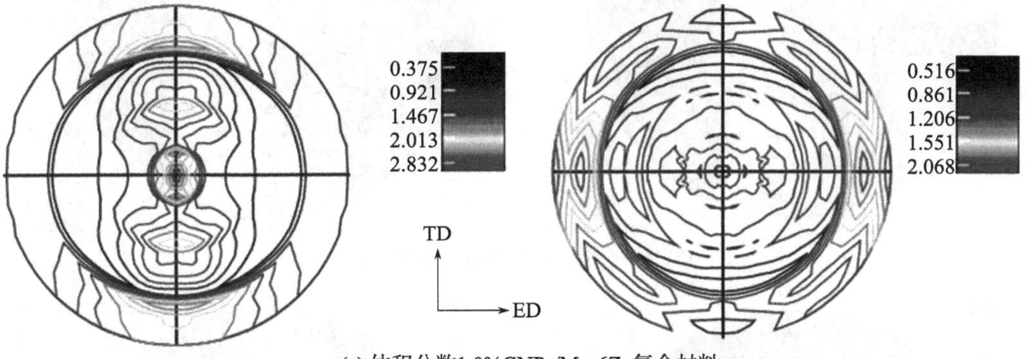

(c) 体积分数1.0%GNPs/Mg-6Zn复合材料

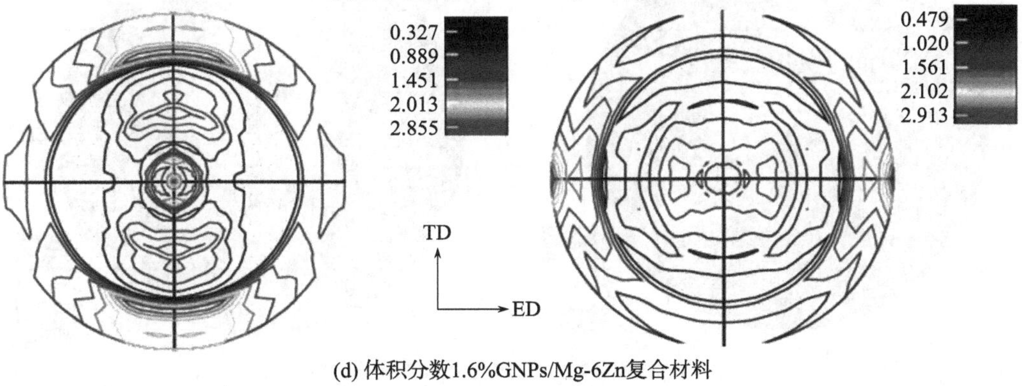

(d) 体积分数1.6%GNPs/Mg-6Zn复合材料

图 3-13　挤压态合金及不同 GNPs 含量复合材料的｛0001｝及｛10$\bar{1}$0｝宏观织构极图（见彩插）

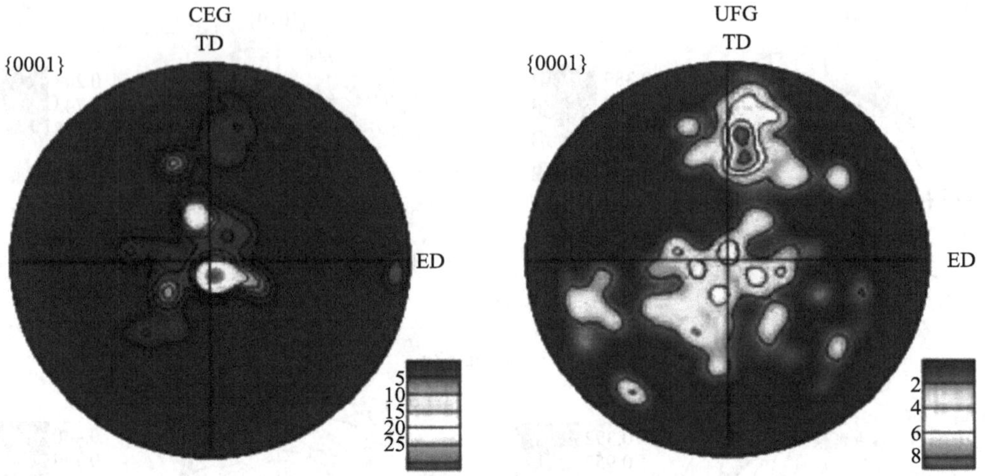

(a) 体积分数0.7%GNPs/Mg-6Zn复合材料

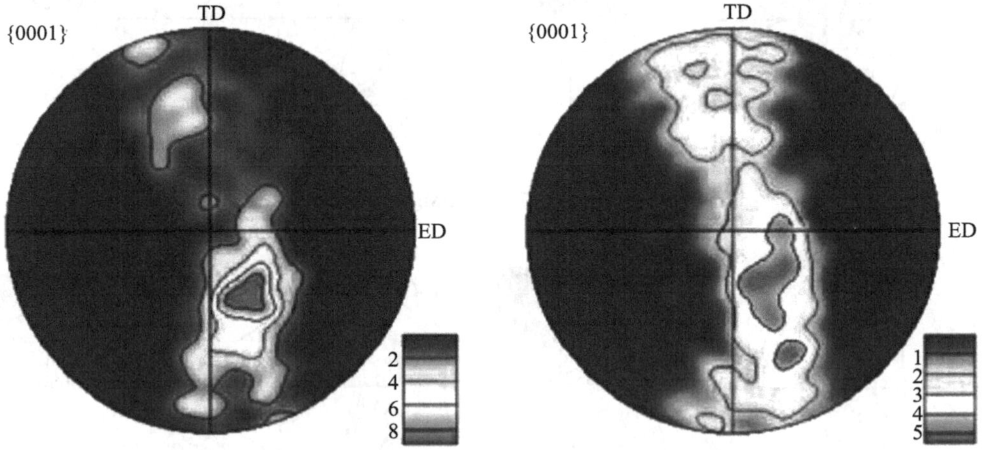

(b) 体积分数1.0%GNPs/Mg-6Zn复合材料

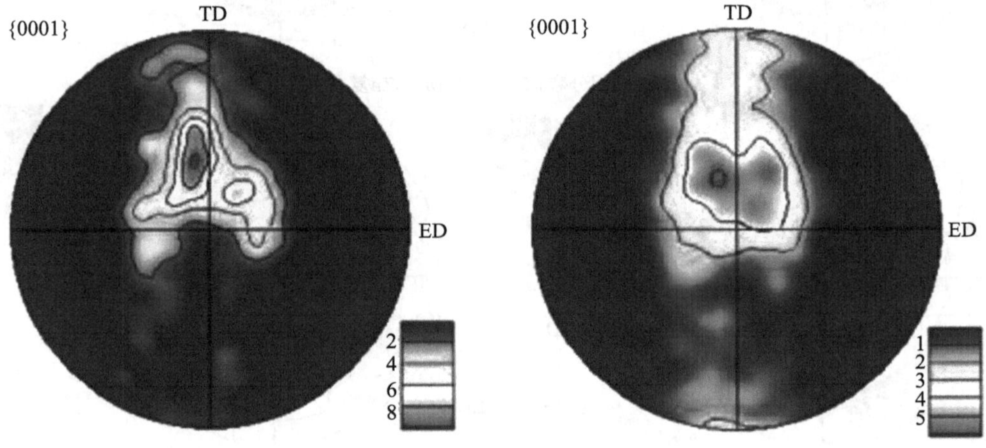

(c) 体积分数1.6%GNPs/Mg-6Zn复合材料

图 3-14　复合材料 CEG 区域与 UFG 区域的 {0001} 微观织构极图（见彩插）

3.4　GNPs 对复合材料力学性能的影响规律与机制

3.4.1　拉伸力学性能

挤压态 Mg－6Zn 以及体积分数 0.7%、1.0%与 1.6% GNPs 复合材料的室温拉伸曲线如图 3－15 所示。表 3－1 总结了挤压态 Mg－6Zn 与不同含量 GNPs/Mg－6Zn 复合材料的弹性模量（*E*）、屈服强度（*YS*）、抗拉强度（*UTS*）、延伸率（ε）与断裂功（*WOF*）。

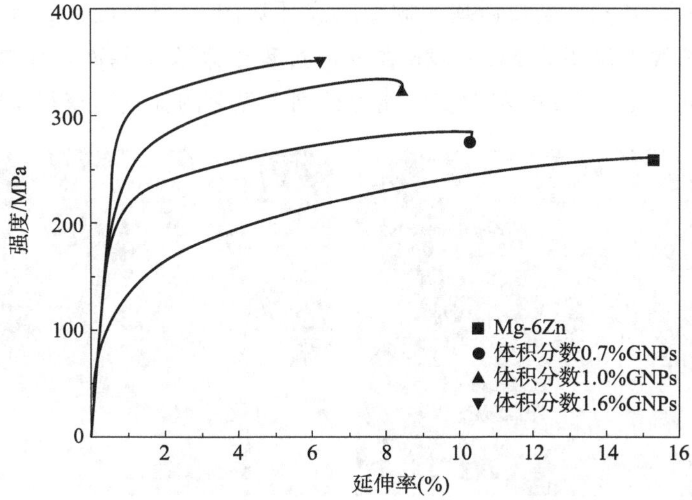

图 3－15　挤压态 Mg－6Zn 与 GNPs/Mg－6Zn 复合材料室温拉伸曲线

与挤压态 Mg－6Zn 相比，不同含量 GNPs 复合材料的力学性能都明显提高，体积分数 0.7% GNPs/Mg－6Zn 复合材料的弹性模量、屈服强度和抗拉强度相对 Mg－6Zn 基体分别提高了 8.7%、88%和 9.6%；体积分数 1.0% GNPs/Mg－6Zn 复合材料的弹性模量、屈服强度和抗拉强度相对 Mg－6Zn 基体分别提高了 15%、103%和 28%；体积分数 1.6% GNPs/Mg－6Zn 复合材料的弹性模量、屈服强度和抗拉强度则分别提高 20%、166%和 35%。尤其是复合材料的屈服强度提升效果显著，提升比例基本都高于 100%。另一方面，复合材料的延伸率相对于 Mg－6Zn 合金则表现为下降，且随着 GNPs 含量的增加，复合材料的延伸率逐渐下降，但依然保持了一定程度的塑性变形量（＞ 5%）。由于复合材料延伸率的下降，导致复合材料的断裂韧性也逐渐下降。

表 3－1　挤压态 Mg－6Zn 与 GNPs/Mg－6Zn 复合材料的力学性能

材料	*E*/GPa	*YS*/MPa	*UTS*/MPa	ε(%)	*WOF*/J · m^{-3}
Mg－6Zn	46 ± 1.6	102 ± 8	260 ± 6	15.3 ± 2.0	33 ± 5
体积分数 0.7% GNPs/Mg－6Zn	50 ± 1.0	192 ± 5	285 ± 8	10.4 ± 1.2	26 ± 3

续表

材料	E/GPa	YS/MPa	UTS/MPa	ε(%)	WOF/J · m^{-3}
体积分数 1.0% GNPs/Mg－6Zn	53 ± 0.7	207 ± 3	334 ± 4	8.4 ± 0.6	25 ± 3
体积分数 1.6% GNPs/Mg－6Zn	55 ± 0.9	271 ± 4	352 ± 2	6.3 ± 1.0	20 ± 4

3.4.2　复合材料的断裂特征

对于挤压态 Mg－6Zn，由于 Zn 的加入对 Mg 基体塑性变形的促进，Mg－6Zn 呈现典型的塑性断裂方式，其拉伸断口由均匀韧窝组成［见图 3－16（a）］。图 3－16（b）中曲折交错的断口撕裂纹也说明该 Mg－6Zn 在变形过程中采取了基面与非基面滑移共同主导的变形模式，因此 Mg－6Zn 的塑性变形能力得到了显著的促进而获得了较大的变形量。

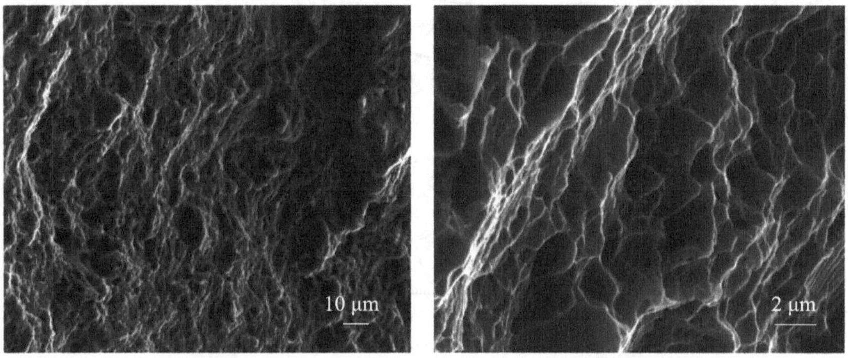

(a) 低倍　(b) 分图(a)的高分辨率视图

图 3－16　挤压态 Mg－6Zn 合金的拉伸断口形貌

对于复合材料，从图 3－17（a）中可以清楚地看出，其断口表面基本由密集的圆形韧窝与撕裂棱组成，表明复合材料的断裂方式依然为塑性断裂方式。图 3－17（b）～（d）为复合材料断口中 GNPs 形貌的高倍照片。GNPs 在高倍观察下呈现出薄膜状半透明的形貌，且被拔出的 GNPs 部分在空间中可保持褶皱形态。由高倍观察可知 GNPs 与基体结合良好，断口内的 GNPs 附近无显著的孔洞与裂纹。GNPs 在断口中主要为拔出形态［见图 3－17（b）、（c）］，也有部分 GNPs 在断口中呈现桥联形态［见图 3－17（d）］。在该体系复合材料的拉伸断口中，也出现了 GNPs 被撕裂的条带状部分，如图 3－17（c）所示。综上所述，GNPs 在基体的断裂过程中依然能够吸收大量能量以延缓裂纹扩展速度，GNPs 对复合材料的增韧方式依然存在。然而复合材料的延伸率却并未提升，其原因将在后续 3.5.5 节讨论。

3.4.3　复合材料的弹性模量

提高材料的弹性模量是材料复合化相比于材料合金化的显著优势之一。复合材料弹性模量的增强源于 GNPs 的载荷传递。目前最广泛应用于描述加载对非连续增强系统复合材

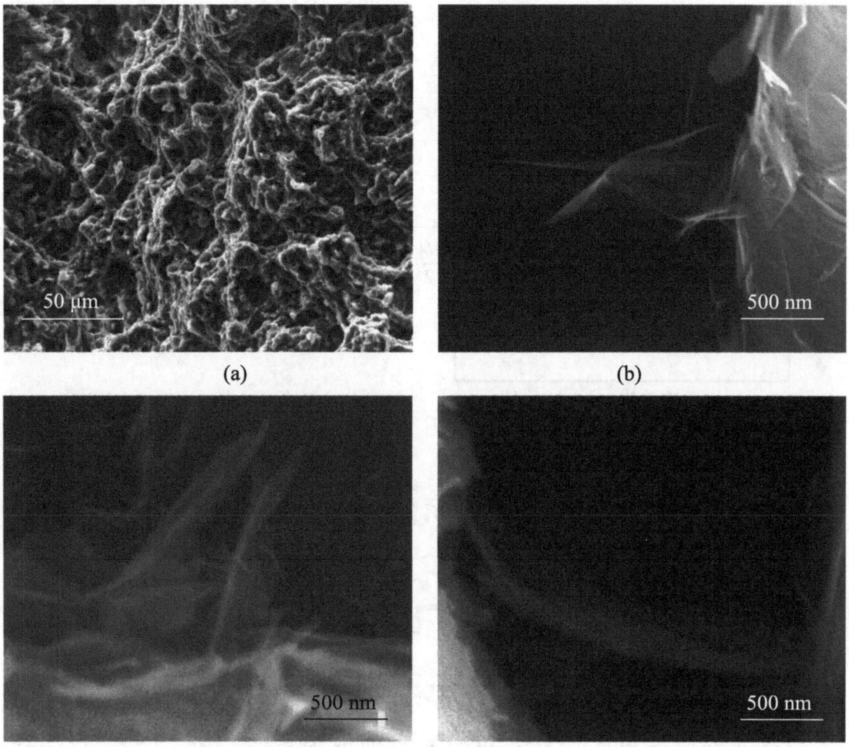

(a)　(b)　(c)　(d)

图 3-17　挤压态 GNPs/Mg-6Zn 复合材料拉伸断口形貌

(a) 体积分数 1.6%GNPs/Mg-6Zn 复合材料；(b) ～ (d) 从断口中突出的 GNPs 的高分辨率 SEM 图像

料影响的模型即为剪切-延滞模型。该模型在处理顺向排列短纤维增强复合材料方面具有较高的准确性。对二维 GNPs 增强镁基复合材料非连续系统进行剪切-延滞分析，GNPs 需要被简化成为一个厚度为 t 的薄片。分析模型可简化为图 3-18 (a)，GNPs 与基体构成层板组合，且在所研究的模型微元里，GNPs 与基体具有相同的长与宽。那么对于一个长度为 $\mathrm{d}x$ 的 GNPs 微元，它所受的界面切应力 τ_i、 正应力 $\mathrm{d}\sigma_G$ 的平衡关系如图 3-18 (b) 所示，得到

$$\tau_i \mathrm{d}x = -t\mathrm{d}\sigma_G \tag{3-1}$$

$$\frac{\mathrm{d}\sigma_G}{\mathrm{d}x} = -\frac{\tau_i}{t} \tag{3-2}$$

在弹性形变阶段，认为 GNPs 与镁的界面保持完整接触。此处引入参量 u 作为基体沿着图 3-18 (a) 中 x 方向的位移。由弹性力学可知，该位移 u 在 z 轴方向的增量即为 GNPs 的切应变 γ，可用切变模量 G_M 表示为

$$\frac{\mathrm{d}u}{\mathrm{d}z} = \gamma = \frac{\tau_i}{G_M} \tag{3-3}$$

沿 z 轴正方向，GNPs 的边界位于 $z = t/2$ 处，而基体的边界位于 $z = T/2$ 处。因此 u 在以上两边界处的位移差可表示为

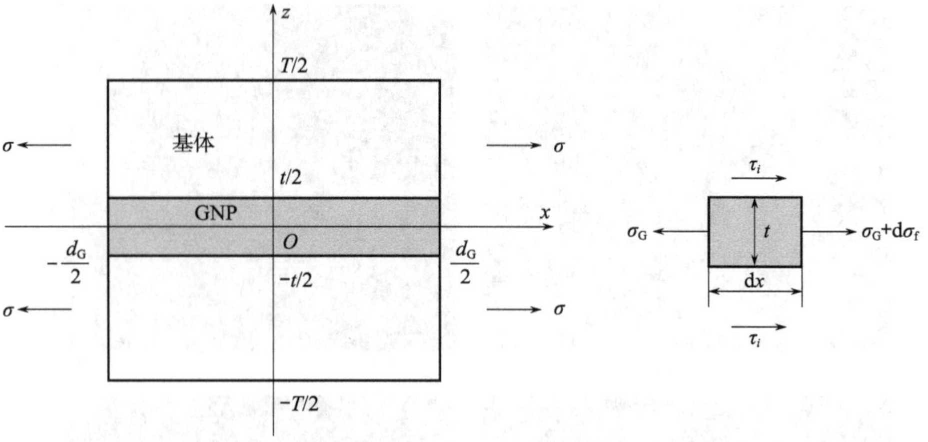

(a) 基体内GNPs的示意图　　(b) GNPs中作用在长度为dx微元上的应力平衡

图 3-18　GNPs 增强系统的剪切-延滞模型分析

$$\int_{u_{t/2}}^{u_{T/2}} \mathrm{d}u = \frac{\tau_i}{G_M} \int_{t/2}^{T/2} \mathrm{d}z \tag{3-4}$$

$$u_{T/2} - u_{t/2} = \frac{\tau_i}{2G_M}(T-t) = -t \cdot \frac{\mathrm{d}\sigma_G}{\mathrm{d}x} \cdot \frac{T-t}{2G_M} = \frac{-t(T-t)}{2G_M} \cdot \frac{\mathrm{d}\sigma_G}{\mathrm{d}x} \tag{3-5}$$

其中，GNPs 与基体的应变量 ε_G 与 ε_M 可分别近似取为 $\varepsilon_G \approx \mathrm{d}u_{t/2}/\mathrm{d}x$ 与 $\varepsilon_M \approx \mathrm{d}u_{T/2}/\mathrm{d}x$，得到

$$\frac{\mathrm{d}(u_{T/2} - u_{t/2})}{\mathrm{d}x} = \varepsilon_M - \varepsilon_G = \frac{-t(T-t)}{2G_M} \cdot \frac{\mathrm{d}^2\sigma_G}{\mathrm{d}x^2} \tag{3-6}$$

考虑到 GNPs 为二维薄膜，与基体的尺度比起来，$T \gg t$，得到

$$\varepsilon_G - \varepsilon_M = \frac{tT}{2G_M} \cdot \frac{\mathrm{d}^2\sigma_G}{\mathrm{d}x^2} \tag{3-7}$$

$$\frac{\mathrm{d}^2\sigma_G}{\mathrm{d}x^2} = \frac{n^2}{t^2}(\sigma_G - \varepsilon_M E_G) \tag{3-8}$$

其中 $n = \sqrt{\frac{2G_M V_G}{E_G}} = \sqrt{\frac{E_M V_G}{E_G(1+\nu_M)}}$。

以上为标准的二阶线性微分方程，其边界条件为 $x = \pm d_G/2$ 处有 $\sigma_G = 0$，d_G 就是 GNPs 的片径尺寸，如图 3-18（a）所示。解微分方程，得到 GNPs 上的应力分布表达式为

$$\sigma_G = E_G \varepsilon_M \left[1 - \frac{\cosh\left(\frac{nx}{t}\right)}{\cosh\left(\frac{nd_G}{2t}\right)}\right] \tag{3-9}$$

相应地，基体中的应变分布可通过上式推得

$$\varepsilon_M = \varepsilon_G \Bigg/ \left[1 - \frac{\cosh\left(\frac{nx}{t}\right)}{\cosh\left(\frac{nd_G}{2t}\right)}\right] \tag{3-10}$$

根据加载应力的混合法则，复合材料的外加载荷应力与基体、增强体两组分承受应力的加权平均（取决于二者的体积分数）相等，则

$$\sigma_C = V_G \sigma_G^A + (1 - V_G)\sigma_M^A \tag{3-11}$$

式中，σ_G^A 与 σ_M^A 分别为单位体积的 GNPs 与基体承载的平均应力。V_G 为 GNPs 的体积分数，由图 3-18 (a)，V_G 可近似为 t/T。则对于 σ_G^A 有

$$\sigma_G^A = \frac{1}{d_G}\int_{-d_G/2}^{d_G/2} E_G \varepsilon_M \left[1 - \frac{\cosh\left(\frac{nx}{t}\right)}{\cosh\left(\frac{nd_G}{2t}\right)}\right] dx = E_G \varepsilon_M \left[1 - \frac{2\tanh\left(\frac{ns}{2}\right)}{ns}\right] \tag{3-12}$$

此处，s 是 GNPs 的长径比（d_G/t）。由于基体构成了复合材料的主体部分，因此在均匀变形过程中，可认为基体的应变量 ε_M 与复合材料的应变量 ε_C 保持一致。综上，复合材料的弹性模量可表达为

$$E_C = \frac{\sigma_C}{\varepsilon_C} = \frac{V_G \sigma_G^A + (1 - V)\sigma_M^A}{\varepsilon_M} = V_G E_G \left[1 - \frac{2\tanh\left(\frac{ns}{2}\right)}{ns}\right] + (1 - V_G) E_M \tag{3-13}$$

目前在复合材料里用来预测弹性模量的常用模型还有 Voigt - Reuss 模型与 Halpin - Tsai 模型[17,18]。若 GNPs 的厚度为 5 nm，横向长度为 1～2 μm，则代入推导的剪切-延滞模型与 Voigt - Reuss 及 Halpin - Tsai 模型。通过不同模型计算的 GNPs/Mg - 6Zn 复合材料弹性模量与 GNPs 含量关系曲线如图 3 - 19 所示，实验测定的弹性模量值也列于图中。由图可见，采用剪切-延滞模型计算的复合材料弹性模量变化与实验结果最为吻合，尤其当 GNPs 含量较低时。当 GNPs 含量达到 1.6%时，复合材料的弹性模量实验值低于计算值，这与 GNPs 含量逐渐增多导致的 GNPs 厚度增加以及微团聚数量增多有关。

3.4.4　复合材料的增强机制

非均匀分布 GNPs/Mg - 6Zn 复合材料的主要增强机制仍然为晶粒细化、载荷传递、热错配与 Orowan 增强的共同作用。

图 3 - 20 为 Mg - 6Zn 合金与不同 GNPs 含量复合材料的 IPF 图及其晶粒尺寸分布统计直方图。Mg - 6Zn 整体保持晶粒尺寸的均匀［见图 3 - 20 (a)］，复合材料则沿着 ED 方向呈现出明显的 UFG 与 CEG 区域混合层状分布结构［见图 3 - 20 (b) ～ (d)］，且随着 Mg - 6Zn 内 GNPs 含量的逐渐增加，材料的整体平均晶粒尺寸逐渐减小。综合考虑三种复合材料的晶粒尺寸分布状况，取 $d=3$ μm 为 UFG 与 CEG 区域的晶粒尺寸分界。在此条件下，对图 3 - 20 中 $d<3$ μm 的晶粒作图，隐去复合材料中晶粒 $d>3$ μm 的部分。图 3 - 21 即得到不同 GNPs 含量复合材料中 UFG 区域的分布，而图中的空白区域则对应于复合材料中 CEG 区域的分布。由图 3 - 21 (a)、(b) 所示，UFG 区域晶粒沿着 ED 方向延伸，且沿 TD 方向分层。UFG 与 CEG 区域平行相间分布。随着 GNPs 含量的增加，UFG 区域的面积逐渐增大。

对体积分数分别为 0.7%、1.0% 与 1.6% GNPs 复合材料的 CEG 区域与 UFG 区域

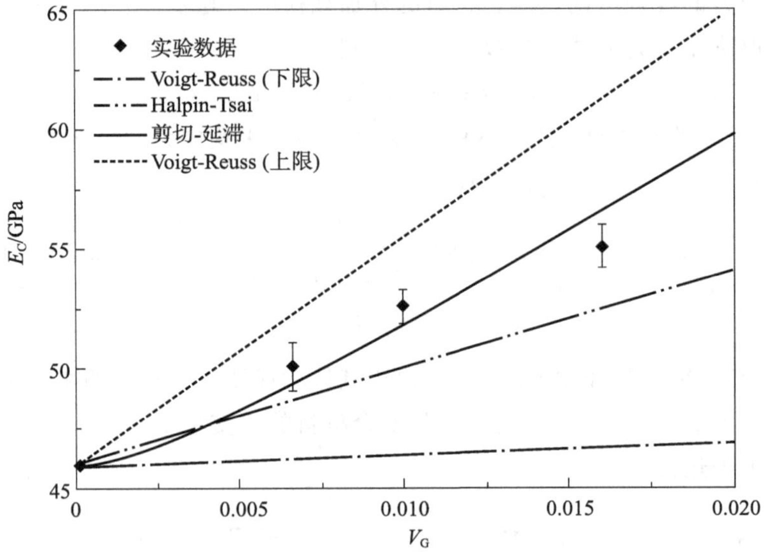

图 3-19 复合材料弹性模量计算曲线与实验值对比

分别统计晶粒尺寸，其结果如图 3-22 所示。尽管不同复合材料内 GNPs 含量不同导致 CEG 与 UFG 区域的比例不同，但是复合材料中 CEG 与 UFG 区域各自的平均晶粒尺寸均无较大变化。不同复合材料 CEG 区域的平均晶粒尺寸稳定在 4.5 μm 左右，而不同复合材料 UFG 区域的平均晶粒尺寸则稳定在 1.8 μm 附近。对 Mg-6Zn 与不同含量 GNPs 复合材料的 CEG 与 UFG 区域分别进行显微硬度分析，其结果如图 3-23 所示。在对不同区域进行显微硬度测试时，所有的测试压痕都确保完全位于 CEG 或 UFG 区域内部。随着 GNPs 含量的增加，复合材料内 CEG 与 UFG 区域的显微硬度值均不发生显著变化。因此，根据两区域内晶粒平均尺寸也随 GNPs 含量的增加保持稳定的结论（见图 3-21），可将复合材料的 CEG 与 UFG 区域分别作为独立的“增强元”参与材料的强化过程：复合材料的 CEG 区域具有较大晶粒尺寸与较低含量 GNPs；UFG 区域内则具有较小晶粒尺寸与较高含量 GNPs。由复合材料的混合法则，复合材料的细晶强化效果为 CEG 与 UFG 两部分区域细晶强化量的加权平均。因此还需要考虑 CEG 与 UFG 区域在复合材料中所占的体积分数，二者体积分数可通过统计复合材料内两区域的面积分数近似确定。本研究中 CEG 与 UFG 区域在体积分数 0.7%、1.0% 与 1.6% GNPs/Mg-6Zn 复合材料内的体积比分别为 8.5∶1.5、7.5∶2.5、5∶5。

载荷传递、热错配与 Orowan 强化效应都与 GNPs 的含量 V_G 直接相关。复合材料内由于 GNPs 分布不均匀导致了 V_G 不均匀，因此以上增强效果在 CEG 与 UFG 区域内也将不一致。由于在复合材料的动态再结晶过程中，GNPs 通过钉扎再结晶晶粒长大而使基体形成了双尺寸晶粒结构，因此 GNPs 主要偏聚在复合材料的晶界上。根据 Zener 钉扎公式，CEG 与 UFG 区域内 GNPs 的含量之比与其晶粒尺寸成反比。根据图 3-22 的晶粒尺寸统计结果，可得 CEG 与 UFG 区域内 GNPs 的含量比约为 2∶5。根据此比例，可以分

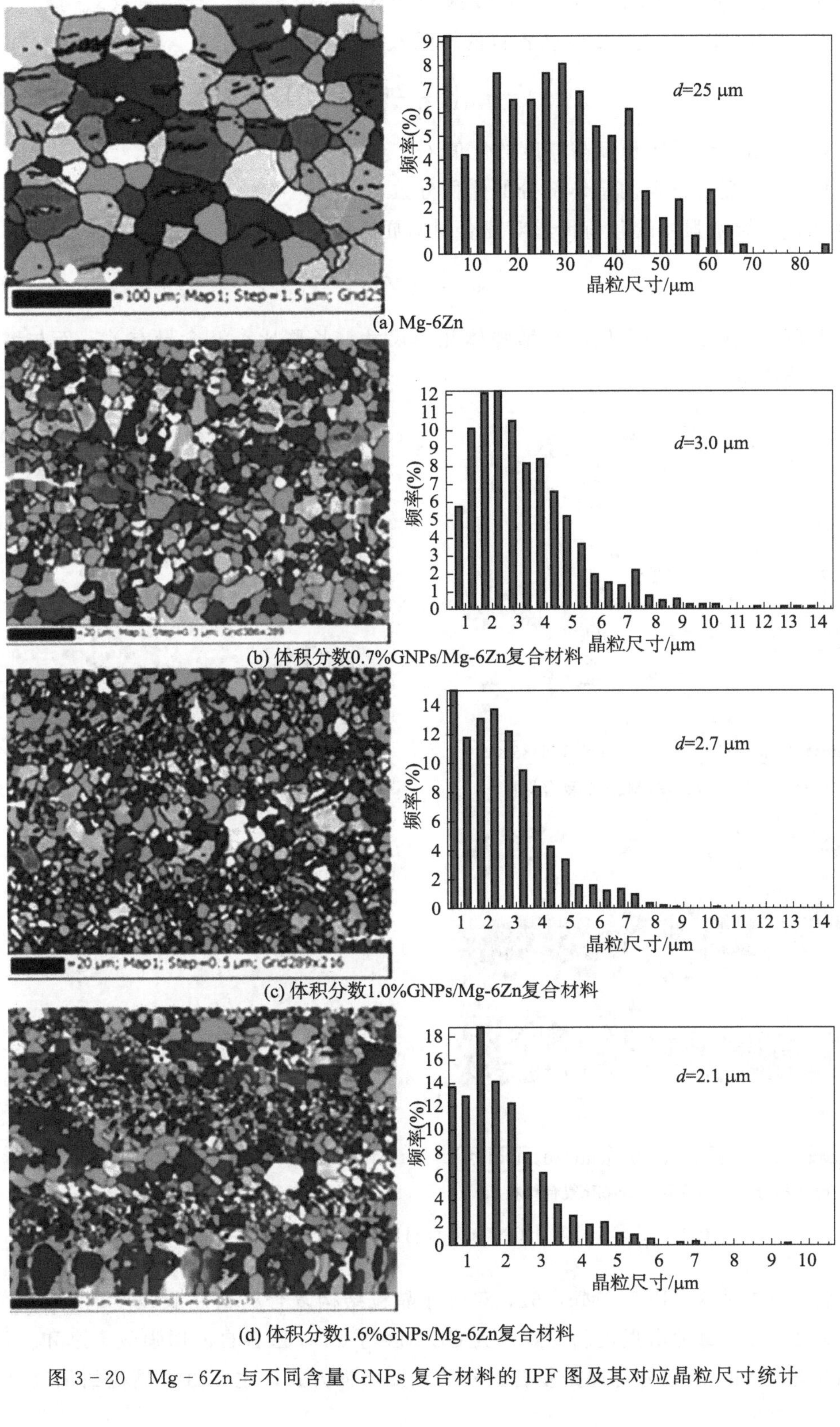

图 3 - 20　Mg - 6Zn 与不同含量 GNPs 复合材料的 IPF 图及其对应晶粒尺寸统计

别求出不同复合材料的 CEG 区与 UFG 区内局部 GNPs 含量。代入式（3 - 14）、式（3 - 15），即可得到 CEG 区与 UFG 区各自的增强效果。

$$\sigma_{yc}=\sigma_{ym}\left(\frac{s+4}{4}V_G+V_M\right) \tag{3-14}$$

式中　s ——GNPs 横向长度与厚度的比值（d_G/t）；

V_M ——复合材料内基体部分的体积分数。

因此，二维增强体的载荷传递对复合材料屈服强度增量的贡献为

$$\Delta\sigma_{lt}=\frac{s}{4}V_G\sigma_{ym} \tag{3-15}$$

由此可见，$\Delta\sigma_{lt}$ 是一个仅仅与增强体几何尺寸（长厚比）及含量有关，而与增强体性质无关的特征量。

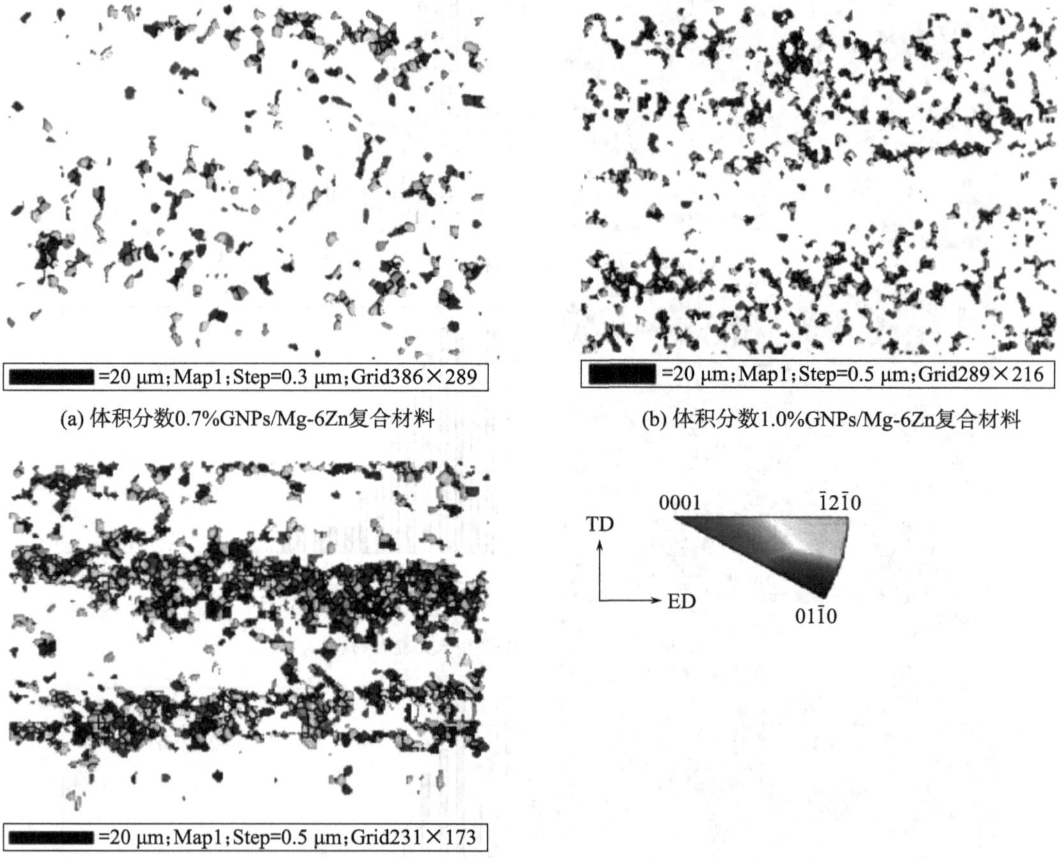

(a) 体积分数0.7%GNPs/Mg-6Zn复合材料

(b) 体积分数1.0%GNPs/Mg-6Zn复合材料

(c) 体积分数1.6%GNPs/Mg-6Zn复合材料

图 3 - 21　不同含量 GNPs 复合材料中 UFG 区域分布（见彩插）

各种增强机制对 GNPs/Mg - 6Zn 双尺寸晶粒结构复合材料屈服强度的贡献对比总结于图 3 - 24（a），每种增强机制的效果为 CEG 区与 UFG 区各自的增强效果之和。很显然，细晶强化与 GNPs 的载荷传递是复合材料的主要增强方式，主要由于晶粒细化效果显著与

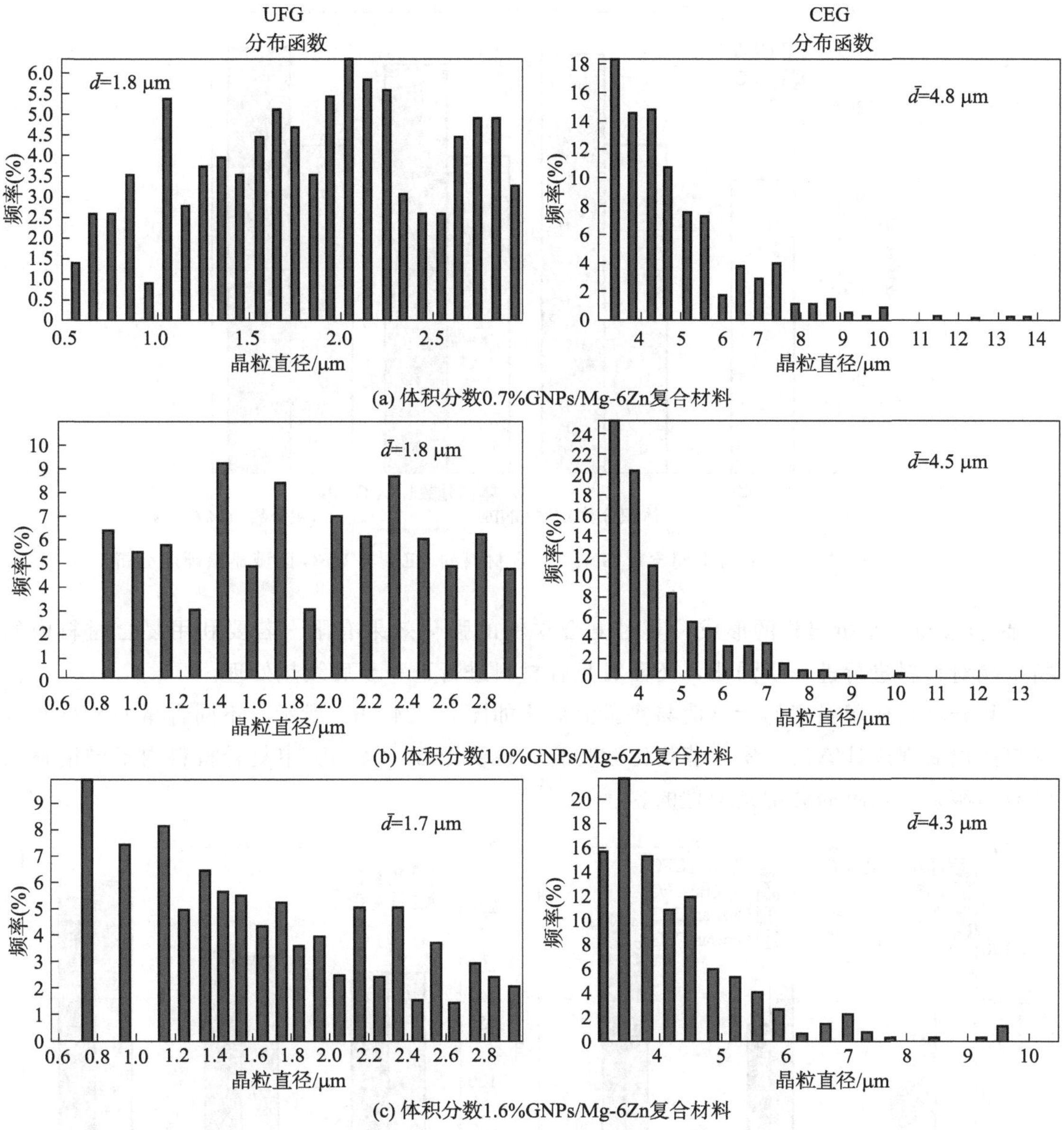

图 3-22　挤压态 GNPs/Mg-6Zn 复合材料的 CEG 与 UFG 晶粒尺寸统计直方图

GNPs 的厚度减薄导致［见图 3-6（c）与（d）］，且随着 GNPs 含量的增加，GNPs 的载荷传递逐渐成为最主要的增强方式。因此在有效制备复合材料的前提下，通过提升 GNPs 的含量或长径比（s），可以大幅度提升复合材料的强度水平。需要说明的是，复合材料内由热挤压过程形成的动态析出第二相也参与了复合材料的强化，但是仅有滑移面上的细小析出相才会对材料的强化起到显著效果。复合材料内的动态析出相主要以 Mg-Zn 挤压带、基体内粗大 Mg-Zn 相以及 GNPs 附近的细小 Mg-Zn 相形式存在（见图 3-2 与图 3-3）。而基体内大多数 Zn 都存在于 Mg-Zn 挤压带与粗大的 Mg-Zn 相里，仅有少量

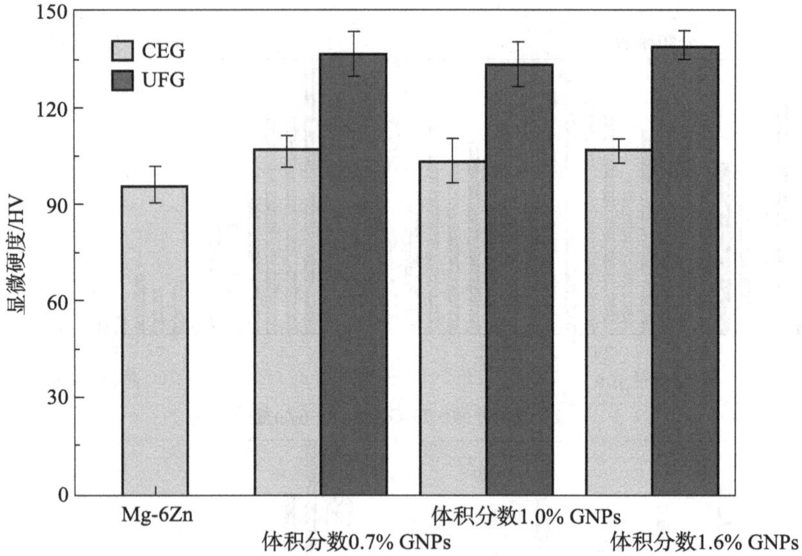

图 3－23 Mg－6Zn 与不同含量 GNPs 复合材料的 CEG 与 UFG 区域显微硬度分析

Zn 尚能参与细小析出相的形成，其对复合材料的强化效果有限。若要利用复合材料内的析出相对材料进行进一步强化，还需对复合材料进行进一步后续热处理。

复合材料屈服强度的计算值与实验值对比如图 3－24（b）所示。不同含量 GNPs 复合材料的屈服强度计算值与实验值均比较吻合，说明图 3－24（a）中复合材料内不同增强因素对屈服强度贡献的分配是合理的。

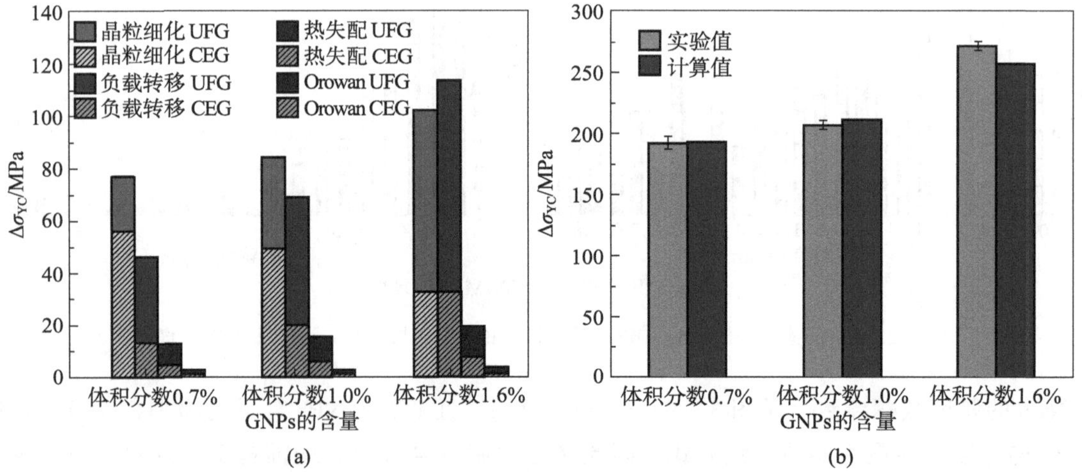

图 3－24 复合材料的增强机制分析（见彩插）

除了晶粒细化与 GNPs 的载荷传递效应，通过非均匀分布 GNPs 在复合材料内构造双尺寸晶粒结构也对获得高强复合材料具有独特的优势。如图 3－25 所示，由 Hall－Petch 公式作出反映晶粒尺寸与屈服强度增量关系的 $\Delta\sigma_{GNPs}-d_c$ 曲线。材料屈服强度与晶粒尺寸不成线性关系，$\Delta\sigma_{GNPs}-d_c$ 曲线上各点的斜率不一。当晶粒尺寸较大时，曲线比较平缓。

而当晶粒尺寸在比较细小的范围时，曲线则变得非常陡峭。也就是说，相比于大尺寸晶粒，当晶粒尺寸在比较细小的范围时，同样的晶粒尺寸减小幅度将会得到大得多的材料屈服强度提升。因此，通过分离基体中的晶粒获得一部分具有极高强度的局部“增强元”，此为复合材料中的 UFG 区（见图 3－25 中的蓝色方框区域），而基体中剩余的部分则为 CEG 区（见图 3－25 中的橙色方框区域）。根据混合法则，复合材料通过细晶强化的屈服强度增量位于两个区域之间的连线上（见图 3－25 中的绿色虚线）。如果不将基体中的晶粒尺寸分离，而只是用相同体积分数均匀分布的 GNPs 整体细化晶粒，那么均匀复合材料的整体晶粒尺寸将位于以 CEG 与 UFG 晶粒尺寸为上下限的范围内。由于 $\Delta\sigma_{GNPs}-d_c$ 曲线具有向下弯曲的形状，因此该均匀复合材料晶粒尺寸所对应的 $\Delta\sigma_{GNPs}$ 值（位于曲线上）显然小于 UFG 与 CEG 区域连线上的 $\Delta\sigma_{GNPs}$ 值。此结果说明在相同的 GNPs 加入量情况下，通过构造非均匀的 GNPs 分布以获得双尺寸晶粒结构能够充分利用晶粒细化原理，体现出复合材料的结构效应优势。

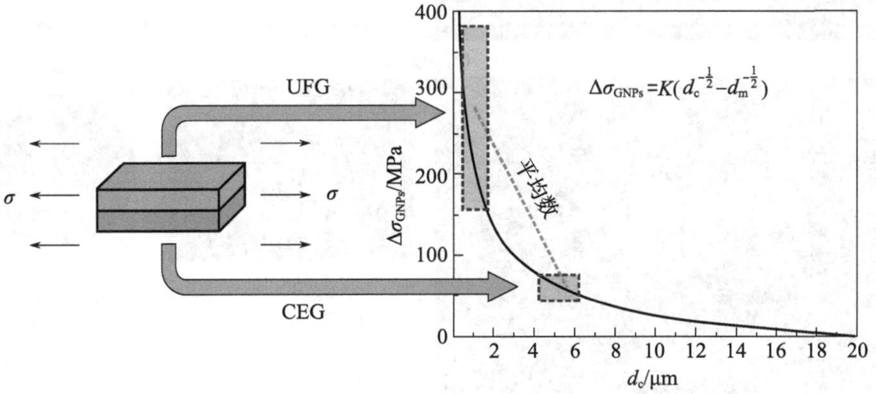

图 3－25　双尺寸晶粒结构复合材料的细晶强化效果（见彩插）

3.4.5　复合材料的变形行为

不同于纯 Mg 的变形，挤压态 Mg－6Zn 的断裂延伸率高达 15％。由于 Mg－6Zn 合金中的孪生相比于挤压态纯 Mg 得到了抑制（见图 3－7），且合金的断口呈现出曲折韧窝状形态（见图 3－16），因此，挤压态 Mg－6Zn 的变形方式不再是单一由基面滑移主要控制，非基面滑移将在其中起到重要作用。图 3－26 为拉伸 6％应变后的 Mg－6Zn 及体积分数 0.7％ GNPs 复合材料 CEG 区域的表面滑移迹线分析，扫描电镜上标注的黄色、蓝色及红色线分别表示晶粒发生的基面滑移、柱面滑移及＜c＋a＞锥面滑移。由表面滑移迹线分析可知，在挤压态 Mg－6Zn 合金中就已经明显出现基面滑移与非基面滑移共同作用的塑性变形。挤压态 Mg－6Zn 合金具有较高塑性的主要原因为合金元素的加入影响了体系层错能，从而激发了非基面滑移。Akhtar 等人的研究表明 Zn 的加入可以使 Mg 基体的基面滑移得到硬化，而柱面滑移的 CRSS 值在室温条件下随着 Zn 含量的增加而降低[19,20]。Galiyev 与 Agnew 等人也报道过 Mg－Zn 系合金的变形广泛采用基面滑移结合非基面滑移与交滑移的方式[21-23]。对于复合材料，其还具有较小的晶粒尺寸，晶界会显著影响晶粒内滑移系强度的平衡分布情况。相比于较为粗大的晶粒，细小的晶粒里更容易发生非基面滑移[24,25]。因此通过表面滑移迹线分析结果，复合材料 CEG 区域的基面与非基面滑移也均被激活。

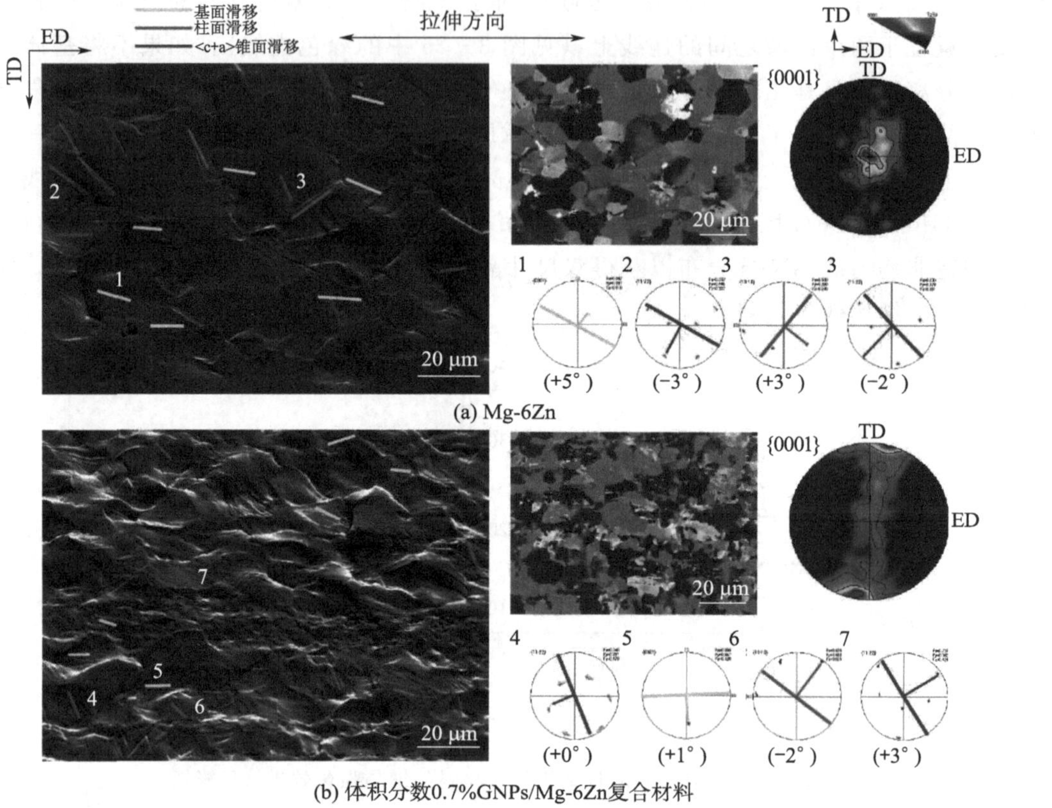

图 3-26　拉伸变形后 Mg-6Zn 及体积分数 0.7%GNPs/Mg-6Zn 复合材料的表面滑移迹线分析（见彩插）

注：括号中的数字是滑动轨迹和平面轨迹之间的偏差。

由于复合材料中 UFG 区域内的晶粒尺寸过于细小，因此 UFG 区域内晶粒的塑性变形方式无法通过表面滑移迹线方法确定。图 3-27 为拉伸变形后复合材料 UFG 区域内晶粒的位错结构照片。透射电子束平行于镁基体的 $[01\bar{1}0]$ 或 $[11\bar{2}0]$ 方向入射，基面（0001）面痕亦标注于图中。透射照片在同一区域的双光束衍射条件下获得，衍射矢量 $\boldsymbol{g}$ 分别取 $\boldsymbol{g}=0002$ 与 $\boldsymbol{g}=10\bar{1}0$。通过对比图 3-27（a）与（b），不同衍射矢量条件下均可观测到位错，因此含有 a 型与 c 型 Burgers 矢量的位错同时存在于塑性变形后的晶粒中。当 $\boldsymbol{g}=10\bar{1}0$ 时，透射照片中存在平行于（0002）基面的位错［见图 3-27（b）］，而这些平行于基面的位错在 $\boldsymbol{g}=0002$ 时不可见［见图 3-27（a）］。由位错不可见判据，这些位错为<a>型位错，如图 3-27（b）中箭头所指。同理，图 3-27（a）中可见一系列连接不同基面与非基面的位错结构，因此这些交滑移位错为<c + a>型位错。在图 3-27（b）中（$\boldsymbol{g}=10\bar{1}0$）

也存在一部分连接不同基面面痕的位错结构，然而这些位错在图 3－27（a）中对应区域不可见（$\boldsymbol{g}=0002$），见图 3－27（b）中圆圈所示。这种位错即为晶粒内（$10\bar{1}0$）柱面位错。综上所述，挤压态复合材料与 Mg－6Zn 一样，塑性形变都主要采用了基面滑移与非基面滑移共同作用的方式。

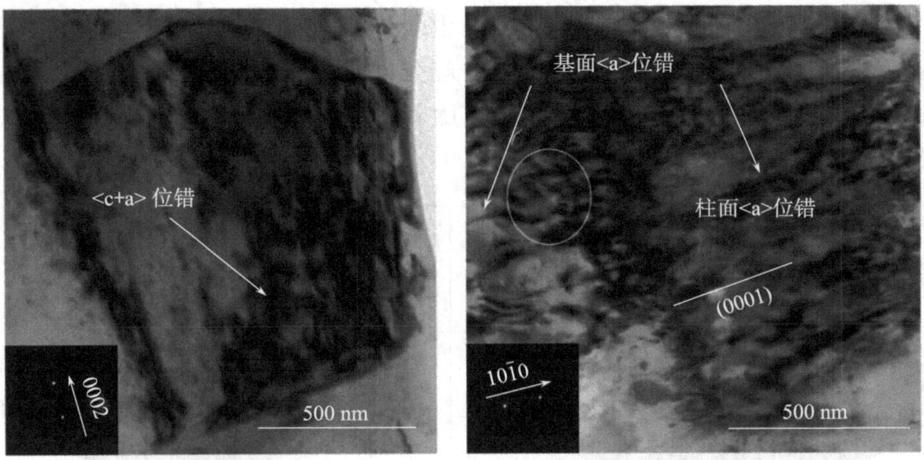

(a) $\boldsymbol{g}$=0002　　(b) $\boldsymbol{g}=10\bar{1}0$

图 3－27　拉伸变形后复合材料 UFG 区域内晶粒的位错结构

虽然复合材料的晶粒得到了细化，且复合材料也采取了基面滑移与非基面滑移共同作用的形式，但是随着 GNPs 含量的增大，复合材料的塑性却逐渐下降。其原因主要有四点：

1）GNPs 的富集区（对应 UFG 区）较 GNPs 贫瘠区（对应 CEG 区）形成 GNPs 团聚的概率有所增加，而团聚的形成则会引发复合材料内形成微孔。

2）位于晶界处的 GNPs 在材料断裂过程中容易成为微裂纹的形成点。

3）UFG 区域内 GNPs 附近容易形成应力集中的叠加。图 3－28 为有限元仿真拉伸态复合材料应力分布结果，采用有限元模型为三片 GNPs 模型（T 型）。在 T 型模型中，复合材料模型内两片 GNPs 所在上层部分可简化认为是具有较高 GNPs 局部浓度的 UFG 区［见图 3－28（a）］，而模型内单片 GNPs 所在中下层部分简化认为是 CEG 区［见图 3－28（b）］。当复合材料承受外部载荷时，由模型的纵截面观察［见图 3－28（c）与（d）］，相比于 CEG 区域，UFG 区域的基体内由于 GNPs 之间应力场的互相影响叠加而出现大范围应力集中。一定程度的应力集中可以激活非基面滑移及形变孪生而达到应力松弛，但是当复合材料的局部 GNPs 含量过高时，过量的集中应力也会诱发复合材料内微裂纹的萌生扩展从而损害断裂韧性。

4）材料的塑性与其应变硬化水平密切相关，根据 Considére 准则，对于施加拉伸载荷的材料，当材料的真应变硬化率低于该时刻的外加真应力时，材料即会发生局部变形失稳（例如缩颈）从而断裂，即

$$\left(\frac{\partial s}{\partial e}\right)_{\dot{e}} \leqslant s \tag{3-16}$$

式中，s 与 e 分别为真应力与真应变[26]。复合材料中 UFG 区域的强度高于 CEG 区域，因此在同等变形量下，UFG 区域承担更大载荷，需要有更大的应变硬化率以保持均匀变形。由透射电镜观察可知［见图 3－8（b）与（c）］，复合材料的 UFG 区域内存在部分尺寸为 100～200 nm 的晶粒。由于这些晶粒尺寸过于微小，晶粒储存位错的能力极其有限。因此在变形过程中，这些细小的晶粒会很快失去应变硬化的能力而失稳断裂[27]。由此可见，由于 UFG 区域对复合材料塑性的不利影响，随着 GNPs 含量的增加，复合材料内 UFG 比例的增加，复合材料的塑性也随之逐渐下降。

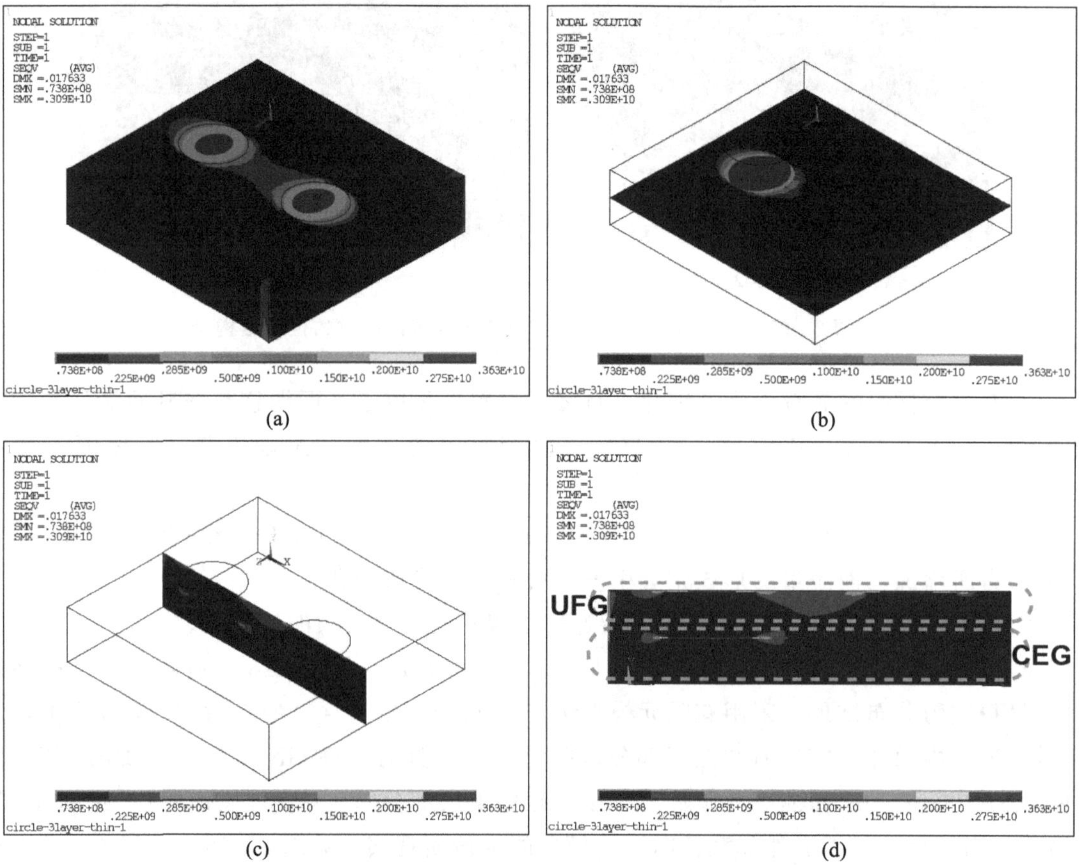

图 3－28　T 型复合材料模型应力分布的有限元分析（见彩插）

（a）等效应力分布的等距视图；（b）、（c）显示内部等效应力分配的截面图的等距视图；（d）分图（c）的正视图

图 3－29 为不同应变量下体积分数 0.7% GNPs 复合材料表面滑移迹线的扫描电镜观察照片，其中，图 3－29（a）、（b）为拉伸应变量 1%的情况，图 3－29（c）、（d）为拉伸应变量 6%的情况。当拉伸应变量尚较小时，复合材料的 CEG 区域就已可见明显的表面滑移迹线，如图 3－29（a）中黑色箭头所示，说明 CEG 区域已经发生了明显的塑性变形。

而此时 UFG 区域内的晶粒表面则还未出现明显的滑移痕迹。图 3 - 29（b）更加清晰地表明，UFG 区域内 GNPs 含量较高，GNPs 牢固地钉扎着其中的晶粒，使 UFG 区域内的晶粒依然保持表面平整，未发生明显的塑性变形。当复合材料的应变量增大，除了其中 CEG 晶粒上继续保持表面滑移痕迹外，UFG 区域内的晶粒表面也开始出现表面滑移痕迹［见图 3 - 29（c）］。与此同时，在 UFG 区域内也观察到了萌生的微裂纹。

综上所述，非均匀层状分布 GNPs/Mg - 6Zn 复合材料的变形与强化过程实际上是一个由 CEG 与 UFG 协同作用的“分步”进行过程。当对复合材料施加外部载荷，CEG 区域由于相对较“软”（较大的晶粒与较少的 GNPs），首先达到其屈服强度时，CEG 区域试图开始塑性变形，但是 CEG 区域被较“硬”（较小的晶粒与较多的 GNPs）的 UFG 区域包围而无法自由变形。CEG 的变形受到了限制，变形不充分，其中塞积的位错使 CEG 区域形成很大的背应力强化。当外加应力进一步增大至 UFG 区域的屈服强度时，UFG 区域开始发生塑性变形[28]。但是 UFG 区域的塑性较低以及缺陷较多，在应力加载过程中开始萌生裂纹。此时 CEG 就起到了阻碍 UFG 区域裂纹扩展的作用。另一方面，CEG 区域自身的缺陷较少且塑性较高，CEG 区域主要起到保护及维持复合材料有效塑性形变量的作用。双尺寸晶粒结构复合材料 CEG 区域与 UFG 区域的共同作用确保了复合材料在保持可观塑性变形程度下达到高强度的目的。

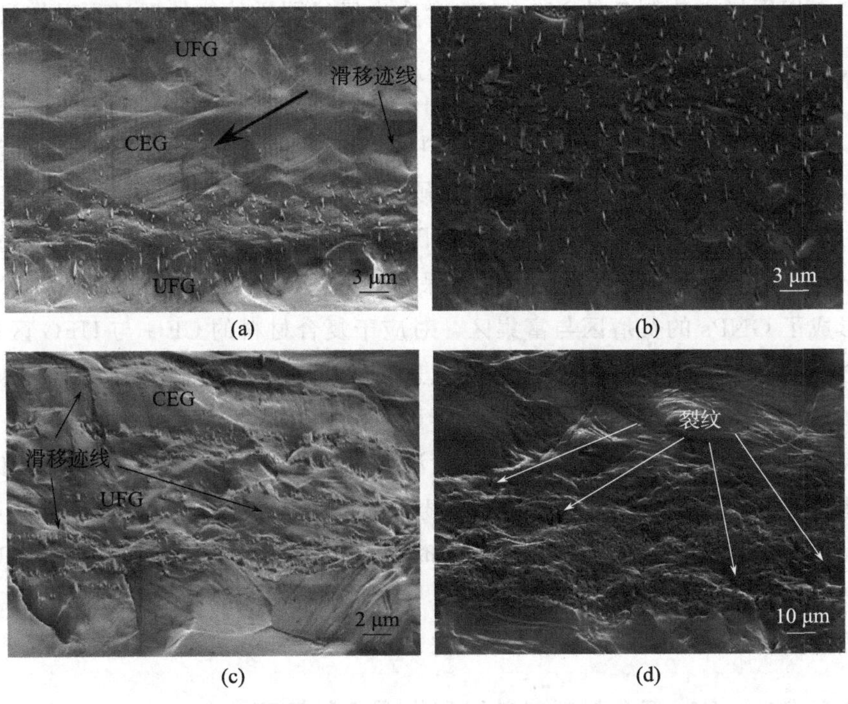

图 3 - 29　不同应变量下复合材料表面滑移迹线扫描照片

(a)、(b) 应变为 1%后的复合材料；(c)、(d) 应变为 6%后的复合材料

3.5 GNPs 对 GNPs/Mg－6Zn 复合材料时效行为影响

实际工业生产及应用中，绝大部分合金需要先经过热处理工艺以达到时效强化的目的。二维结构 GNPs 的加入干扰了金属基体的连续性，使其产生特殊的应力应变场，从而 GNPs 对金属基体的微观结构具有显著的调控效果。而合金的微观结构对其析出行为具有直接或间接的影响[29]。因此，为了继续提升镁基复合材料的综合性能，拓展其应用潜力，研究 GNPs 对复合材料基体时效强化的影响非常必要。

对于具有独特二维结构的 GNPs，目前则尚无其对基体合金时效析出行为影响的相关研究。选取挤压态非均匀层状分布体积分数 0.7% GNPs/Mg－6Zn 复合材料作为研究对象，GNPs 的层状分布在复合材料中构成不同的局部 GNPs 浓度。通过对该复合材料进行固溶与时效热处理，研究 GNPs 对复合材料时效析出过程与时效强化效果的影响。并且通过该研究，实现复合材料力学性能的进一步优化。Mg－6Zn 合金与复合材料均经过固溶＋时效的热处理（T6 热处理）。固溶处理在马弗炉里进行，热处理工艺为 340 ℃下保温 3 h，随后在室温下水淬以保持固溶状态。复合材料在固溶后立刻进行时效处理。时效温度选择 200 ℃，时效处理时间为 1～24 h 不等。时效结束后材料也在室温下水淬以保持各个阶段的时效组织。用同样方法制备的 Mg－6Zn 合金也经过同样的热处理过程以作为对照。

3.5.1 GNPs/Mg－6Zn 复合材料的时效硬化曲线

图 3－30 为挤压态 Mg－6Zn 与复合材料在 200 ℃时效过程中维氏硬度随时效时间的变化曲线。Mg－6Zn 合金在 8 h 达到其时效硬化极大值，显微硬度值从固溶状态的 68 HV 增加到峰时效状态的 90 HV，随后其硬度值随时效时间延长而趋于平稳。实验结果与文献报道的 Mg－6Zn 系列合金的时效硬化过程保持一致[30-32]。复合材料中由于 GNPs 的非均匀分布而形成了 GNPs 的贫瘠区与富集区，对应于复合材料的 CEG 与 UFG 区域，因此对于复合材料中的 CEG 区域与 UFG 区域分别进行了时效硬度分析。在时效前期，CEG 与 UFG 区域的显微硬度都随着时效过程的进行而急速上升，且两区域都在时效 4 h 后显微硬度不再增大。通过对复合材料 4～6 h 的硬度演变进一步分析，可以确定 UFG 区域的硬度在 4 h 后呈现缓慢下降的趋势，而 CEG 的显微硬度极大值则出现在大约 4 h 45 min 处，如图 3－30 内插图所示。因此，材料到达峰时效状态的次序为：1）复合材料 UFG 区域；2）复合材料 CEG 区域；3）Mg－6Zn 合金。可见 GNPs 局部浓度较高的 UFG 区域具有最快的时效速度。

3.5.2 GNPs/Mg－6Zn 复合材料时效过程微观组织演变

研究材料的时效析出行为前，对 Mg－6Zn 及复合材料均进行了固溶处理，以保证材料由过饱和固溶体组成。图 3－31 为 Mg－6Zn 与复合材料于 340 ℃保温 3 h 后的透射电镜照片。从图中可以看出，Mg－6Zn 合金［见图 3－31（a）］与复合材料［见图 3－31

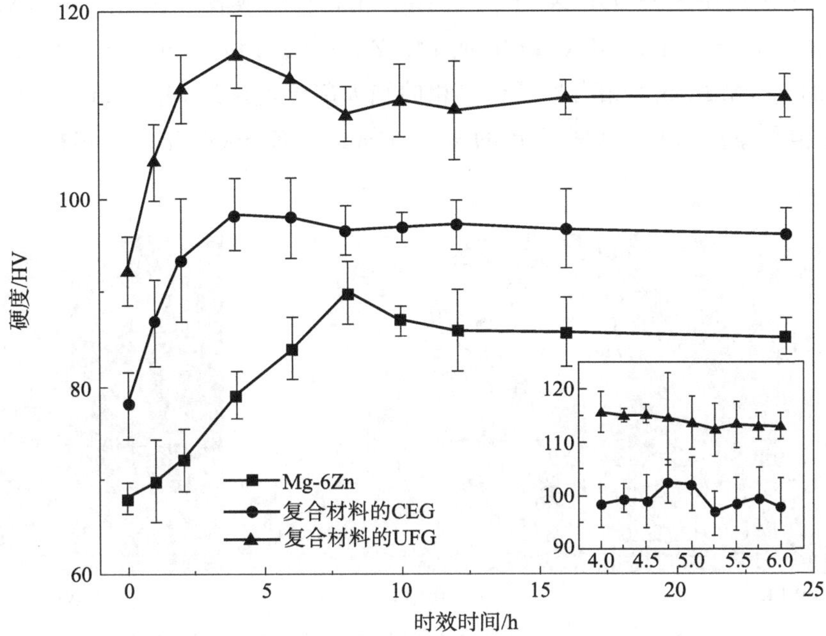

图 3 - 30　Mg - 6Zn 与体积分数 0.7% GNPs 复合材料的时效硬化曲线

(b)] 均无残留的析出第二相，说明固溶工艺使合金与复合材料都达到了过饱和状态。

(a) Mg-6Zn合金　　(b) 体积分数0.7%GNPs/Mg-6Zn复合材料

图 3 - 31　固溶处理的透射电镜照片

Mg - 6Zn 合金在 200 ℃下时效 1～8 h 析出相的透射明场像如图 3 - 32 所示。为了获得理想的拍摄衬度以及方便测量晶内析出相的长度与直径，透射电镜观察条件均是入射电子束平行于 Mg 基体的 [$10\bar{1}0$] 或 [$11\bar{2}0$] 晶带轴附近。从图中可以看出，Mg - 6Zn 合金在 200 ℃下保温 1 h 后晶内就开始出现大量细小且分布均匀的短杆状析出相。随着保温时间的增加，合金保温 4 h 后晶内的短杆状相的长度显著增加，晶内主要为长杆状析出相。当 Mg - 6Zn 时效时间达到 8 h 时，从透射照片可以明显观察到晶内长杆状析出相的密度急剧增大。根据以往的文献报道，过饱和 Mg - Zn 合金在高于 150 ℃的时效析出序列为：过

饱和固溶体 → 溶质团簇 → GP 区 → β_1'（Mg_4Zn_7，杆状或者块状）→ β_2'（$MgZn_2$，粗大盘状或者板条状）→ β 平衡相（MgZn 或 Mg_2Zn_3）[33]。Mg－Zn 合金四种形态的析出相中，长杆状的 β_1'（Mg_4Zn_7）相占据了析出相的绝大部分，且为 Mg－Zn 合金体系里最主要的强化析出相[34]。β_1' 相为单斜晶系的复杂 Frank－Kasper 相[35]，其杆状方向平行于 $[0001]_{Mg}$。

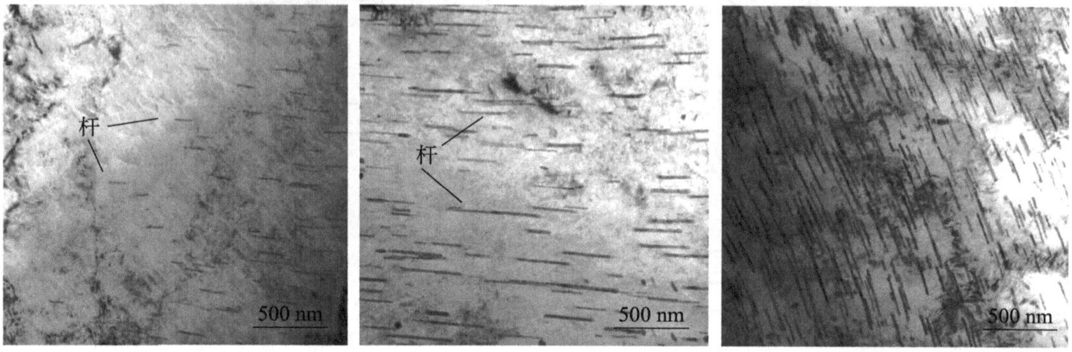

(a) 1 h　　(b) 4 h　　(c) 8 h

图 3－32　Mg－6Zn 合金 200 ℃时效不同时间析出相的 TEM 照片

图 3－33～图 3－35 分别为复合材料在 200 ℃下时效 1 h、4 h 与 8 h 的晶内析出相透射明场像。鉴于复合材料的双尺寸晶粒结构，需要在同样时效处理条件的复合材料内分别观察 UFG 区域与 CEG 区域的微观组织。在时效初期 1 h 情况下，复合材料 UFG 与 CEG 内开始出现大量细小长杆状析出相（见图 3－33），该长杆状相也为晶粒内的主要析出相。对比图 3－32（a）中 Mg－6Zn 合金时效 1 h 析出相形态，同样时效时间下，复合材料内析出相的个体尺寸与体积分数均有相对显著的增大。

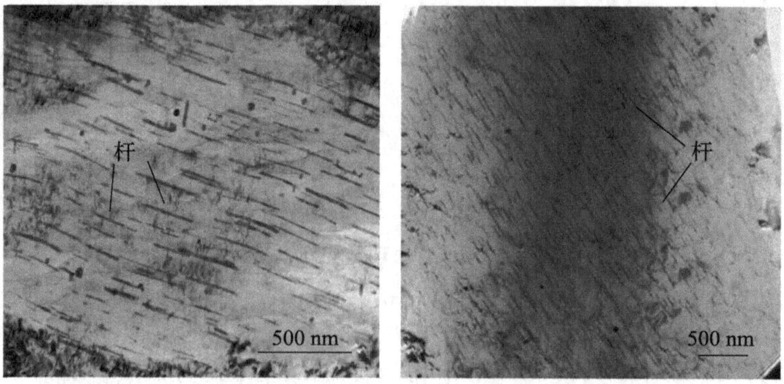

(a) 复合材料中的UFG区域　　(b) 复合材料中的CEG区域

图 3－33　复合材料 200 ℃时效 1 h 后析出相的透射明场像

图 3－34（a）～（c）为复合材料时效 4 h UFG 区域晶粒的微观组织，伴随其体积分数的增大，晶粒内的长杆状相进一步长大。另外，在复合材料的 UFG 晶粒内，块状析出相含量也有一定增加。根据 Mg－6Zn 合金的相关报道，块状析出相含量的增加与保温时

间的增加密切相关。图 3 - 34（a）与（b）为同一个晶粒，在微量偏转样品条件下拍摄。由透射照片的质厚衬度，则可以辨认出 UFG 区域晶粒晶界上与晶内具有表面褶皱结构的 GNPs，如图中白色箭头所示。图 3 - 34（a）和（b）中的数字代表同一位置的 GNPs。值得注意的是，在某些晶粒的晶界附近还出现了“无析出区”（PFZ）。图 3 - 34（d）为复合材料 CEG 区的析出相形貌，晶粒内主要被长杆状析出相占据，晶粒中也出现块状析出相，但是其含量少于 UFG 区域。

随着时效时间延长至 8 h，复合材料内 UFG 与 CEG 区域的析出相的长度与直径进一步增大，如图 3 - 35 所示。复合材料中的无析出区依然存在。比较明显的是，复合材料 UFG 区域与 CEG 区域内的块状析出相含量也有了显著增大，复合材料出现明显的过时效微观组织特征。通过对时效过程析出相形态的分析，可以发现在相同时效温度与时间下，复合材料内析出相的形核长大效率较 Mg - 6Zn 合金更高。同时，在复合材料内，UFG 区域的析出相则较 CEG 区域的析出相具有更高的形核长大效率。

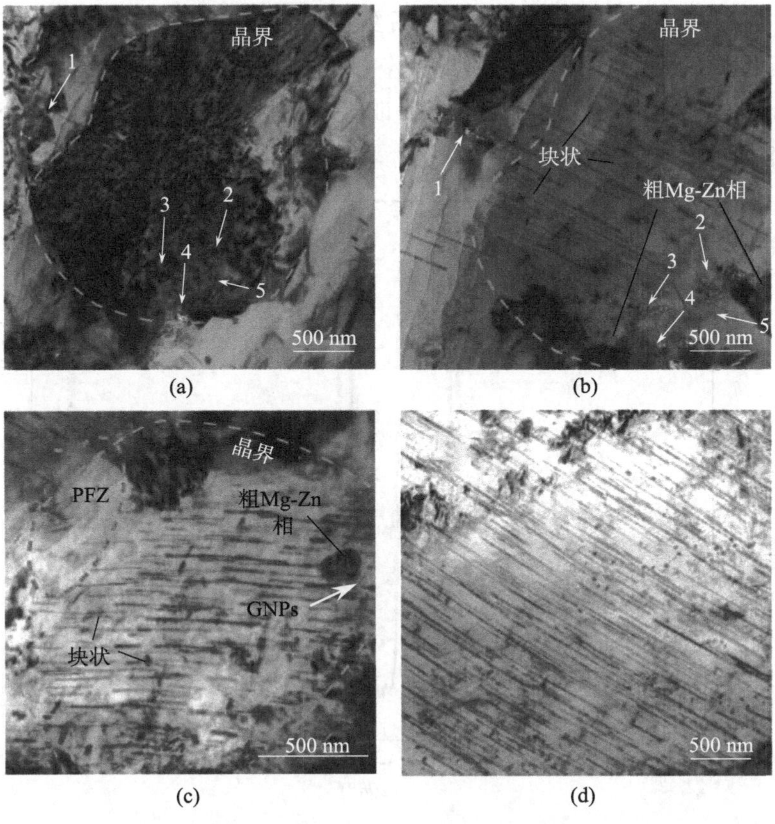

图 3 - 34　复合材料 200 ℃时效 4 h 后析出相的透射明场像（见彩插）

（a）～（c）复合材料中的 UFG 区域；（d）复合材料中的 CEG 区域

为了鉴别复合材料里主要析出相的类型，对不同时效状态下的复合材料进行 X 射线衍射分析（见图 3 - 36）。根据标注结果，所有衍射谱线中都有处于相同位置的四条高强度衍射峰，它们对应 Mg 基体。不同时效状态复合材料 XRD 图谱的区别主要位于 40°～45°之

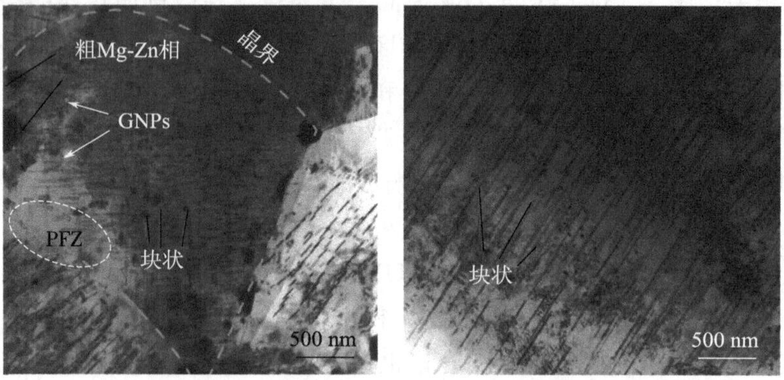

(a) 复合材料中的UFG区域　　(b) 复合材料中的CEG区域

图 3-35　复合材料 200 ℃时效 8 h 后析出相的透射明场像

间，该范围内衍射峰对应 β_1' 相，如图 3-36 中倒三角形符号所示。在固溶态的复合材料中，未发现 β_1' 相的衍射峰，而时效热处理后复合材料的 X 射线衍射图谱上开始出现 β_1' 相的衍射峰，且由固溶到时效处理 4 h 阶段，β_1' 相的衍射峰强度也随时效时间的延长而逐渐提高。因此从 X 射线衍射图谱的结果，可以证实复合材料在 200 ℃时效热处理过程中存在 β_1' 相从过饱和固溶体内的析出过程。

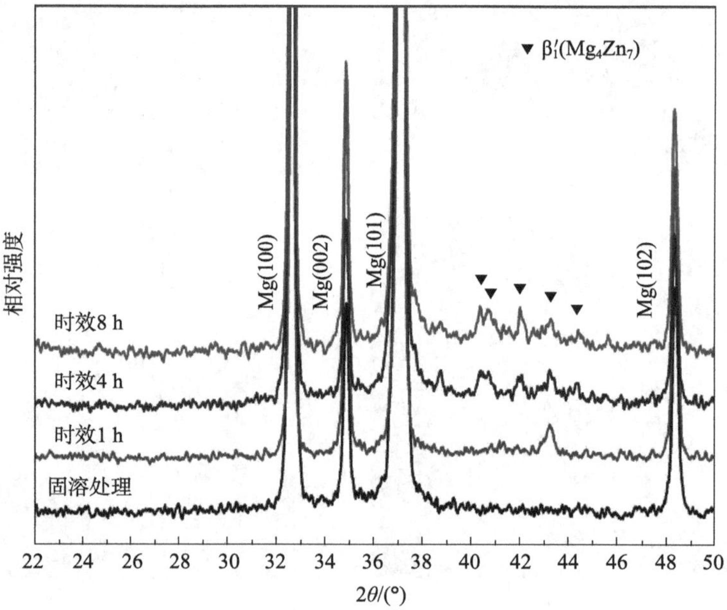

图 3-36　不同时效状态下复合材料的 X 射线衍射图谱

根据硬度曲线及透射电镜分析，复合材料在时效处理 4 h 条件下具有峰时效特征的微观组织。图 3-37～图 3-39 为时效 4 h 复合材料析出相的高分辨透射分析。图 3-37 (a) 的高分辨像在 $[001]_{Mg}$ ($[0001]_{Mg}$) 晶带轴下获得，该晶带轴方向下材料的主要析出相形态呈现为“颗粒状”[见图 3-37 (a) 内插图]。对比图 3-33 的析出相形态并根据二者透射电子束方向互成 90°关系，可以推测图中的密集颗粒即为长杆状析出相的横截面。图 3-37 (b) 与 (c) 分别为该晶带轴下的选区电子衍射花样及 FFT 过滤像。衍射花样中较强的主衍射斑点来自 Mg 基体，根据衍射花样的标定结果，可以确定弱斑点对应于 β_1' (Mg_4Zn_7) 的衍射。在平行于 $[001]_{Mg}$ 晶带轴观察条件下，β_1' 相与 Mg 基体存在 $[001]_{\beta_1'}$ // $[001]_{Mg}$ 的晶体位向关系，与以往文献报道一致[36]。Mg 基体与 β_1' 相在此方向下的位向关系示意图如图 3-37 (d) 所示。

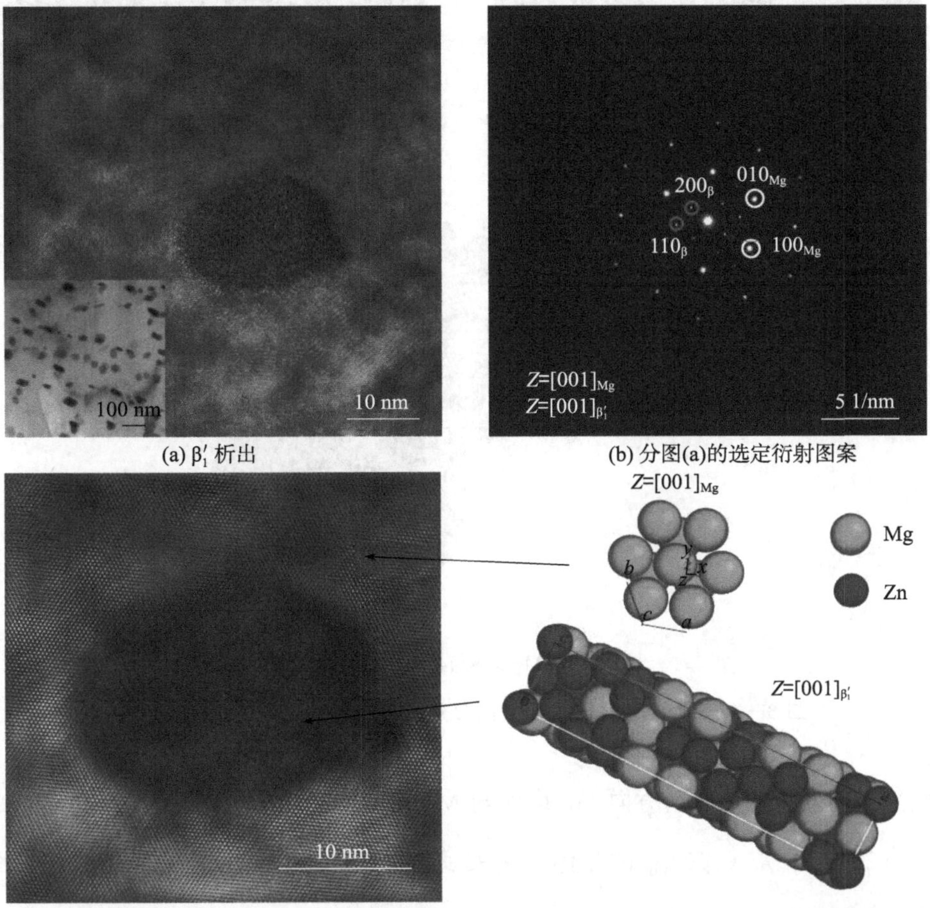

(a) β_1' 析出　(b) 分图(a)的选定衍射图案

(c) 分图(a)的傅里叶滤波原子分辨率TEM图像　(d) Mg基体与析出相之间的晶体取向

图 3-37　复合材料析出相的高分辨透射分析（$[001]_{Mg}$ 晶带轴）

图 3-38 为当入射电子束方向为平行于 $[010]_{Mg}$（$[\bar{1}210]_{Mg}$）晶带轴时的高分辨像及该区域的选区电子衍射花样。从图 3-38 (a) 可以清晰辨认出长杆状析出相形态，长杆方向平行于 $[0001]_{Mg}$ 方向。选区电子衍射花样中 Mg 的衍射强度较高，在 Mg 基体的衍射斑点周围分布着强度非常微弱的第二相斑点，标定结果如图 3-38 (b) 所示。由标定结果可见，微弱的第二相衍射斑点对应 β_1' 相。Gao 等人报道过在电子束 $[11\bar{2}0]_{Mg}$ 入射方向下，β_1' 相的 $[210]_{\beta_1'}$ 及 $[320]_{\beta_1'}$ 方向与 $[\bar{1}210]_{Mg}$ 方向分别存在顺时针 3°与逆时针 2°的偏差[36]。而

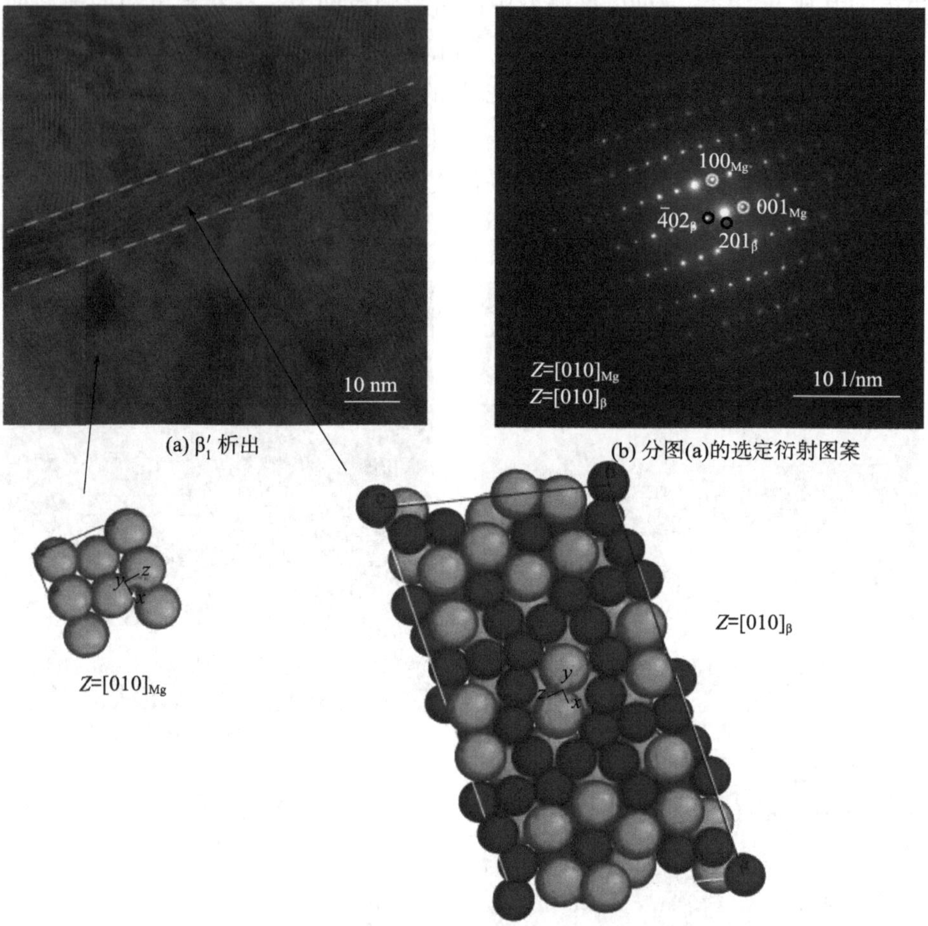

(a) β_1' 析出　(b) 分图(a)的选定衍射图案

(c) Mg基体与析出相之间的晶体取向

图 3－38　复合材料析出相的高分辨透射分析（$[010]_{Mg}$ 晶带轴）

本研究则进一步发现在该入射方向下，β_1' 相与 Mg 基体存在 $[010]_{\beta_1'}//[010]_{Mg}$，$(40\bar{2})_{\beta_1'}\sim//(00\bar{1})_{Mg}$，$(201)_{\beta_1'}\sim//(\bar{1}00)_{Mg}$ 的晶体位向关系。两相的晶体学位向关系示意图如图 3－38（c）所示。

图 3－39 的电子束入射方向为 $[1\bar{1}0]_{Mg}$（$[1\bar{1}00]_{Mg}$），析出相依然显示为长杆状。在此观测方向下的衍射斑花样图中，除了较强的 Mg 衍射斑点，还存在两套分别独立的第二相斑点。对两套第二相斑点分别进行标定，证实两种斑点都属于 β_1' 相，每种斑点分别对应 β_1' 相不同的晶带轴。因此，根据衍射斑点标定的结果，本研究进一步探明了 β_1' 相与 Mg 基体还存在 $[30\bar{1}]_{\beta_1'}//[1\bar{1}0]_{Mg}$，$(020)_{\beta_1'}//(00\bar{2})_{Mg}$，$(206)_{\beta_1'}//(\bar{1}\bar{1}0)_{Mg}$ 晶体位向关系。图示的晶体位向关系示意如图 3－39（c）所示。至此，确定了复合材料峰时效状态下的主要析出相为长杆状 β_1'（Mg_4Zn_7）及其与基体的晶体学位向关系，该长杆状 β_1' 相也就是时效态复合材料的主要强化相。其余类型的析出相（块状 β_1' 相与盘状/板条状 β_2' 相）由于含

量极少而对时效强化作用不明显，下文的分析中将不再专门涉及。

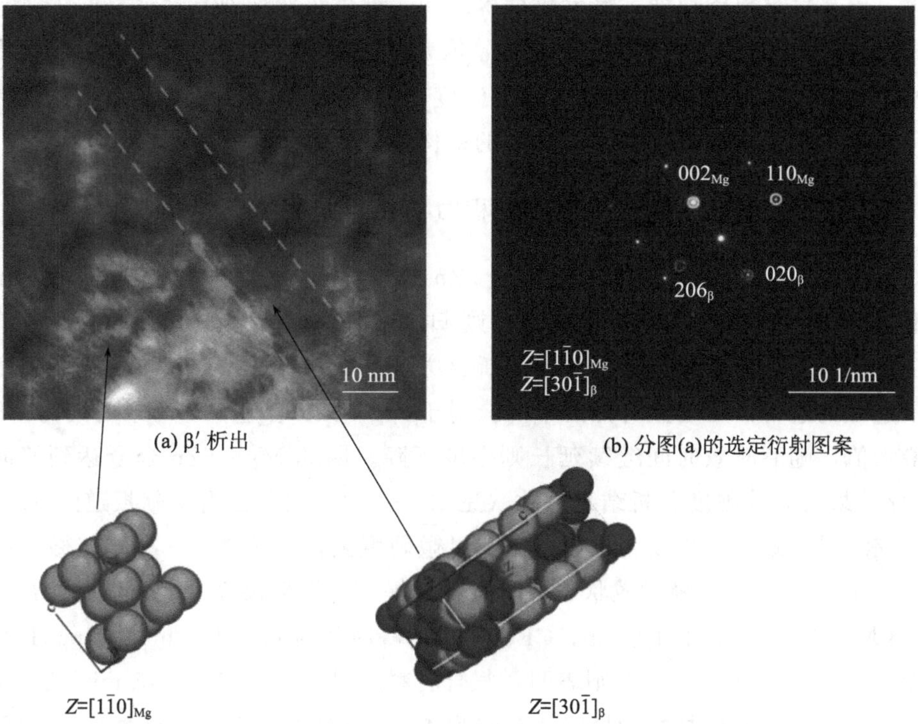

(a) β_1' 析出　(b) 分图(a)的选定衍射图案

(c) Mg基体与析出相之间的晶体取向

图 3－39　复合材料析出相的高分辨透射分析（$[1\bar{1}0]_{Mg}$ 晶带轴）

为确定复合材料的时效析出过程对 GNPs 结构完整性的影响，对固溶及时效状态下的复合材料进行拉曼光谱的测定（见图 3－40）。固溶态与时效 1 h、4 h 与 8 h 复合材料拉曼

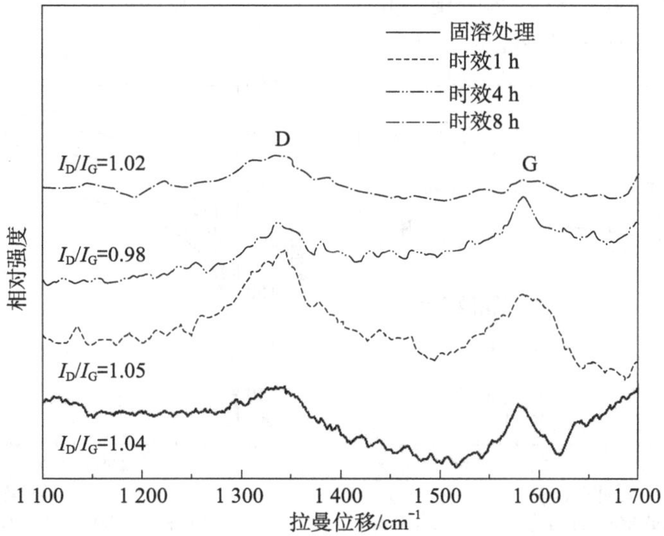

图 3－40　复合材料时效过程的拉曼光谱分析

光谱的 I_D/I_G 值分别为 1.04、1.05、0.98 与 1.02，该数值在不同固溶及时效状态下基本保持稳定。由复合材料的拉曼光谱分析结果可知，进行热处理前复合材料的 I_D/I_G 值约为 1.00。经过热处理过程，复合材料的 I_D/I_G 值并无显著降低，另一方面，根据 Mg－C 及 Zn－C 相图，Mg 与 Zn 在复合材料热处理温度范围内均与 C 无反应发生[37,38]。因此，热处理过程及第二相的析出并不损害 GNPs 的结构完整性。

3.5.3　GNPs/Mg－6Zn 复合材料时效过程力学性能

图 3－41 为 200 ℃不同时效时间 Mg－6Zn 与体积分数 0.7% GNPs/Mg－6Zn 复合材料的工程应力-应变拉伸曲线。表 3－2 则归纳了这一系列时效处理材料的弹性模量（*YS*）、拉伸强度（*UTS*）、延伸率（ε_f）及断裂功（*WOF*）。Mg－6Zn 与复合材料的强度都随着时效过程的进行而显著上升然后下降。对于 Mg－6Zn 合金，当时效时间为 8 h 时达到其强度最大值，随后时效时间继续延长则强度下降。因此 Mg－6Zn 合金达到峰时效时间为 8 h，此结果与时效硬度分析结果一致（见图 3－30），也与已有文献报道的 Mg－6Zn 时效强化研究结果一致。对于复合材料，由其显微硬度测试（见图 3－30）与微观组织分析（见图 3－34）可知其达到峰时效状态的时间明显提前。根据硬度曲线可以推测出复合材料内 UFG 区域的峰时效时间约为 4 h，CEG 区域的峰时效时间约为 4 h 45 min。拉伸测试结果［见图 3－41（b）与表 3－2］则表明，复合材料在时效 4 h 与 4 h 45 min 的力学性能无显著差异。因此整体复合材料的峰时效时间为 4 h。相对于固溶态材料，峰时效状态 Mg－6Zn 合金的屈服强度增值为 85 MPa，复合材料的屈服强度增值则为 80 MPa，二者的增值保持相近的水平。此结果也从侧面说明复合材料仅经过 4 h 时效过程，其时效析出强化相的状态已与经过 8 h 时效处理 Mg－6Zn 强化相的析出状态相当。而复合材料相对 Mg－6Zn 合金略微减少的屈服强度增量部分主要来源于：1）复合材料内部时效析出过程的不均匀；2）GNPs 及晶界处的粗大脱溶第二相消耗了基体内的部分 Zn 原子，从而减少了参与形成 β_1' 强化相的 Zn 原子浓度。

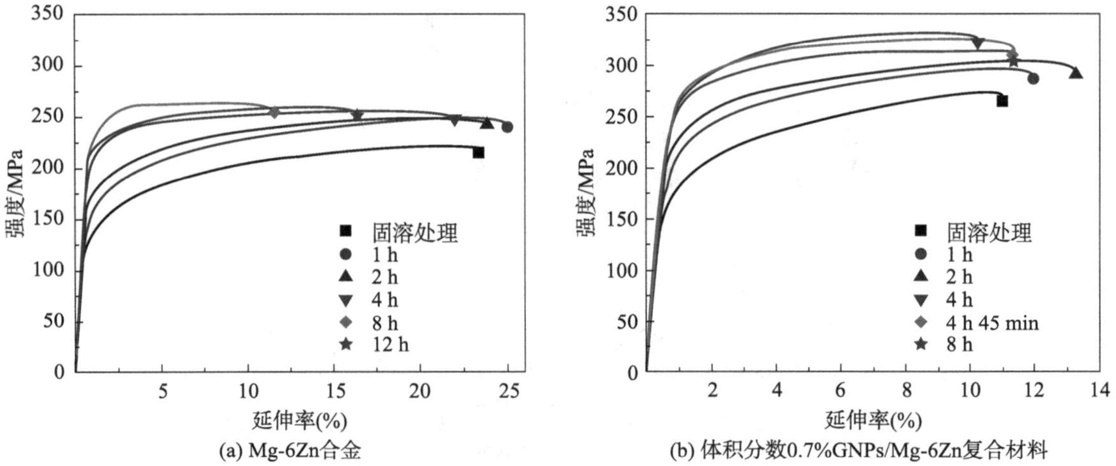

图 3－41　时效合金与复合材料的拉伸曲线

表 3-2　时效合金与复合材料的力学性能

材料	时效时间/h	YS/MPa	UTS/MPa	ε_f(%)	WOF/J · m^{-3}
Mg-6Zn	固溶处理	107 ± 5	221 ± 1	23.0 ± 2.9	46 ± 3
	1	123 ± 1	248 ± 2	24.5 ± 1.1	55 ± 1
	2	141 ± 4	249 ± 3	23.7 ± 2.2	55 ± 2
	4	167 ± 5	256 ± 6	21.4 ± 1.0	54 ± 1
	8	192 ± 4	263 ± 5	11.0 ± 2.9	29 ± 3
	12	183 ± 6	259 ± 6	16.1 ± 3.3	40 ± 3
体积分数 0.7% GNPs/Mg-6Zn	固溶处理	161 ± 3	276 ± 5	11.0 ± 2.8	26 ± 4
	1	183 ± 6	299 ± 7	11.9 ± 3.9	32 ± 2
	2	208 ± 3	305 ± 3	11.4 ± 3.4	37 ± 5
	4	241 ± 5	330 ± 6	10.2 ± 4.3	32 ± 3
	4.75	242 ± 3	326 ± 4	11.7 ± 3.3	35 ± 1
	8	230 ± 6	314 ± 5	11.3 ± 1.5	33 ± 3

3.5.4　GNPs 对复合材料时效行为的影响机制

经过固溶-淬火过程的复合材料内保留了在高温下形成的过量空位。具有一定过饱和度的空位可以提供非均匀形核位置。由于空位具有比置换原子大几个数量级的扩散系数，过量空位还可以通过加速扩散过程动力学，以加速析出相的形核和长大的过程[39]。但是复合材料内的 GNPs/基体界面及晶界对固溶状态的超额空位亦具有吸收湮灭的效果，接近界面与晶界处的低空位浓度会减小此处第二相析出的形核与长大驱动力，从而形成无析出区（见图 3-34 与图 3-35）。另一方面，复合材料内形成的粗大 Mg-Zn 相也吸收了周围基体中的 Zn 溶质，这是形成无析出区的另一个原因。因此，相比于 Mg-6Zn 合金，复合材料内由于含有大量 GNPs-基体界面以及更多的晶界结构，能够促进第二相析出的超额空位实际较 Mg-6Zn 合金更少。

尽管如此，由于 GNPs 与 Mg-6Zn 基体具有不同的热膨胀系数（$\alpha_{GNPs}=8\times10^{-6}$ ℃$^{-1}$[40]；$\alpha_M=28.4\times10^{-6}$ ℃$^{-1}$[41]），在 GNPs-基体界面处存在热膨胀差（$\Delta\alpha$）。当复合材料由固溶态经淬火冷却到室温时，温度的突然降低会导致二者由于热变形的不匹配而引发内部应力，基体内的内应力达到一定范围即可诱发生成位错。位错的增殖与空位的消失在复合材料里构成了影响第二相析出效果的竞争关系。

对于不同时效状态的复合材料进行微区分析（见图 3-42 与图 3-43）。图 3-42（a）为固溶态复合材料中的 GNPs 及其附近区域的透射明场照片。经过固溶态的复合材料内无析出相产生。GNPs 边缘附近则有一定密度的位错纠缠交错，如图 3-42（a）中箭头所示，此结果也与有限元仿真分析的预测结果一致（见图 3-40 与图 3-41）。由于 GNPs 具有巨大的表面积与高强度，当位错在 GNPs 附近形成聚集时，GNPs 也是位错继续运动的障碍。因此 GNPs 的存在也能防止其附近产生的异号位错由于运动消失而提升其堆积密

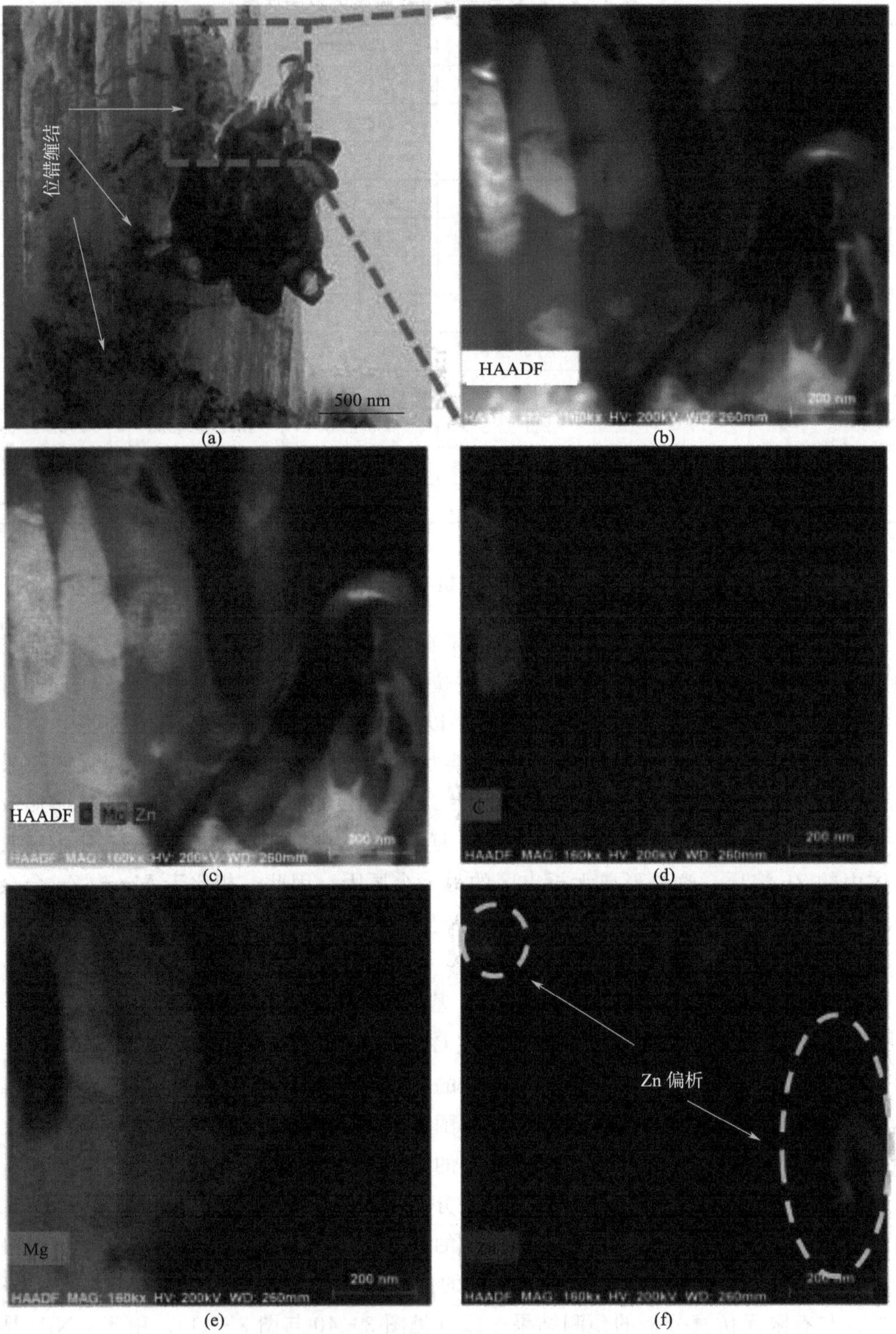

图 3-42　固溶态复合材料 GNPs 附近元素分布面扫分析（见彩插）

（a）嵌入的 GNPs 的 TEM 图像；（b）分图（a）的放大 HAADF TEM 图像；
（c）～（f）分图（b）中 Mg、Zn 和 C 等相应元素图

度[42]。这些过量位错将会促进后续的时效析出过程。对于析出相 β 由过饱和 α 固溶体的脱溶转变（$\alpha' \rightarrow \alpha + \beta$），非均匀形核过程的总自由能变化为

$$\Delta G_{\text{het}} = -V\Delta G_{\text{V}} + A\gamma + V\Delta G_{\text{S}} - \Delta G_{\text{d}} \tag{3-17}$$

式中，$-V\Delta G_{\text{V}}$ 为体积为 V 的 β 相的产生而引起的体积自由能的减小；$A\gamma$ 为面积为 A 的界面产生而造成的自由能增加；$V\Delta G_{\text{S}}$ 为 β 相析出而产生的错配应变能。以上三项汇总即为均匀形核过程的总自由能变化。位错作为一种非平衡缺陷提高了材料的自由能，如果晶核在位错处产生使位错消失，就会释放一定的自由能 ΔG_{d}，因此可以减小甚至消除激活能势垒。另一方面，位错周围的点阵畸变还能通过降低晶胚的总应变能以减小 ΔG_{S} 项的方式辅助形核。

图 3 - 42（b）为图 3 - 42（a）放大区域的高角度环形暗场 TEM 照片（HAADF）。图 3 - 42（c）～（f）则为此放大区域的元素分布面扫结果。通过对比 C［见图 3 - 42（d）］与 Zn 元素［见图 3 - 42（f）］的扫描结果，蓝色代表的 Zn 元素在红色代表的 GNPs（C）边缘及表面处存在偏聚。复合材料的基体与 GNPs 的接触区域由于存在界面及位错而诱发了畸变，原子势能相对较高。Zn 原子在 Mg - 6Zn 合金体系中属于溶质原子，溶质 Zn 原子通过迁移到这些畸变处能够降低体系自由能。根据二元系表面与界面 Gibbs 恒温吸附方程[43]

$$\Gamma_i = -\frac{1}{RT} \cdot \frac{\partial \gamma}{\partial \ln X} = -\frac{X}{RT}\left(\frac{\partial \gamma}{\partial X}\right) \tag{3-18}$$

式中　Γ_i ——单位面积吸附 i 组元的物质的量，或单位表面积上溶质浓度与在晶体内部平均浓度之差（mol/m^2）；

γ ——比表面能或界面能（mN/m）；

X ——溶质原子在晶体中的平衡体积浓度（mol/m^3）；

R ——气体常数。

因此 $\partial\gamma/\partial X$ 表示在一定温度下，比表面或界面能随晶体平衡浓度的变化率。根据实验结果，GNPs 与 Mg 界面发生正吸附而偏聚了 Zn 溶质组元，即 $\Gamma_i > 0$。因此式（3 - 18）中 $\partial\gamma/\partial X < 0$，说明界面处发生 Zn 溶质偏聚的原因是通过增加 Zn 的浓度而降低界面能。因此在固溶平衡态，Zn 原子在 GNPs 边缘及表面附近的浓度比远离该位置的基体内部更高。另一方面，GNPs 附近的位错为溶质 Zn 原子提供了一个具有较低原子迁移激活能的扩散通道，该通道亦能加速 Zn 原子偏聚。

通过对复合材料微观组织的观察，发现复合材料 CEG 区及 UFG 区的晶粒尺寸均显著小于 Mg - 6Zn 合金（见图 3 - 32～图 3 - 35）。复合材料中大量的晶界也能够使材料中溶质原子形成“界面偏析”，且晶界也是溶质原子的高速扩散通道[44]。但是由实验结果可知，晶界处容易形成 PFZ。因此复合材料内的晶界处空位的湮灭为主要过程，晶界对 β_1' 相的析出过程无显著促进作用。

图 3 - 43 为复合材料在 200 ℃时效 4 h 后复合材料中的 GNPs 及其附近区域的透射明场照片及其元素分布。经过 4 h 时效，基体内产生大量长杆状析出相，为典型的峰时效特征，复合材料晶界处同样出现典型 PFZ［见图 3 - 43（b）］。由元素分布面扫结果［见图

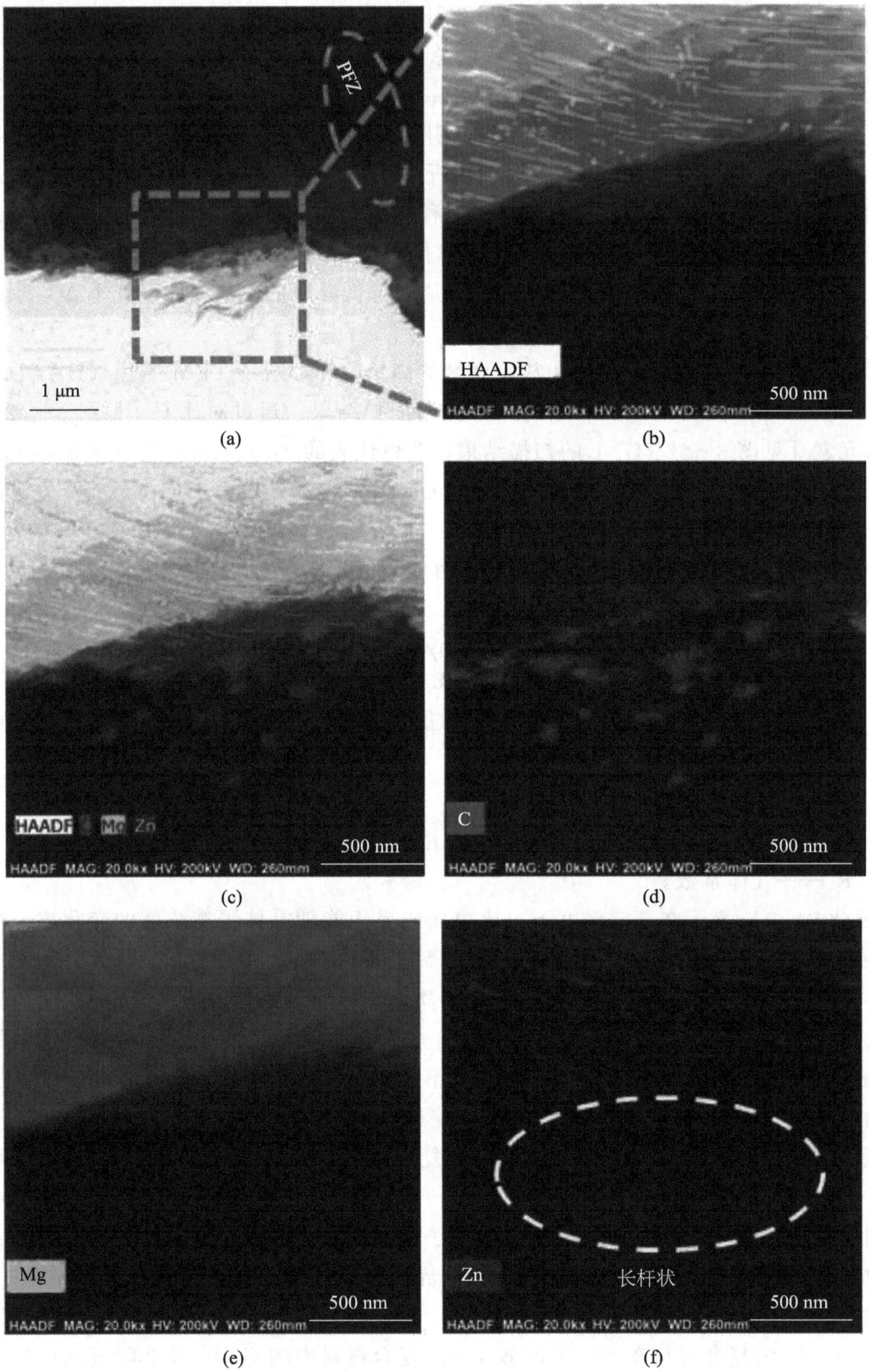

图 3-43　时效 4 h 复合材料 GNPs 附近元素分布面扫分析（见彩插）

（a）嵌入的 GNPs 的 TEM 图像；（b）分图（a）的放大 HAADF TEM 图像；

（c）～（f）分图（b）中 Mg、Zn 和 C 等相应元素图

3-43（c）～（f）］可知，经时效处理后，Zn原子在GNPs附近及表面上都已形成长杆状析出相的形态分布。偏聚的高浓度Zn溶质原子通过GNPs诱发位错提供的非均匀形核点与高扩散率通道显著地提升了时效析出速率。

综上所述，GNPs在复合材料的时效析出过程中发挥“溶质收集”与“位错生成”两大功能。GNPs通过诱发局部高浓度溶质Zn原子、时效析出非均匀形核点与原子高速扩散通道而促进了复合材料的时效析出过程。由于复合材料内UFG区域的GNPs局部浓度高于CEG区域，因此复合材料内UFG区域更早达到峰时效状态。甚至在某些GNPs附近会过早达到过时效状态，从而出现了块状或者粗大的Mg-Zn第二相（见图3-34）。GNPs在六方Mg结构内促进β_1'相（$[0001]_{Mg}$）时效析出过程的示意图如图3-44所示。

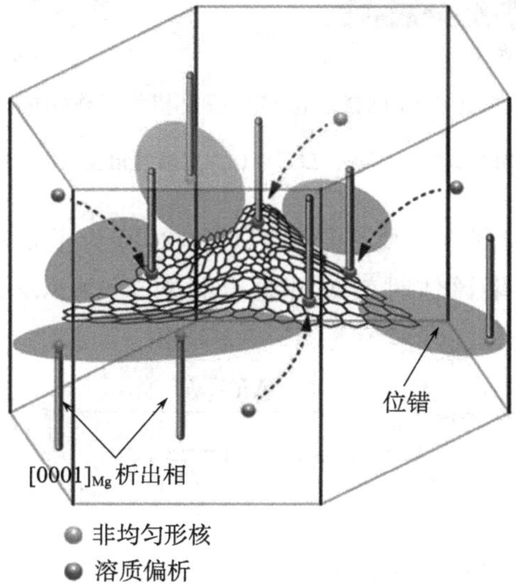

图3-44 GNPs促进β_1'相时效析出过程示意图（见彩插）

3.5.5 GNPs对时效强化效果的影响机制

由前两章研究结果可知，由于缺少在滑移面上分布的细小弥散强化相，GNPs增强复合材料的主要强化方式中，Orowan强化效应所占比例微弱。图3-45（a）与（b）分别为经过时效处理4 h且拉伸变形后的复合材料沿［0001］$_{Mg}$与［$10\bar{1}0$］$_{Mg}$方向的位错结构透射照片。在图3-45（a）中，镁基体为（0002）基面。根据3.5.2节的分析，图中的密集“颗粒”即长杆状的β_1'相的横截面部分，其横截面直径为10～20 nm。$(0002)_{Mg}$基面为镁合金的主要滑移面，长杆状β_1'相在滑移面上则可等效为细小的弥散强化纳米颗粒。对比图3-37（a），变形后复合材料内出现大量位错，且β_1'析出相有效阻碍钉扎了位错在$(0002)_{Mg}$基面上运动。在图3-45（b）中，当观测方向平行于［$10\bar{1}0$］$_{Mg}$条件时，β_1'显示为长杆状。材料中的位错主要分布于平行$(0002)_{Mg}$方向，且位错结构都在杆状β_1'相之间独立运动，未发生位错切割过β_1'相情况。在此情况下，β_1'相的Orowan强化效应得以实现。

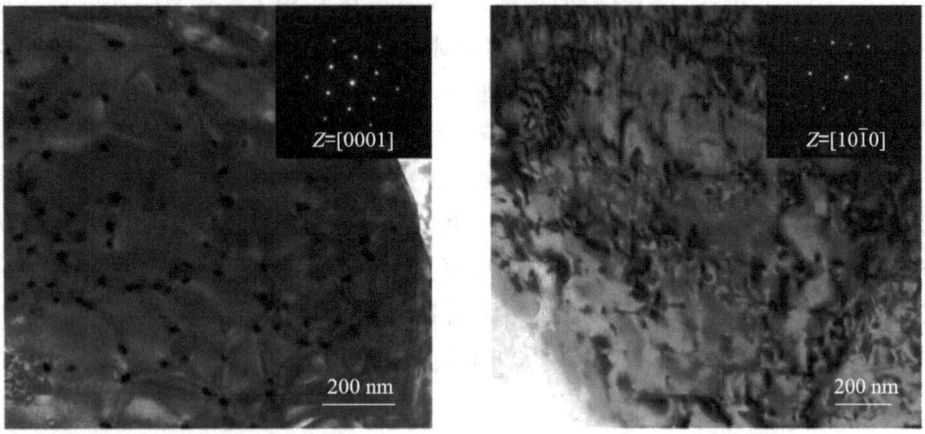

(a) 基面　　(b) 柱面

图 3-45　变形复合材料内位错与析出相相互作用的 TEM 照片

注：插图是分别具有［0001］和［10$\bar{1}$0］区轴的相应选定区域衍射图案。

由于基面滑移为复合材料的主要变形方式，且 β_1' 相为主要 Orowan 强化相，因此可用 β_1' 对基面 Orowan 强化结果评估时效处理复合材料的 Orowan 强化效应（$\Delta\sigma_{\text{Orowan}}$），表示为[45]

$$\Delta\sigma_{\text{Orowan}} = \frac{MG_{\text{M}}b}{2\pi d\sqrt{1-\nu}\left(\dfrac{0.953}{\sqrt{V_{\text{p}}}}-1\right)}\ln\frac{d}{b} \tag{3-19}$$

式中　v ——基体的泊松比；

d ——析出相的平均直径（nm）；

V_{p} ——析出相的体积分数。

考虑到在 TEM 照片内的析出相存在截切与覆盖效应，体积分数 V_{p} 还需经过以下方式修正[46]

$$V_{\text{p}} = -\ln(1-A)\left[\frac{dl}{dl+(d/2+l)T}\right] \tag{3-20}$$

式中　A —— β_1' 析出相在 TEM 照片内的投影面积分数；

l ——析出相平均长度（nm）；

T ——透射样品的平均厚度（nm）。

本研究利用会聚束电子衍射（CBED）确定透射样品平均厚度取 100 nm[47]。析出相的平均直径、长度与投影面积均在对应时效条件下的 TEM 照片里测量获取。根据测量计算，时效处理 4 h 复合材料内 CEG 与 UFG 区域的 β_1' 相 Orowan 强化值分别为 77 MPa 与 100 MPa。本研究中，经过 4 h 时效处理复合材料的屈服强度相对固溶态增加了 80 MPa［见图 3-41（b）与表 3-2］。因此 CEG 与 UFG 区域的 Orowan 强化值在一定程度上代表了复合材料经过时效强化过程屈服强度增量的下限与上限。此结果也从计算预测上进一步说明复合材料经过时效过程后强度的提升主要由 β_1' 析出相的 Orowan 强化效应提供。

对 200 ℃峰时效态的 Mg-6Zn 合金（8 h）及体积分数 0.7% GNPs/Mg-6Zn 复合材料（4 h）进行 EBSD 分析，其 IPF 与 $\{0001\}_{Mg}$ PF 结果如图 3-46 所示。图 3-47（a）与（b）分别为峰时效态 Mg-6Zn 合金和复合材料的晶粒尺寸统计。图 3-47（c）与（d）则分别为复合材料对应的 UFG 及 CEG 区域晶粒尺寸统计结果。

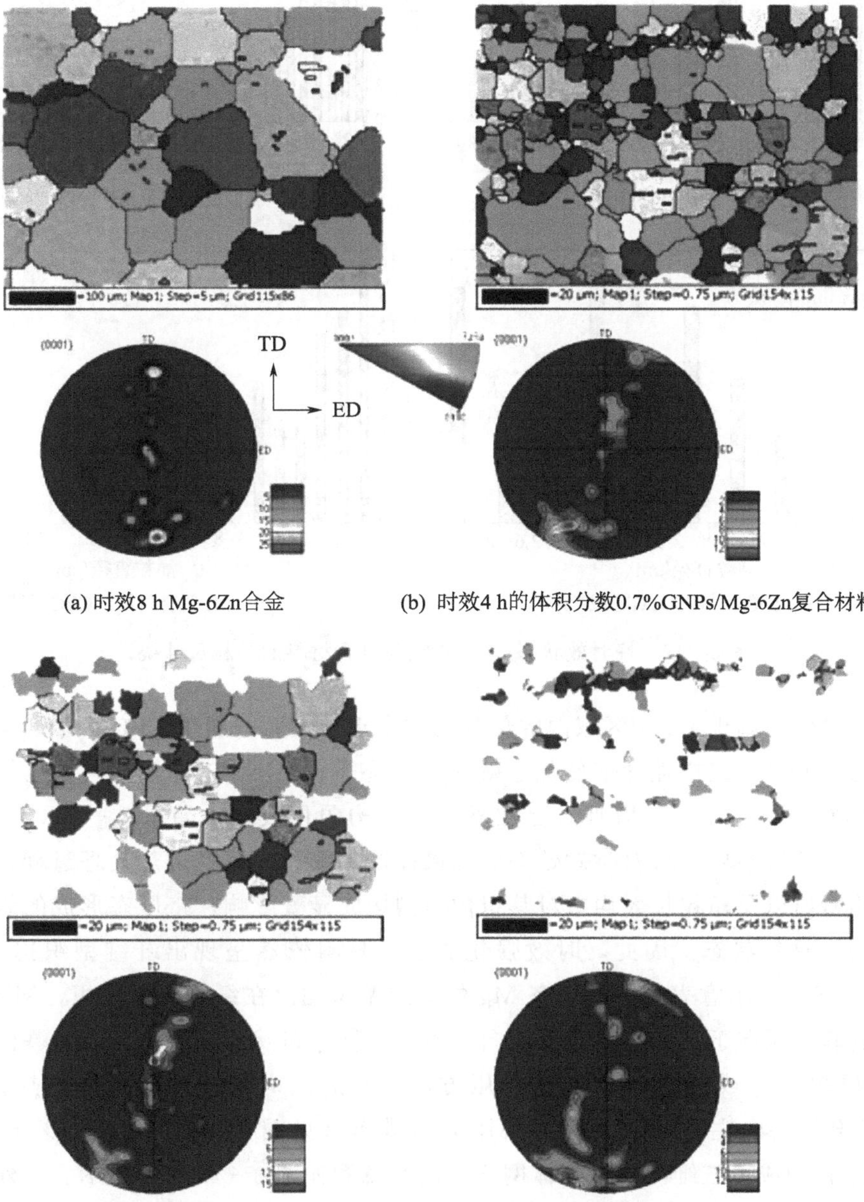

(a) 时效8 h Mg-6Zn合金　　(b) 时效4 h的体积分数0.7%GNPs/Mg-6Zn复合材料

(c) 复合材料的CEG区域　　(d) 复合材料的UFG区域

图 3-46　200 ℃峰时效态 Mg-6Zn 及复合材料的 IPF 图及｛0001｝极图（见彩插）

经过固溶与时效的热处理过程，合金与复合材料的晶粒尺寸均相对于其原始挤压态有了一定程度长大。通过对比图 3-46 与图 3-21，经过热处理复合材料内 UFG 区域的比例

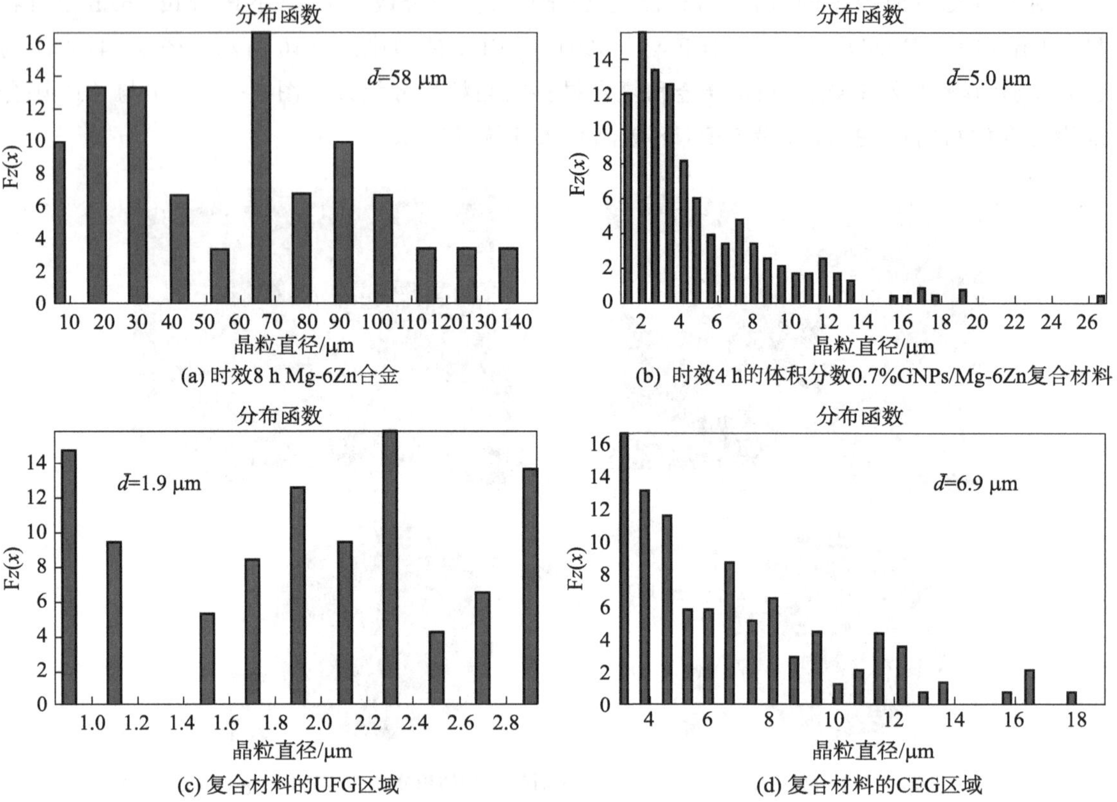

图 3-47　峰时效状态 Mg-6Zn 与复合材料的晶粒尺寸统计

有所减小，说明原属于 UFG 区域内的部分晶粒由于长大而归属于 CEG 区域。然而峰时效复合材料的｛0001｝织构强度依然低于峰时效状态下的 Mg-6Zn 合金，并且复合材料内的 UFG 区域相比于 CEG 区域具有更加显著的织构弱化效果，如图 3-46（c）与（d）所示。以上织构分析结果与材料时效处理前结果保持一致，说明经过热处理过程，复合材料内的第二相析出以及晶粒长大均未对其织构类型构成显著影响，挤压态形成的织构类型能够被保持到峰时效状态。因此，时效强化的复合材料依然呈现出纤维型织构（见图 3-46）。图 3-48（a）示意表明了挤压态 Mg 的纤维型织构。在纤维型织构里，Mg 合金六方晶格单元的基面倾向于围绕样品挤压方向分布，此种分布状态导致 Mg 合金基体内大量的 β_1' 有较大概率垂直或近垂直于样品挤压方向。与此同时，经过高应变的热挤压过程，GNPs 在复合材料内主要接近沿平行挤压方向排布（见图 3-2）。因此，复合材料内的 GNPs 与 β_1' 相构成了三维协同增强体网络，其示意图如图 3-48（b）所示。当外力作用于复合材料的挤压方向时，接近于平行挤压方向的 GNPs 提供载荷传递强化，接近于垂直挤压方向的 β_1' 则产生 Orowan 强化效果，二者结合得以实现在三维空间里的协同增强效果。

Mg-6Zn 合金及复合材料的屈服强度对比列于图 3-49 中，二者在固溶态、峰时效态和过时效态下屈服强度的差值分别计为 $\Delta\sigma_1$、$\Delta\sigma_2$ 和 $\Delta\sigma_3$。由结果可见，三个差值均比较相似，徘徊于 50 MPa 左右。相同时效条件下，复合材料与合金内 β_1' 相的析出强化效果相似，因此复合材料与合金屈服强度之差主要来源于 GNPs 的载荷传递及晶粒细化。Riglos 等报道过采用对合金施加预变形提升其位错密度，从而加速其时效析出过程的研究[48]。在这种实验方法下，尽管合金的峰时效时间得以提前，然而过时效阶段的合金面临强度大幅度下降的问题。原因在于合金预变形产生的大量位错也是材料前期强化的主要来源，经过时效过程的加热，位错密度大量减小，导致位错强化部分降低。因此，单纯用提升位错密度的方法加速时效强化仅对材料的时效初期有显著效果，延长加热时间容易引发材料强度的大幅度下降。而通过构造复合材料加速时效析出过程，复合材料在过时效状态其相对于合金基体的增强效果依然明显保持。尽管热处理过程中，基体合金与复合材料的晶粒尺寸均会有一定程度长大，但是由于时效析出过程对 GNPs 的结构完整性不构成破坏，GNPs 的载荷传递效果一直保持。因此，若应用于工业实际，时效强化复合材料比单纯的时效强化合金具有更高的强度和更稳定的抵抗热量过载能力。

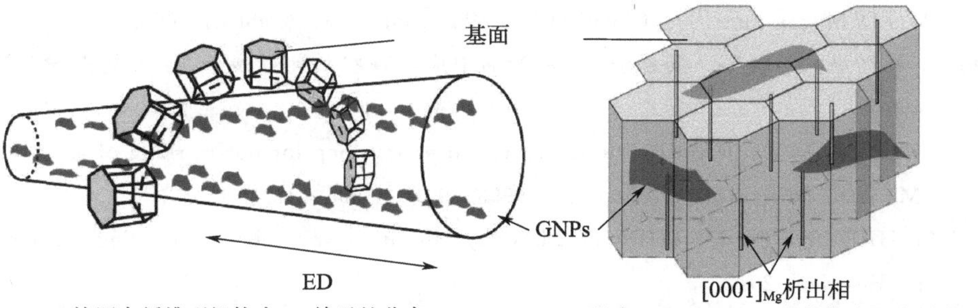

(a) 挤压态纤维型织构中hcp单元的分布

(b) 混合GNPs-[0001]$_{Mg}$的结构在具有纤维纹理的复合材料的一部分中析出

图 3-48　GNPs 与 β_1' 相协同增强复合材料示意图

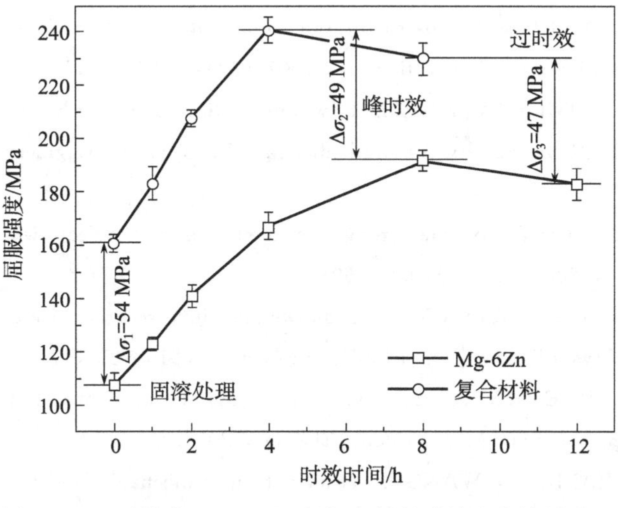

图 3-49　时效态 Mg-6Zn 与复合材料时效强化效果对比

参考文献

[1] PEKGULERYUZ M O, KAINER K, KAYA A A. Fundamentals of magnesium alloy metallurgy [M]. Leiden: Elsevier, 2013.

[2] KAINER K U. Magnesium alloys and technology [M]. Hoboken: John Wiley & Sons, 2003.

[3] 潘复生，王敬丰，章宗和，等．中国镁工业发展的机遇、挑战和责任 [J]. 中国金属通报，2008 (2): 9.

[4] 丁文江．镁合金科学与技术 [M]. 北京：科学出版社，2007.

[5] FRIEDRICH H E, MORDIKE B L. Magnesium technology [M]. Berlin: Springer, 2006.

[6] COLE G D. Magnesium [J]. Chemical & Engineering News Archive, 2003.

[7] 杨程，杜红星，刘晓平．镁合金在 3C 产品中应用现状及前景展望 [J]. 铸造设备研究，2005 (6): 46 - 49.

[8] SIVAKESAVAM O, RAO I, PRASAD Y. Processing map for hot working of as cast magnesium [J]. Materials Science and Technology, 1993, 9 (9): 805 - 810.

[9] HUMPHREYS F J, HATHERLY M. Recrystallization and related annealing phenomena [M]. Leiden: Elsevier, 2012.

[10] GALIYEV A, KAIBYSHEV R. Microstructural evolution in zk60 magnesium alloy during severe plastic deformation [J]. Materials Transactions, 2001, 42 (7): 1190 - 1199.

[11] SITDIKOV O, KAIBYSHEV R. Dynamic recrystallization in pure magnesium [J]. Materials Transactions, 2001, 42 (9): 1928 - 1937.

[12] BEER A G, BARNETT M. Microstructural development during hot working of mg - 3al - 1zn [J]. Metallurgical and Materials Transactions A, 2007 (38): 1856 - 1867.

[13] BEYERLEIN I, TOMÉ C. A probabilistic twin nucleation model for hcp polycrystalline metals [J]. Proceedings of the Royal Society A: Mathematical, Physical and Engineering Sciences, 2010, 466 (2121): 2517 - 2544.

[14] BARNETT M. A rationale for the strong dependence of mechanical twinning on grain size [J]. Scripta Materialia, 2008, 59 (7): 696 - 698.

[15] ZHANG J - Y, LIU G, WANG R H, et al. Double - inverse grain size dependence of deformation twinning in nanocrystalline cu [J]. Physical Review B, 2010, 81 (17): 172104.

[16] BETTLES C, BARNETT M. Advances in wrought magnesium alloys: Fundamentals of processing, properties and applications [M]. Leiden: Elsevier, 2012.

[17] RAFIEE M A, RAFIEE J, WANG Z, et al. Enhanced mechanical properties of nanocomposites at low graphene content [J]. ACS Nano, 2009, 3 (12): 3884 - 3890.

[18] RAFIEE M A, LU W, THOMAS A V, et al. Graphene nanoribbon composites [J]. ACS Nano, 2010, 4 (12): 7415 - 7420.

[19] AKHTAR A, TEGHTSOONIAN E. Solid solution strengthening of magnesium single crystals: ii

the effect of solute on the ease of prismatic slip [J]. Acta Metallurgica, 1969, 17 (11): 1351-1356.

[20] AKHTAR A, TEGHTSOONIAN E. Solid solution strengthening of magnesium single crystals: i alloying behaviour in basal slip [J]. Acta Metallurgica, 1969, 17 (11): 1339-1349.

[21] AGNEW S, MEHROTRA P, LILLO T, et al. Texture evolution of five wrought magnesium alloys during route a equal channel angular extrusion: Experiments and simulations [J]. Acta Materialia, 2005, 53 (11): 3135-3146.

[22] GALIYEV A, SITDIKOV O, KAIBYSHEV R. Deformation behavior and controlling mechanisms for plastic flow of magnesium and magnesium alloy [J]. Materials Transactions, 2003, 44 (4): 426-435.

[23] GALIYEV A, KAIBYSHEV R, GOTTSTEIN G. Correlation of plastic deformation and dynamic recrystallization in magnesium alloy zk60 [J]. Acta Materialia, 2001, 49 (7): 1199-1207.

[24] HUTCHINSON W, BARNETT M. Effective values of critical resolved shear stress for slip in polycrystalline magnesium and other hcp metals [J]. Scripta Materialia, 2010, 63 (7): 737-740.

[25] AGNEW S, TOMÉ C, BROWN D, et al. Study of slip mechanisms in a magnesium alloy by neutron diffraction and modeling [J]. Scripta Materialia, 2003, 48 (8): 1003-1008.

[26] MEYERS M A, CHAWLA K K. Mechanical behavior of materials [M]. Cambridge: Cambridge University Press, 2008.

[27] WANG Y, CHEN M, ZHOU F, et al. High tensile ductility in a nanostructured metal [J]. Nature, 2002, 419 (6910): 912-915.

[28] WU X, YANG M, YUAN F, et al. Heterogeneous lamella structure unites ultrafine-grain strength with coarse-grain ductility [J]. Proceedings of the National Academy of Sciences, 2015, 112 (47): 14501-14505.

[29] CLYNE T W, WITHERS P J. An introduction to metal matrix composites [M]. Cambridge: Cambridge University Press, 1993.

[30] ROBSON J, PAA-RAI C. The interaction of grain refinement and ageing in magnesium-zinc-zirconium (zk) alloys [J]. Acta Materialia, 2015 (95): 10-19.

[31] JAIN J, CIZEK P, POOLE W, et al. Precipitate characteristics and their effect on the prismatic-slip-dominated deformation behaviour of an mg-6 zn alloy [J]. Acta Materialia, 2013, 61 (11): 4091-4102.

[32] CLARK J. Transmission electron microscopy study of age hardening in a mg-5 wt. % zn alloy [J]. Acta Metallurgica, 1965, 13 (12): 1281-1289.

[33] BUHA J. Characterisation of precipitates in an aged mg-zn-ti alloy [J]. Journal of Alloys and Compounds, 2009, 472 (1-2): 171-177.

[34] TEKUMALLA S, SHABADI R, YANG C, et al. Strengthening due to the in-situ evolution of $ß_1'$ mg-zn rich phase in a zno nanoparticles introduced mg-y alloy [J]. Scripta Materialia, 2017 (133): 29-32.

[35] DE NEGRI S, SKROBAŃSKA M, DELFINO S, et al. The mg-zn-si system: Constitutional properties and phase formation during mechanical alloying [J]. Intermetallics, 2010, 18 (9): 1722-1728.

[36] GAO X, NIE J F. Characterization of strengthening precipitate phases in a mg - zn alloy [J]. Scripta Materialia, 2007, 56 (8): 645 - 648.

[37] FOOTE J, LITCHFORD R. Powdered magnesium - carbon dioxide combustion for mars propulsion [C]. Proceedings of the 41st AIAA/ASME/SAE/ASEE Joint Propulsion Conference & Exhibit, F, 2005.

[38] HÄMÄLÄINEN M, ISOMäKI I. Thermodynamic evaluation of the c - co - zn system [J]. Journal of Alloys and Compounds, 2005, 392 (1 - 2): 220 - 224.

[39] 黄昆，韩汝琦．固体物理学 [M]. 北京：高等教育出版社，1988.

[40] YOON D, SON Y - W, CHEONG H. Negative thermal expansion coefficient of graphene measured by raman spectroscopy [J]. Nano Letters, 2011, 11 (8): 3227 - 3231.

[41] GUPTA M, LING S N M. Magnesium, magnesium alloys, and magnesium composites [M]. Hoboken: John Wiley & Sons, 2011.

[42] KIM Y, LEE J, YEOM M S, et al. Strengthening effect of single - atomic - layer graphene in metal - graphene nanolayered composites [J]. Nature Communications, 2013, 4 (1): 2114.

[43] 闻立时．固体材料界面研究的物理基础 [M]. 北京：科学出版社，2011.

[44] FORSYTH P, KING R, METCALFE G, et al. Grain boundaries in metals [J]. Nature, 1946, 158 (4024): 875 - 876.

[45] NIE J - F. Precipitation and hardening in magnesium alloys [J]. Metallurgical and Materials Transactions A, 2012 (43): 3891 - 3939.

[46] UNDERWOOD E. Stereology, or the quantitative evaluation of microstructures [J]. Journal of Microscopy, 1969, 89 (2): 161 - 180.

[47] CARTER D B W C B. Transmission electron microscopy a textbook for materials science [M]. Berlin: Springer Publication, 2009.

[48] RIGLOS M V C, DE LA CRUZ M T, TOLLEY A. Accelerated age hardening by plastic deformation in al - cu with minor additions of si and ge [J]. Scripta Materialia, 2011, 64 (2): 169.

第 4 章　分离熔体沉积 GNPs 增强镁基复合材料制备、组织与性能

4.1　引言

在第 2 章和第 3 章中，采用预分散工艺、半固态搅拌与高能超声波工艺分别制备了碳纳米管与石墨烯增强镁基复合材料。研究结果表明，采用石墨烯作为增强相明显具有更为优异的力学性能。但是，由于凝固过程中固液界面对于增强相的推移作用，石墨烯仍然沿着晶界形成非均匀分布状态，最终也导致挤压后的复合材料形成层状分布的特征。在结构复合材料中，增强体的分布状态对材料的微观组织与力学性能均起到了极其重要的作用，通过调控增强体的分布对复合材料进行优化设计也是当前的研究重点。在镁基复合材料以及所有金属基复合材料中，使增强体在基体中均匀分布是所有复合材料体系的研究基础。分离熔体沉积法作为一种快速凝固方法，结合了喷射沉积与凝固铸造的优点，已经成功制备出一系列增强体均匀分布的镁基纳米复合材料。因此，本章采用分离熔体沉积法制备均匀分布 GNPs 增强纯 Mg 基复合材料，系统研究均匀分布 GNPs 对复合材料微观组织与力学性能的影响规律，进一步探索二维结构 GNPs/Mg 复合材料的增强与增韧机制。

4.2　分离熔体沉积法制备过程

分离熔体沉积法设备装置及工作原理图如图 4－1 所示[1]。该方法结合了传统搅拌铸造和喷射沉积方法的优点。相比于喷射沉积，分离熔体沉积法采用了更高的熔体温度及较低的气体射流速度以适用于块体材料的制备。该方法已经成功运用于纳米 Y_2O_3、纳米 Al_3O_4 以及碳纳米管等增强镁基复合材料的制备[2-4]。

采用分离熔体沉积法制备 GNPs 增强镁基复合材料工艺时，参考了 Manoj Gupta 课题组对碳纳米管增强镁基复合材料研究优化的工艺参数[4-6]。首先在氩气保护下熔化 Mg@PVA－GNPs 复合片与纯 Mg，使用搅拌桨在 450 r/min 转速下搅拌熔体 10 min，随后打开盛放熔体坩埚下端开孔（10 mm）以释放熔体，同时开启坩埚底部两侧与释放熔体垂直的氩气射流。熔体将在此步骤被氩气分解成细小液珠并快速沉积于设备底部的基底上形成块体材料，如图 4－1 (b) 所示。制备的块体复合材料随后于 350 ℃进行热挤压，挤压比为 20∶1。采用此方法，制备了体积分数为 0.7% 及 1.6% GNPs/Mg 复合材料。为了研究 GNPs 加入对 Mg 基体的影响效果，纯 Mg 也通过相同工艺进行了制备。

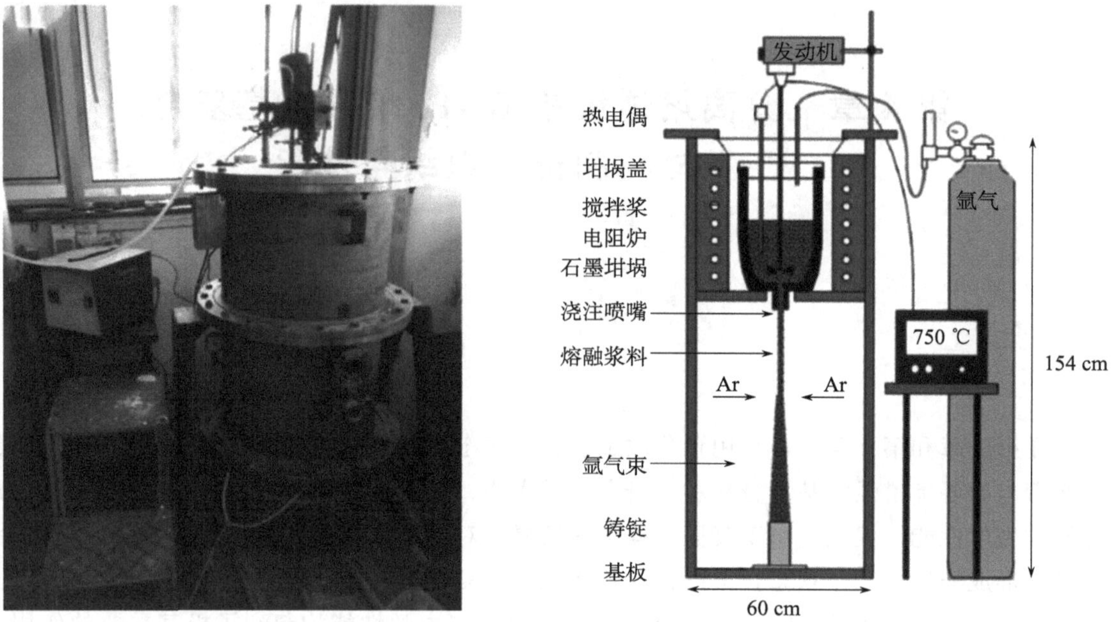

(a) 分离熔体沉积设备照片　　(b) 分离熔体沉积设备示意图

图 4-1　分离熔体沉积设备及工作原理图[1]

4.3　GNPs 对复合材料微观组织的影响规律

4.3.1　GNPs 分布

挤压态纯 Mg、体积分数 0.7%及 1.6% GNPs 增强镁基复合材料的 SEM 照片如图 4-2 所示。挤压态纯 Mg 表面平整，无任何第二相及增强体，通过对比图 4-2（b）、（c）与（a），复合材料内出现均匀分散与分布的增强体 GNPs，由于 GNPs 包含于 Mg 基体内，因此在样品截面上仅能观察到 GNPs 暴露于基体外的部分。随着复合材料内 GNPs 含量的增加，样品截面上观察到的 GNPs 数量显著增加，GNPs 均保持良好分散与均匀分布状态。

复合材料的拉曼光谱分析结果如图 4-3 所示。相比于化学预分散后 GNPs 的 I_D/I_G 值仅为 0.47，复合材料内 GNPs 的 I_D/I_G 值则上升到 0.93～0.95，表明复合材料的制备过程为 GNPs 引入了较多的缺陷与无序结构[7]。由于拉曼光谱入射激光聚集在 GNPs 的层片边界时会导致 D 峰信号出现，因此 GNPs 在热挤压过程中发生的撕裂破碎而形成大量新的 GNPs 边缘，是导致其 I_D/I_G 值增高的主要原因。

图 4-4 为对复合材料内 GNPs 的微观结构表征。图 4-4（a）的高倍观察表明分布在基体中的 GNPs 表面存在明显的褶皱形态。而观察经过腐蚀的复合材料，则可以有部分 GNPs 存在于基体晶粒的孪晶界处，如图 4-4（b）所示。进一步观察复合材料内的孪晶，发现复合材料内存在由 GNPs 诱发的孪晶结构［见图 4-4（c）］。图 4-4（c）中 GNPs 与孪晶附近均存在高密度位错（虚线箭头指示），说明 GNPs 的加入使此区域存在较大的应

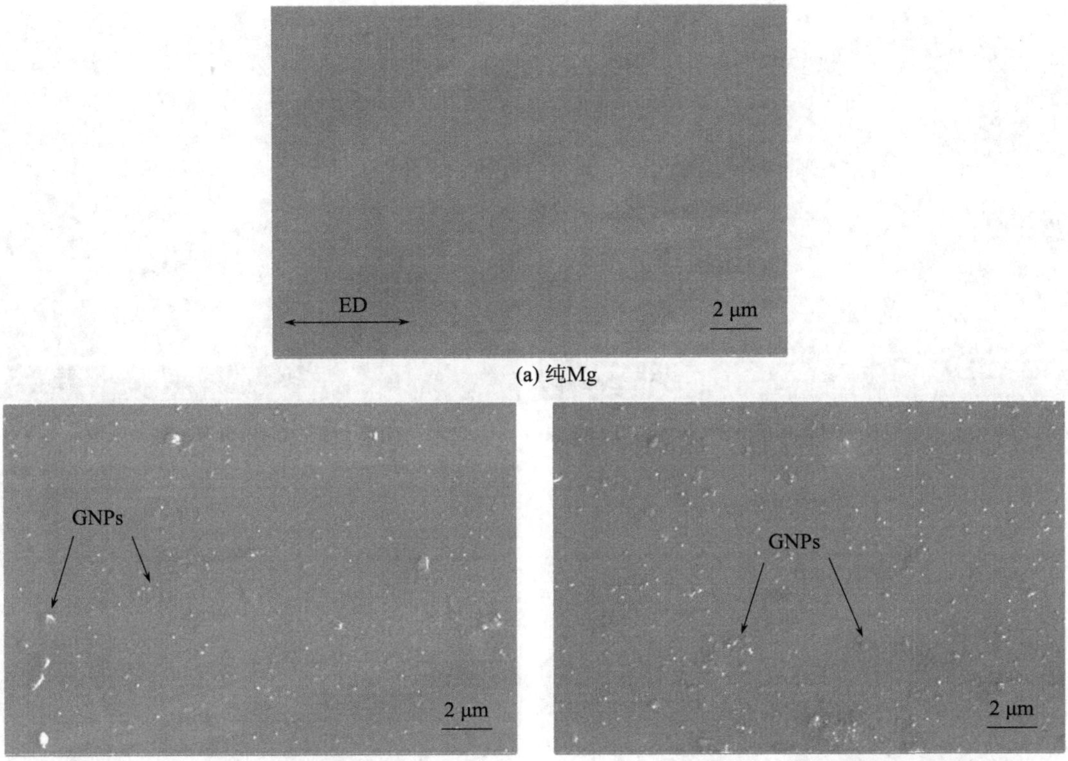

(a) 纯Mg

(b) 体积分数0.7%GNPs/Mg复合材料

(c) 体积分数1.6%GNPs/Mg复合材料

图 4 - 2　挤压态纯 Mg 与复合材料的表面形貌扫描电镜照片

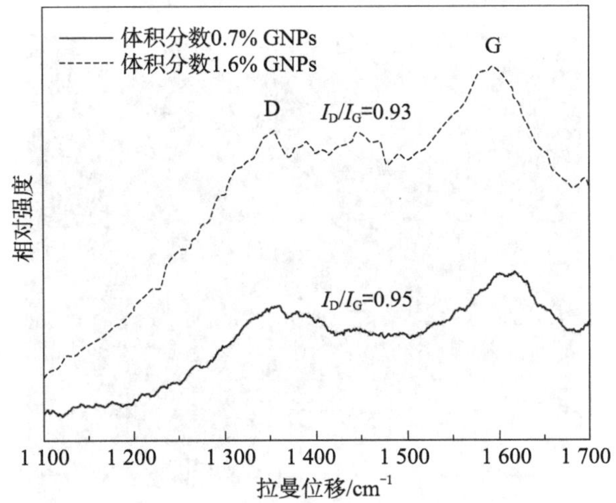

图 4 - 3　复合材料的拉曼光谱

力应变，有助于诱导位错与孪晶的形成。图 4 - 4（d）为位于基体内 GNPs 末端边缘处的高分辨透射照片，表明 GNPs 与界面结合良好，无反应物或夹杂产生。对图 4 - 4（d）中 GNPs/Mg 边缘界面区域进行快速傅里叶变换（FFT），由图 4 - 4（e）可见位于界面附近

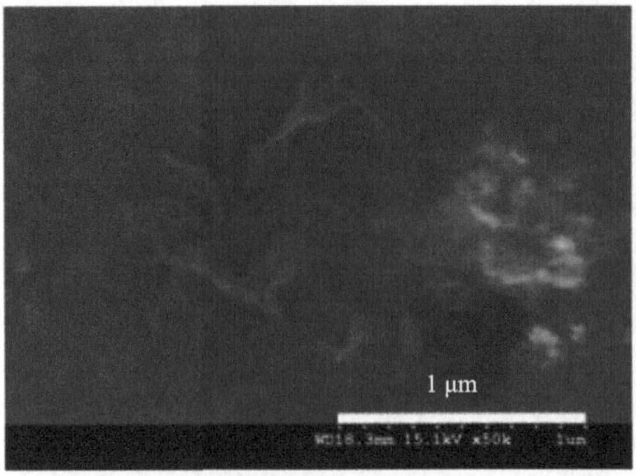

(a) 具有波浪形边缘结构的基体中分布的GNPs的SEM图像

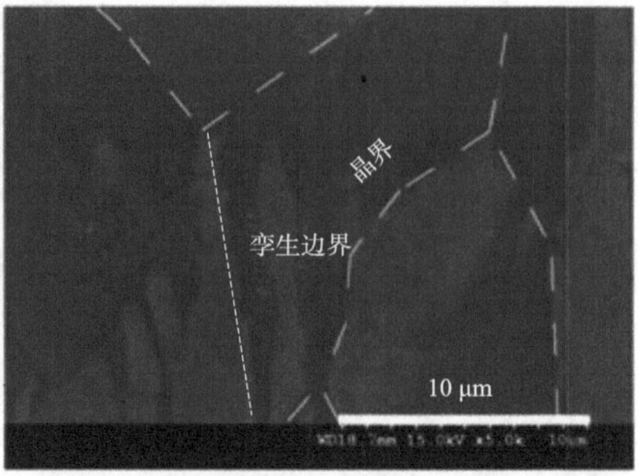

(b) 晶粒中GNPs分布的SEM图像

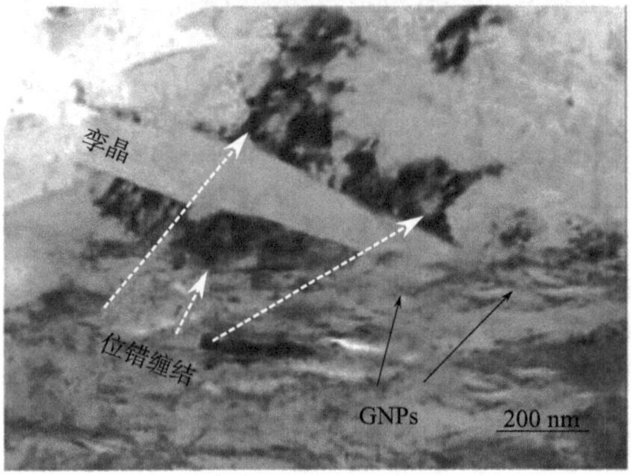

(c) 由GNPs诱导的孪晶的TEM图像

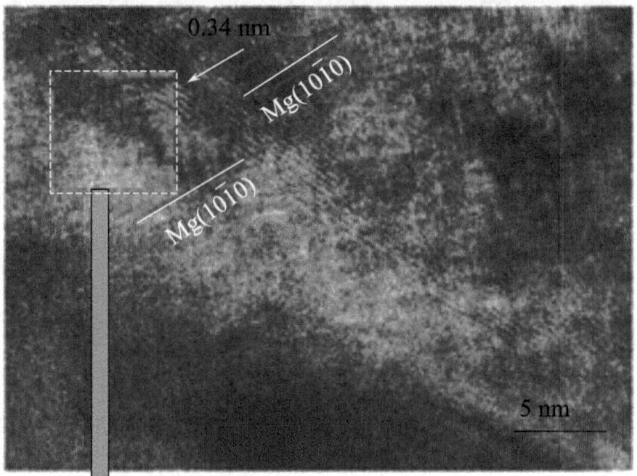

(d) 嵌入Mg晶粒中的GNPs的HRTEM图像

(e) GNPs/Mg界面的快速傅里叶滤波(FFT)图像

图 4－4　复合材料内 GNPs 的微观结构表征

的 Mg 基体内出现明显的位错组态，该结果与图 4－4（c）的观测结果共同说明 GNPs/Mg 界面处的基体由于晶格畸变产生了过量位错。通常认为复合材料增强体与基体界面处的过量位错主要来源于二者弹性模量与热膨胀系数的不匹配[5,8]。通过对比图 4－4（a）～（d）可以推测复合材料内 GNPs 厚度处于 5～10 nm 范围。GNPs 与基体结合紧密，界面处无孔洞与杂质。GNPs 两侧的 Mg 基体均保持相同的位向关系，因此进一步说明该 GNPs 存在于晶粒内部。

应用传统凝固过程制备的金属基复合材料，由于凝固前沿对增强体的推斥作用而导致其容易在晶界偏聚。凝固模型也表明，在复合材料的凝固过程中，增强体被凝固前沿包含而不是推斥取决于大于某临界值的凝固速度[9]。分离熔体沉积法属于快速凝固，相比于传统凝固过程，更多的 GNPs 能够被凝固前沿包含而进入晶粒内部。需要说明的是，复合材料经过了热挤压过程从而发生了动态再结晶。GNPs 在复合材料变形过程中阻碍位错运动，引起位错塞积，增加位错密度和变形储能，使再结晶驱动力增大而成为再结晶形核的核心。与此同时，GNPs 的存在又会在晶粒长大过程中钉扎大角度晶界迁移。因此存在一部分 GNPs 分布于基体晶粒晶界上。

4.3.2　晶粒结构

图 4－5（a）～（c）为对纯 Mg 及复合材料的金相观察。所有材料均再结晶完全，纯 Mg 表现出大小不一的晶粒形态，而复合材料的晶粒尺寸比较均匀。值得注意的是，随着 GNPs 含量的增加，复合材料中开始明显出现大量的孪晶形态，孪晶的形成分割了基体晶粒。因此，分别从排除孪晶与包含孪晶两种途径统计了 Mg 基体与复合材料的晶粒尺寸。图 4－6（a）～（c）为排除孪晶情况，图 4－6（d）～（f）为包含孪晶情况。由图 4－6（a）～（c）的晶粒尺寸统计结果可见，当排除孪晶后，复合材料相对于纯 Mg 的晶粒尺寸并未减小，纯 Mg 与复合材料的晶粒尺寸均在 11 μm 左右。增强体或者第二相粒子通常能在动态再结晶过程中充当晶界阻碍物，从而有效减小基体的晶粒尺寸。本研究中，GNPs 含量较低且在基体中分散均匀，因此 GNPs 对动态再结晶晶粒长大的阻碍作用有限。但是，从图 4－6（d）～（f）的晶粒统计结果可以看到，由于孪晶分割了基体晶粒，实际复合材料的平均晶粒尺寸依然随 GNPs 含量的增加而逐渐减小。通过对比复合材料的晶粒组织（见图 4－5）及其晶粒尺寸统计结果（见图 4－6），复合材料内通过形成大量孪生结构而获得了晶粒细化的效果。

Mg 及复合材料的反极图（IPF）及其对应的晶界类型图如图 4－7 所示。由 IPF 可以看出，随着 GNPs 的加入，材料中的晶粒逐渐从较单一的取向分布（蓝绿色晶粒为主，ED// $[\bar{1}2\bar{1}0]$ 与 $[01\bar{1}0]$）过渡到多种取向分布（红色晶粒逐渐增多，ED// [0001]）。IPF 中对应的晶界类型图也表示在图 4－7 中，图中用不同颜色的线分别代表了不同类型的孪晶界。其中，37.5°± 5°、56.0°± 5°与 86.3°± 5°分别代表二次孪晶、压缩孪晶和拉伸孪晶的晶粒取向差角。从图中可以清楚看出，Mg 及复合材料中均出现了以拉伸孪晶（红色）为主要形式的孪晶，随着 GNPs 含量的增加，拉伸孪晶在基体中的含量也逐渐增加。

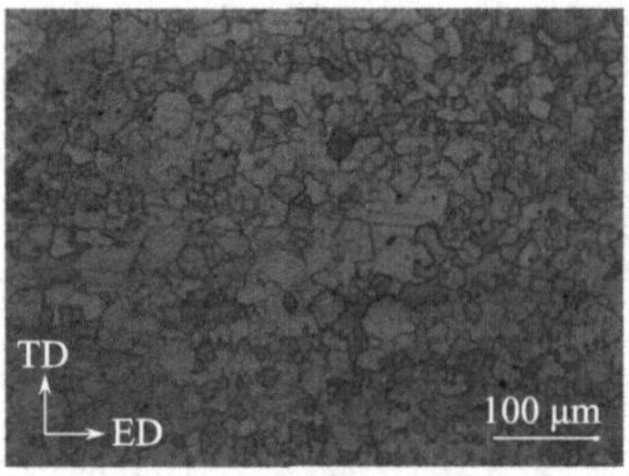

(a) 纯Mg

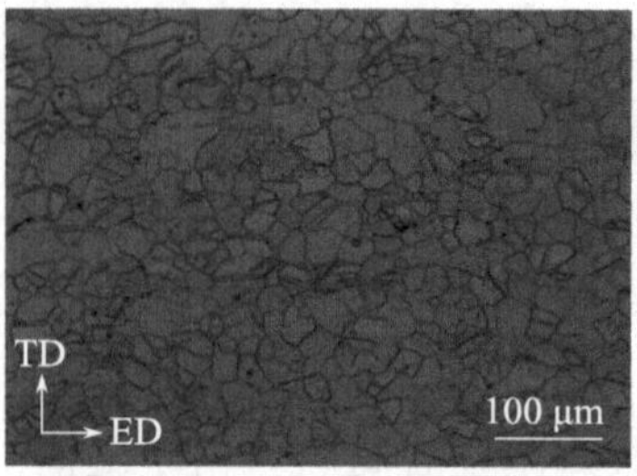

(b) 体积分数0.7%GNPs/Mg复合材料

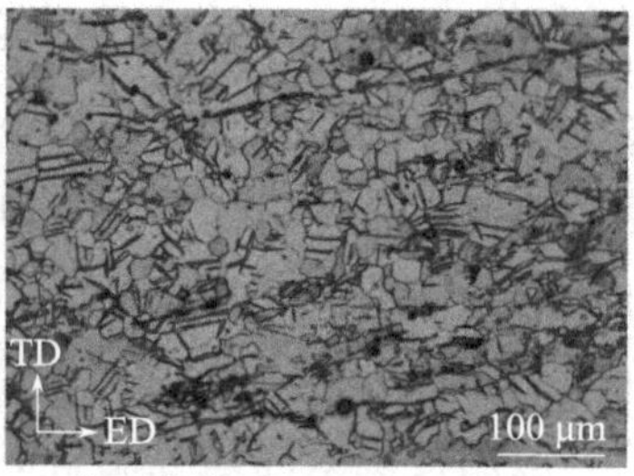

(c) 体积分数1.6%GNPs/Mg复合材料

图 4-5　挤压态纯 Mg 及复合材料金相照片

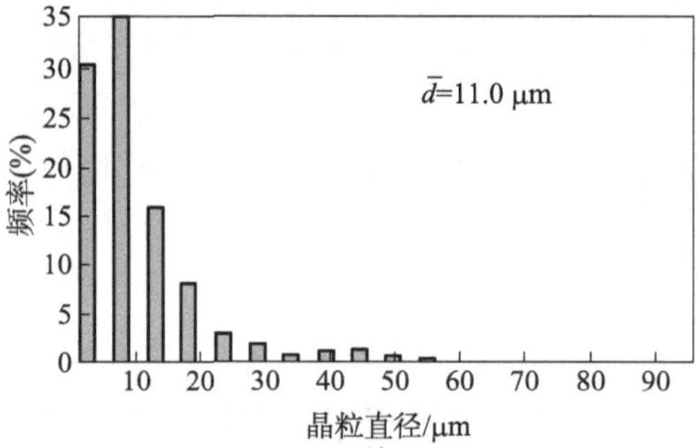

(a) 纯Mg

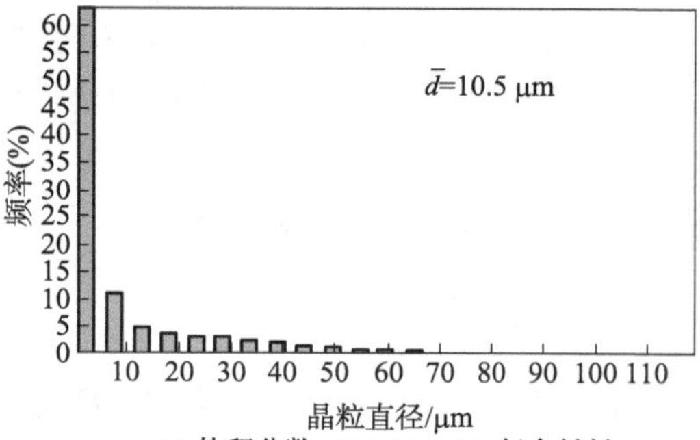

(b) 体积分数0.7%GNPs/Mg复合材料

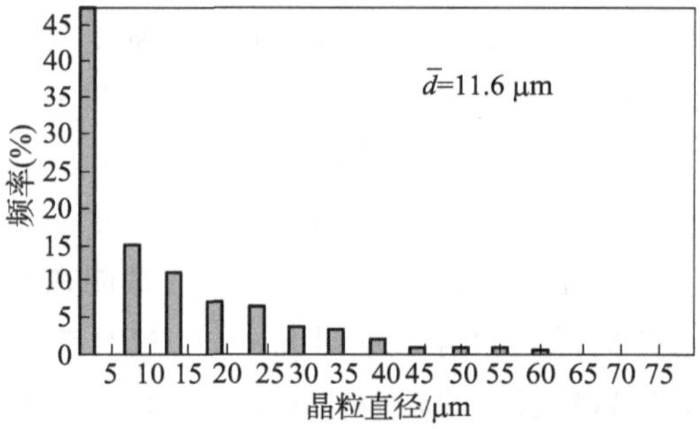

(c) 体积分数1.6%GNPs/Mg复合材料

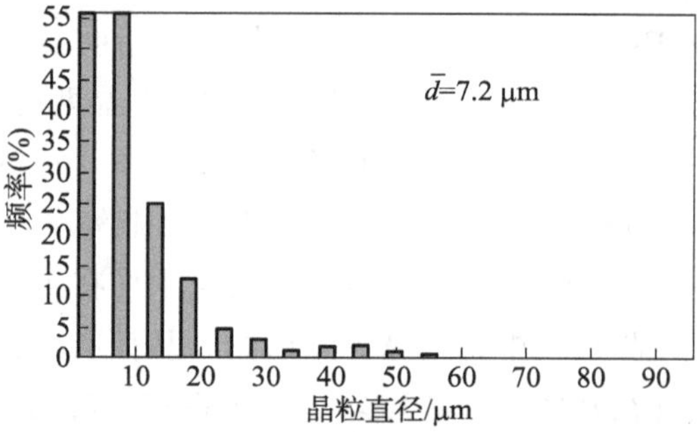

(d) 纯Mg

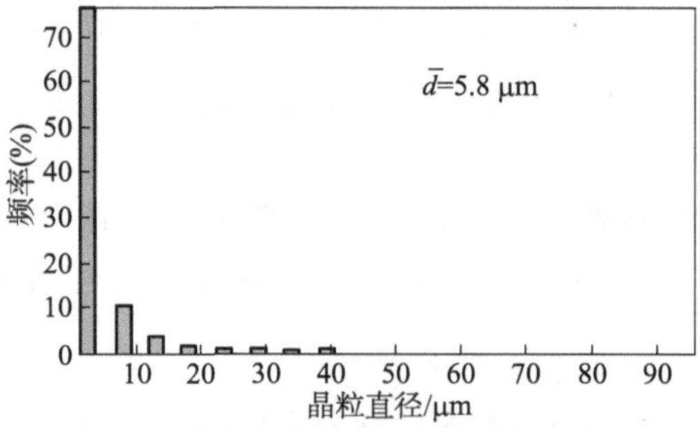

(e) 体积分数0.7%GNPs/Mg复合材料

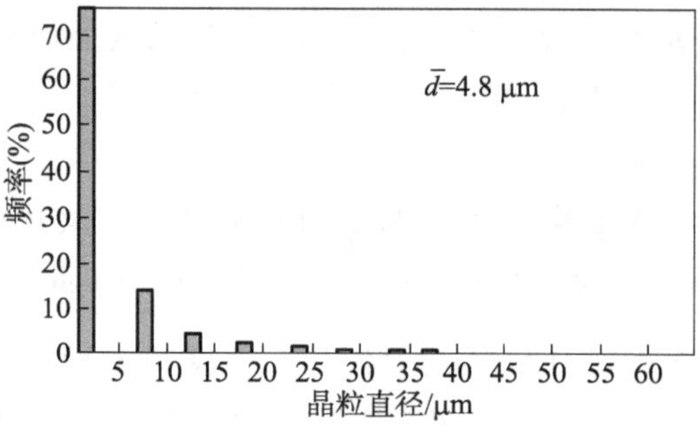

(f) 体积分数1.6%GNPs/Mg复合材料

图 4-6　纯 Mg 与复合材料的晶粒尺寸统计结果

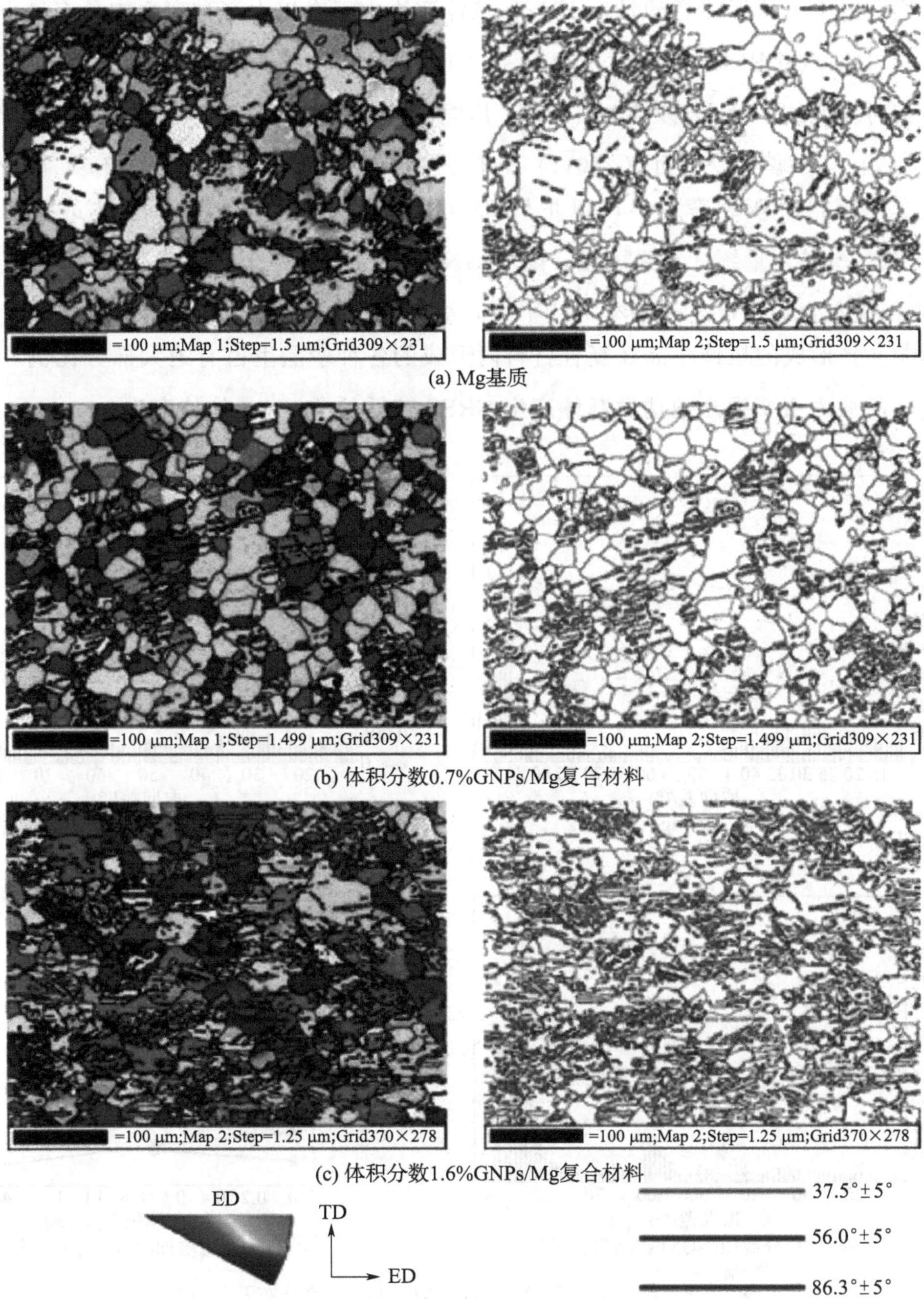

图 4-7　Mg 及复合材料的反极图及晶界类型图（见彩插）

为了进一步量化材料中不同类型孪晶含量的演变规律，材料相邻晶粒的取向差角分布总结如图 4-8（a）～（c）所示。由取向差角分布结果可见，随着 GNPs 含量的增加，材料内 81.3°～91.3°取向差（对应 $\{10\bar{1}2\}$ 拉伸孪生）与 51°～61°取向差（对应 $\{10\bar{1}1\}$ 压缩孪生）的含量逐渐增加，而 32.5°～42.5°取向差（对应 $\{10\bar{1}1\}$～$\{10\bar{1}2\}$ 二次孪生）的含量则在逐渐减少。值得注意的是，$\{10\bar{1}2\}$ 拉伸孪生由于在以上三种孪生中具有最小的临界剪切应力（Critical Resolved Shear Stress，CRSS），从而最为常见。而且由于 $\{10\bar{1}2\}$ 拉伸孪生相对较低的 CRSS，发生过 $\{10\bar{1}1\}$ 压缩孪生的晶粒极易因为晶粒的 c 轴受拉而再次发生 $\{10\bar{1}2\}$ 拉伸孪生，从而使 $\{10\bar{1}1\}$ 压缩孪生转变成为 $\{10\bar{1}1\}\sim\{10\bar{1}2\}$ 二次孪生。因此二次孪生源自于压缩孪生，可以把压缩孪生与二次孪生看作一个整体进行统计。由图 4-8（d）孪晶含量统计结果可见，随着 GNPs 含量增加，$\{10\bar{1}1\}$ 压缩孪生与 $\{10\bar{1}1\}\sim\{10\bar{1}2\}$ 二次孪生的含量之和基本维持不变，故 GNPs 的加入对压缩孪生的总含量变化无显著影响。且形成的拉伸孪晶在复合材料内形成的各种孪晶里占有绝大部分比例，因此认为 GNPs 的加入主要强烈地诱发基体产生 CRSS 较低的 $\{10\bar{1}2\}$ 拉伸孪生。

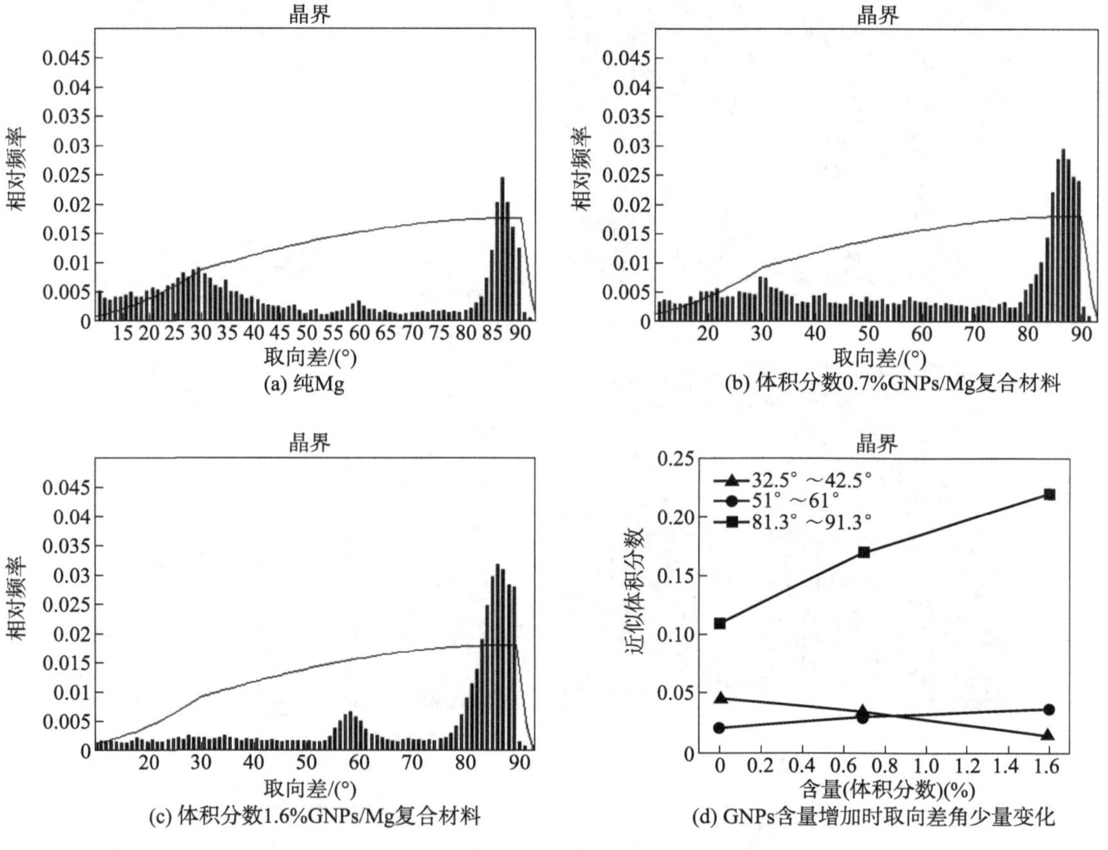

图 4-8　纯 Mg 及复合材料内晶粒取向差角分布及统计图

4.3.3　织构演变

图 4-9 为纯 Mg 以及不同 GNPs 含量 Mg 基复合材料经过热挤压后的宏观织构极图（PF）。从图中可以看出，三种材料的 TD-ED 面均形成了基面纤维织构，又称丝织构，即热挤压棒中存在均匀的 {0001} 基面//挤压轴（ED）。纤维织构取向的自由度大，晶粒

可围绕挤压方向 360° 转动。对应样品中晶粒的 {0001} 极点就应分布于 {0001} 极图的 TD 方向所在直线附近，如图 4-9 中 {0001} 基面织构分布。此外，晶粒的 {10$\bar{1}$0} 极点的分布则比较发散，在极图外圈处强度略高，整体表现为较为随机的分布状态。随着 GNPs 的加入，明显可见 {0001} 极图内材料的极点由集中于 TD 所在直线逐渐变得向周围形成弥散分布，且材料的纤维织构强度也随 GNPs 的加入而逐渐降低。说明 GNPs 的加入弱化了挤压纯 Mg 的基面纤维织构，但是 GNPs 的加入不改变基面纤维织构类型。

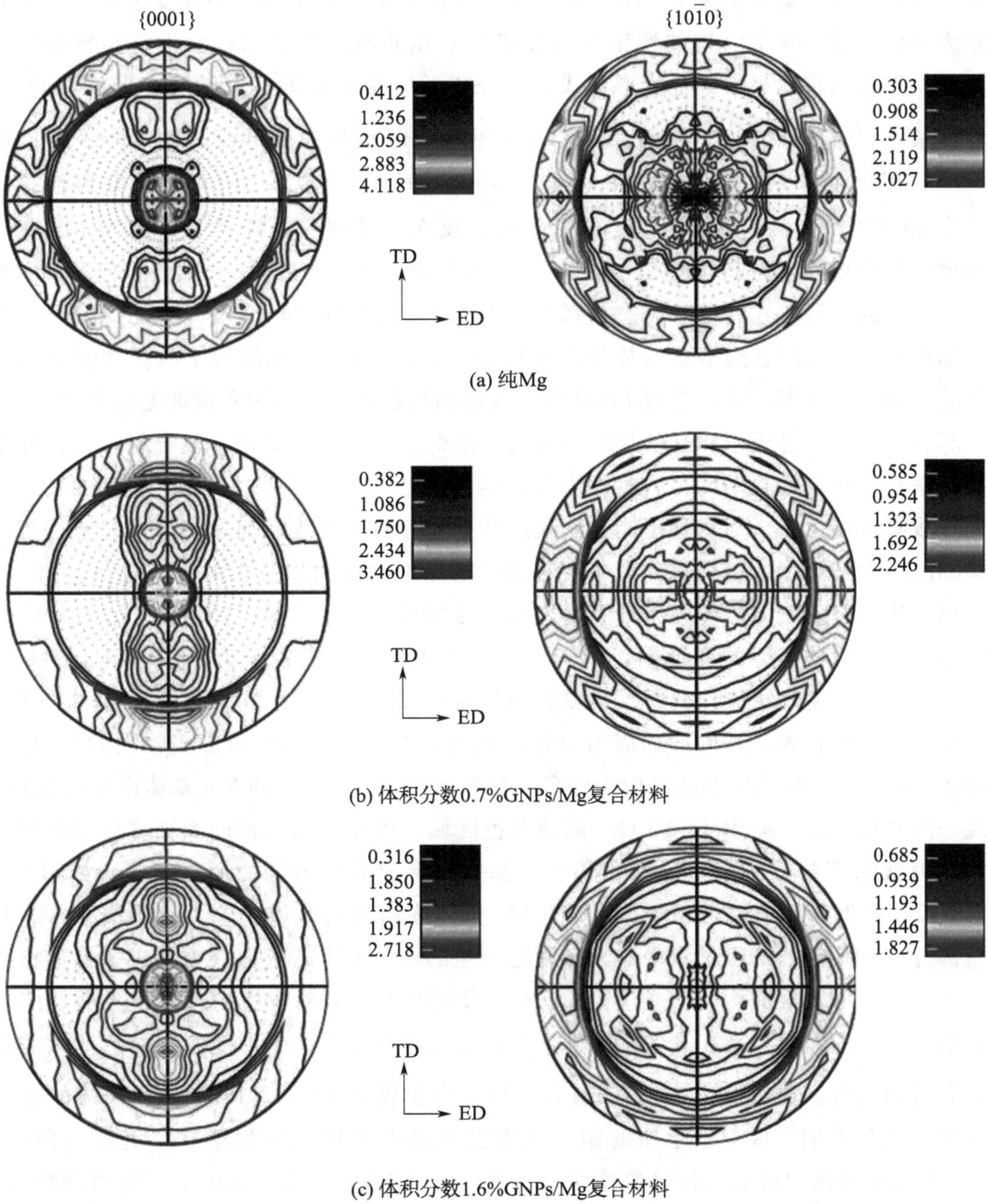

图 4-9　Mg 及复合材料的挤压 {0001} 及 {10$\bar{1}$0} 极图（见彩插）

4.4　复合材料微观组织演变讨论

4.4.1　GNPs 对孪生的影响机制

多晶 Mg 及其复合材料在热挤压过程中发生塑性变形。CRSS 值是影响 Mg 变形方式的重要因素之一。室温条件下 Mg 中由于各变形模式 CRSS 不同，塑性变形模式由易到难分别为基面滑移、孪生（拉伸孪生与压缩孪生）和非基面滑移（柱面滑移与锥面滑移）。其中基面滑移具有远小于其他变形模式的 CRSS 而最容易开动[10]。随着变形温度的升高，基面滑移与 $\{10\bar{1}2\}$ 拉伸孪生的 CRSS 变化不大，但是其他变形模式的 CRSS 则显著降低[11,12]。因此在热挤压过程中，非基面滑移的活动增加，多晶 Mg 的变形兼容性得以改善[13]。相比于冷变形，热挤压 Mg 的孪生形核反而会受到一定抑制[14]。影响 Mg 变形方式的另一个重要因素为晶粒的 Schmid 因子。晶体的 CRSS 与其 Schmid 因子值共同主导了该晶粒采用的变形方式。鉴于铸态材料里的晶粒为近随机取向分布，晶粒的 Schmid 因子也呈随机分布。因此在纯 Mg 的热挤压过程中，基面滑移 Schmid 因子较高的晶粒将会首先开始基面滑移变形，其次是 Schmid 因子较低的晶粒开始基面滑移或非基面滑移。

尽管在热挤压过程中孪晶的启动概率大大降低，根据实验结果，复合材料内拉伸孪晶与压缩孪晶含量均随着 GNPs 含量的增加而增加（见图 4-5 与图 4-7），说明 GNPs 与孪晶的形成有直接关系。与滑移不同，孪晶形核是应力激活过程，而非热激活过程。复合材料中 GNPs 对孪生形成的促进作用主要通过在基体中构成附加应力的方式进行。图 4-10 为模拟挤压状态的三向压应力条件下复合材料 S 模型的有限元分析。图 4-10（a）为复合材料三向压应力状态下的变形图，图 4-10（b）为复合材料的应力云图。图 4-10（c）、（d）为复合材料应力分布纵截面。当复合材料承受三向压应力时，由于 Mg 基体与 GNPs 的力学性能差异较大，其内部的应力分布不均匀，增强体 GNPs 内形成较大的应力集中，如图 4-10（b）中 GNPs 上的高应力红色区域所示。GNPs 边缘的 Mg 基体内则围绕 GNPs 出现一圈高应力区，即图 4-10（b）的浅蓝色区域。由模型的纵截面图则可以清楚发现三向压应力状态下与 GNPs 片层面相邻 Mg 基体内形成高应力区的形状范围，如图 4-10（d）所示。根据计算结果，GNPs 诱发的 Mg 基体内高应力区域的应力水平高于 Mg 基体其余部分 5～25 倍，挤压过程中 GNPs 附近产生的 Mg 基体高应力成为促进孪晶形核的重要条件之一。尽管根据均匀切变理论，Mg 在形变过程中启动孪生的理论临界剪切应力较大，事实上，孪生很容易在晶体缺陷处形核，因此实际的晶体中形变孪生的启动只需较小的临界剪切应力。例如启动 Mg 的 $\{10\bar{1}2\}$ 拉伸孪生仅需 2～3 MPa[15]。当晶体的取向满足孪生形成条件时，GNPs 施加的额外应力已足以有效促进孪生形核。值得一提的是，GNPs 在 Mg 基体内构造的额外高应力区主要位于 GNPs 边缘。相比于其他类型增强体，二维结构 GNPs 所具有的大量片层边缘则为孪生形核提供了更大的可能性。

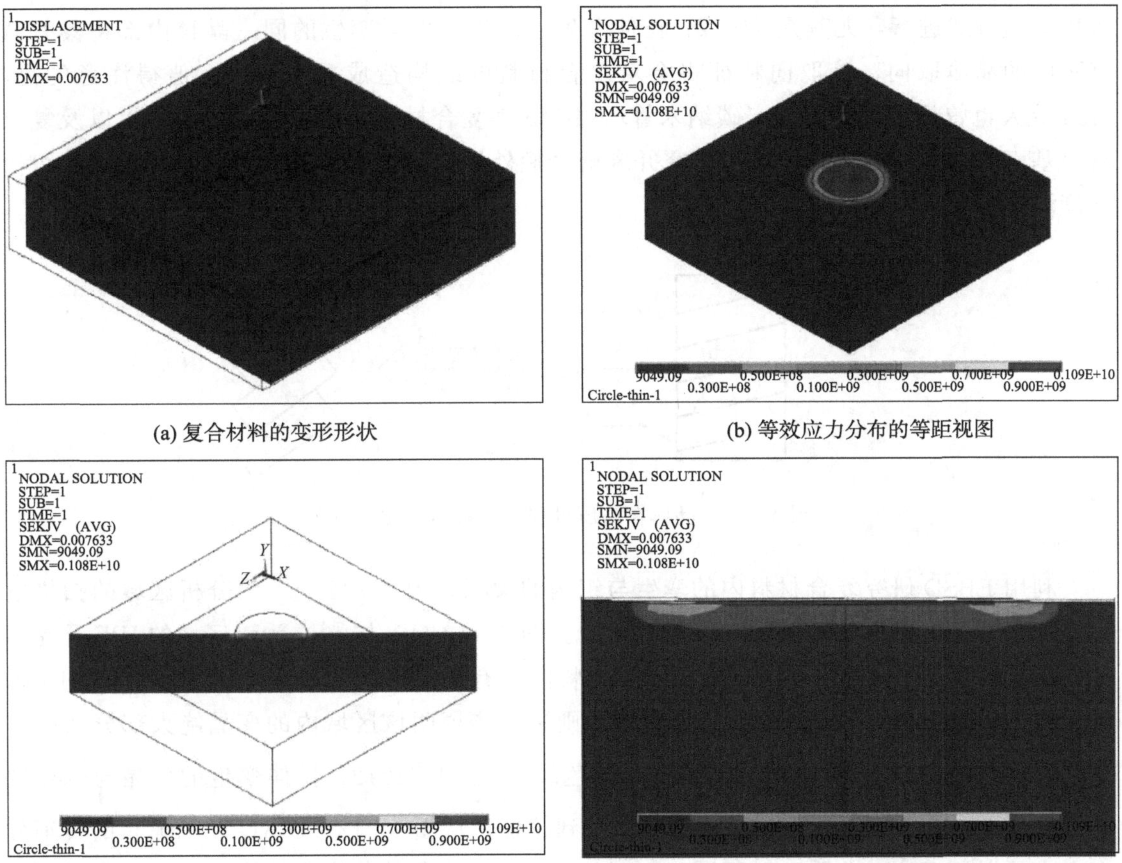

(a) 复合材料的变形形状　(b) 等效应力分布的等距视图

(c) 显示内部等效应力分布的纵截面图　(d) 分图(c)的放大图

图 4 - 10　挤压复合材料模型应力分布的有限元分析（见彩插）

4.4.2　GNPs 对织构变化的影响机制

材料在进行热挤压时，其内部主要发生两种微观过程。一是以位错运动为主的塑性变形，该过程导致金属基体缺陷密度的升高。二是以回复、形核和晶粒长大为主的动态再结晶过程，该过程导致金属基体缺陷密度的下降。热挤压材料的织构可分解成为冷挤压过程形成的形变织构与静态再结晶过程造成的再结晶织构。

对于热挤压纯 Mg 及复合材料的滑移变形过程，由于晶粒间的相互约束作用，滑移会在变形的晶粒上造成一个力矩，并促使晶粒发生转动。实验表明，晶体在拉伸时滑移方向力图转向（或趋近）拉伸轴，压缩时则滑移面力图转向（或趋近）压缩面[16]。挤压过程可以看作平面应变的过程，晶体在该状态下受到来自垂直于挤压方向的压应力。因此，在该条件下，材料内部晶粒发生的取向变化可由图 4 - 11 表示。因此，当形变量足够大时，大部分 Mg 晶粒的滑移面都将和参考面平行。挤压过程中的压应力呈轴对称环形作用于 Mg 及 Mg 基复合材料，这样就形成了基体 {0001} 面垂直于挤压方向的纤维织构，如图 4 - 9 结果所示。复合材料中的 GNPs 阻碍了基体中晶粒的变形，其中部分晶粒的变形采用孪生方式进行，尤其是 $\{10\bar{1}2\}$ 拉伸孪生。由于发生了孪生的同一晶粒内部将具有截然不同的晶体取向，该取向特征将会对复合材料的织构造成重要影响。值得注意的是，Han 等人也曾报道过在挤压态碳纳米管增强 Mg 基复合材料中产生大量拉伸孪生以及复合材料基面织构强度弱化。但是该研究并未解释额外拉伸孪生的形成原因以及其与基面织构强度弱化的关系[17]。

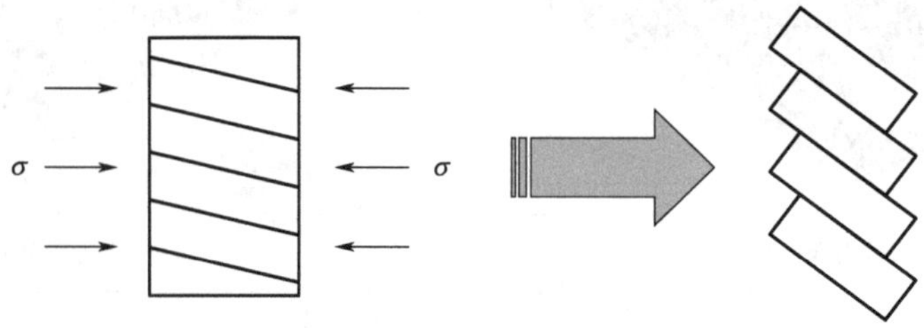

图 4-11　晶体在挤压过程中的取向变化示意图

利用 EBSD 研究复合材料内的孪生与织构的关系。图 4-12 (a) 为分析区域的扫描电镜照片，基体内可辨认的 GNPs 以箭头指示。图 4-12 (b) 与 (c) 为该区域的 IPF 及晶界分布图。对比图 4-12 (a) 与 (b)，复合材料内具有孪晶形态的板条状晶粒多在 GNPs 附近形成。而对应图 4-12 (c) 的晶界类型图则进一步说明该区域内的孪晶绝大部分为拉伸孪生（红色线），且含有少量压缩孪生（蓝色线）。已知 $\{10\bar{1}2\}$ 拉伸孪生的孪晶与母相取向关系是 86.3°$\langle 11\bar{2}0\rangle$，形成条件为 c 轴受到拉伸，从图 4-12 (d) 81.3°～91.3°的转轴分布上也可以证实这一关系。对于图 4-12 (b) 与 (c) 中的拉伸孪生结构 T1/T2，在平面应变压缩时，复合材料的 TD 与 ND 方向均受压，所以从该孪生结构的 {0001} 极图上看[见图 4-12 (e)]，T1 部分的投影点在极图圆周周围，则 T1 部分的 c 轴处在靠近于平行 ED-TD 面的方向，因此 T1 部分的 c 轴承受拉应力。而 T2 部分的 c 轴则处于靠近于垂直 ED-TD 面的方向，与此同时，ND 方向为压应力，则 T2 部分的 c 轴承受压应力。说明拉伸孪生结构 T1/T2 的原始晶粒在 c 轴承受拉应力的情况下，通过 T2 部分发生拉伸孪生转动一定角度（86.3° ± 5°），其极点转动到纤维织构的取向范围内。因此对于 $\{10\bar{1}2\}$ 拉伸孪生，发生孪生的孪晶区域具有纤维织构的取向，而未发生孪生的母相区域则远离纤维织构取向。

$\{10\bar{1}1\}$ 压缩孪生的孪晶与母相取向关系为 56°$\langle 11\bar{2}0\rangle$，形成条件为 Mg 的 c 轴受到压缩。从图 4-12 (b) 与 (c) 中选取属于压缩孪生的系统 C1/C2，由 {0001} 极图[见图 4-12 (f)]，C2 部分的投影点靠近极图 ED 轴的圆周，其晶格 c 轴处于受拉状态，因此为发生了压缩孪晶的部分。C1 部分的投影点则偏向极图 TD 轴附近的强纤维织构区域，c 轴处于受压状态，因而是压缩孪生的母相。因此对于 $\{10\bar{1}1\}$ 压缩孪生，孪晶区域远离纤维织构，而位于纤维织构区域取向的晶粒则容易成为发生压缩孪生的母相。

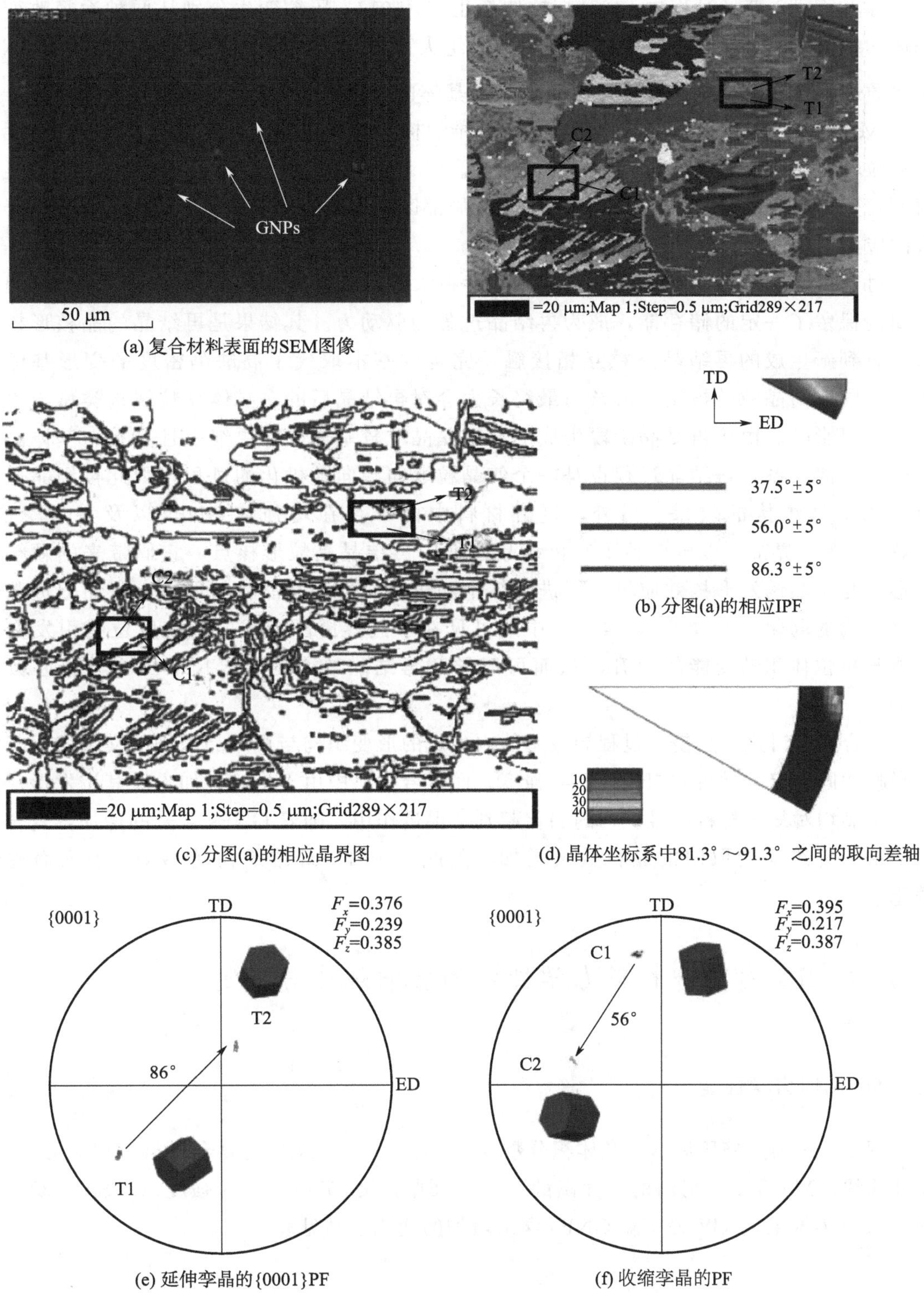

图 4-12　复合材料孪生结构的 EBSD 分析（见彩插）

综上所述，变形过程中 $\{10\bar{1}2\}$ 拉伸孪生与 $\{10\bar{1}1\}$ 压缩孪生分别从两种途径改变了基体的织构。鉴于复合材料中拉伸孪生占有绝大部分比例，因此挤压变形过程中，GNPs 主要通过阻碍原始晶粒的滑移与转动来触发基体的 $\{10\bar{1}2\}$ 拉伸孪生变形以释放应力，缓解了 Mg 基体晶粒转动程度，从而弱化了纤维织构。而具有高比表面积的二维 GNPs 无疑对晶粒转动的约束要强于其他形状的增强体。Shin 就曾报道过当 GNPs 增强纯 Al 基复合材料发生变形时，宽大的 GNPs 限制了附近局部区域晶粒的变形，变形受限的晶粒由于巨大的应力集中而在其内产生了纳米剪切带[18]。

对于再结晶过程，变形的金属基体中存在大量以位错为主的晶体缺陷，变形过程使金属内保留了一定的储存能，成为再结晶过程的驱动力。其结果是再结晶的晶核形核长大，直到新生成的再结晶晶粒互相接触，完全或基本取代了高缺陷密度的变形基体为止。不同取向晶粒的再结晶成核与最终长大会对再结晶后的多晶体晶粒织构类型与强度产生重要影响。由于再结晶阶段生成的再结晶晶粒较基体晶粒更细小且具有与基体晶粒不同的位向关系，再结晶过程也是一个使晶粒取向趋向随机化的过程，因此再结晶也具有弱化基体织构的效果。另外，复合材料中由于存在增强体 GNPs 以及大量孪晶，GNPs 与孪晶界都可以成为接下来再结晶过程中再结晶晶粒形核点，它们带来的颗粒诱发形核与孪晶诱发形核效应将会促进基体中随机取向再结晶晶粒的形成，从而促进基体纤维织构的弱化[19]。如图 4－4（c）中即可见在孪晶界周围形成的高密度位错引发变形储能与单位体积畸变能的提升，从而可以导致再结晶核心的临界尺寸减小与核心数量增加。

综合以上讨论，热挤压过程导致基体内生成的形变织构与再结晶织构的交替发生与相互影响共同决定了材料的织构类型与强度。而复合材料中由于 GNPs 加入及其诱发形成的大量孪晶均对复合材料纤维织构的弱化起到了促进作用。随着 GNPs 含量的增加，复合材料中偏离纤维织构取向的晶粒数量增加，因此 {0001} 纤维织构随 GNPs 加入而逐渐弱化。

4.5　GNPs 对复合材料力学性能的影响规律与机制

4.5.1　拉伸力学性能

图 4－13 为热挤压后 Mg 及体积分数 0.7％与 1.6％ GNPs 的复合材料工程应力-应变拉伸曲线。Mg 及复合材料的弹性模量（E）、屈服强度（YS）、抗拉强度（UTS）、断裂延伸率（ε_f）及断裂功（WOF）随 GNPs 含量增加的变化总结见表 4－1。

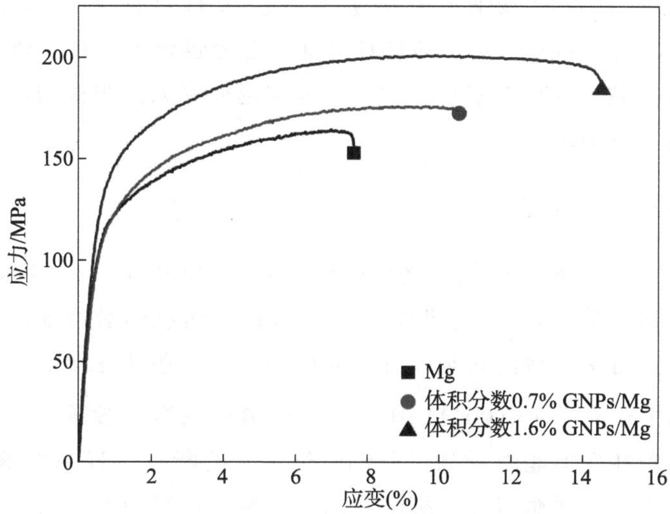

图 4-13　Mg 与复合材料的室温拉伸曲线

表 4-1　挤压态 Mg 与 GNPs/Mg 复合材料的力学性能

材料	E/GPa	YS/MPa	UTS/MPa	ε_f(%)	WOF/J · m^{-3}
Mg	43 ± 1.0	96 ± 4	163 ± 3	7.5 ± 1.5	11 ± 4
体积分数 0.7% GNPs/Mg	45 ± 1.3	105 ± 1	176 ± 2	10.3 ± 0.6	17 ± 2
体积分数 1.6% GNPs/Mg	47 ± 0.9	122 ± 2	202 ± 3	14.5 ± 1.2	27 ± 3

与挤压态纯 Mg 相比，不同含量 GNPs 复合材料的力学性能都明显提高，体积分数 0.7% GNPs/Mg 复合材料的屈服强度和抗拉强度相对 Mg 基体分别提高了 9%和 8%。体积分数 1.6% GNPs/Mg 复合材料的屈服强度和抗拉强度则分别提高 27%和 24%。另一方面，与挤压态 Mg 相比，体积分数 0.7% GNPs/Mg 复合材料的延伸率提高了 37%，而体积分数 1.6% GNPs/Mg 复合材料延伸率的提高程度则高达 93%，其延伸率将近基体的两倍。断裂功（WOF），主要用来描述材料达到断裂时所吸收的能量。断裂功可以综合评价材料的强度与延展性，在稳态条件下（低应变速率），断裂功可对拉伸曲线积分求得，其值为拉伸曲线下从原点到断裂点处的面积[20]

$$WOF = \int_0^{\varepsilon_f} \sigma \, d\varepsilon \tag{4-1}$$

式中　ε_f ——材料的断裂延伸率；

σ ——材料的工程应力（MPa）；

ε ——材料的工程应变。

由于 GNPs 增强镁基复合材料的抗拉强度与延伸率得到了同时的提高，因此复合材料的韧性随着 GNPs 的加入而得到了显著提升。在传统的非连续增强镁基复合材料中，陶瓷颗粒是最常用的增强体。高强陶瓷颗粒虽然可以提高镁基复合材料的强度和弹性模量，但是复合材料延伸率却常急剧下降，严重制约了复合材料的应用潜力。目前采用液态冶金工艺制备的镁基复合材料仅有碳纳米管能够实现复合材料强度与延伸率的同时显著提升[6,21]。通过比较，说明 GNPs 是一种具有优良综合增强效果的增强体，基体中引入均匀分布的 GNPs 可以突破传统金属基复合材料强度和延伸率无法兼得的局限，这一特性可以拓展镁基复合材料的应用范围。

4.5.2　复合材料的断裂特征

图 4－14（a）～（c）所示分别为挤压态纯 Mg、体积分数 0.7% GNPs 与 1.6% GNPs 复合材料的拉伸断口。其中，纯 Mg 断口呈现典型的台阶状断裂特征，台阶之间均为较为平坦的断裂平面。具有平直台阶状裂纹特征的材料采取的塑性变形形式较少。密排六方结构的纯 Mg 在室温下仅有三个（0001）$\langle 11\bar{2}0\rangle$ 基面滑移系容易激活，其余的变形方式不易激活，所以 Mg 的塑性变形能力受到了限制。纯 Mg 的断裂过程基本遵循以下三个阶段：塑性变形到一定程度后形成微裂纹；裂纹在同一晶粒内进行初期阶段长大；裂纹越过晶界向相邻晶粒扩展，从而形成裂纹跨过若干相互平行且位于不同高度的台阶状断口特征。另一方面，纯 Mg 断口平坦的台阶上还存在典型的舌状花样［见图 4－14（a）］，这是由于裂纹沿孪晶界扩展留下的舌头状凹坑或凸台。根据 4.4.1 节的讨论，室温下 Mg 的基面滑移和拉伸孪生因为具有较小的临界分切应力而最容易开动。对照断口特征，这两种变形方式也是纯 Mg 拉伸时的主要变形方式。

图 4－14（b）与（c）则表明复合材料的断口呈现出“混合断裂模式”的特征，即既有平直的台阶状裂纹，也有弯曲交错的韧窝型裂纹。具有韧窝特征裂纹则表明材料在塑性变形过程中开动了多种滑移系。这两种裂纹在断口中各自独立存在。对图 4－14（c）中断口的韧窝区进一步放大可见，在韧窝区存在拔出的 GNPs，且 GNPs 附近即为包围的韧窝裂纹［见图 4－14（d）］。此结果也说明在相同的制备工艺下，相比于纯 Mg，复合材料中仅 GNPs 附近的局部区域受到了 GNPs 的影响而发生微观形变行为的改变，而部分远离 GNPs 的基体区依然保持与纯 Mg 相同的变形断裂模式。GNPs 的加入对 Mg 基体中滑移系的开动将在 4.5.4 节中详细讨论。

最近 Yuan 等人发现 GNPs 表面携带的氧可与镁反应生成 MgO，从而构成 GNPs/MgO/Mg 界面[22]。而该报道中经过处理的 GNPs 表面携氧量高达 12%（原子百分含量），根据第 3 章对 GNPs 的 XPS 测试结果，本研究使用的 GNPs 表面含氧量（—COOH 等）仅为 2.0%（原子百分含量）左右。结合图 4－14（d）GNPs 在复合材料断口内呈现的“拔出”形态与图 4－4（d）透射照片内 GNPs 与基体间的界面结构，可以认为本研究 GNPs 与 Mg 基体属于单纯的机械结合。单纯机械结合的界面相比调控处理的界面，其强度较低，但与其他增强体相比，GNPs 具有独特的表面褶皱形态［见图 4－4（a）与（c）］，其表面的沟壑起伏可与基体形成紧密互锁，从而实现 GNPs 对基体的有效载荷传递。根据纤维增强型复合材料的剪切-延滞模型（Shear－lag model），拉伸应力由基体到纤维是通过界面切应力来传递。应力沿着纤维两端不断增加，直到纤维中间达到最大[23]。纤维在基体中被拔出或者拔断的判据为纤维是否达到临界长度（l_c），临界长度条件下纤维中间的最大应

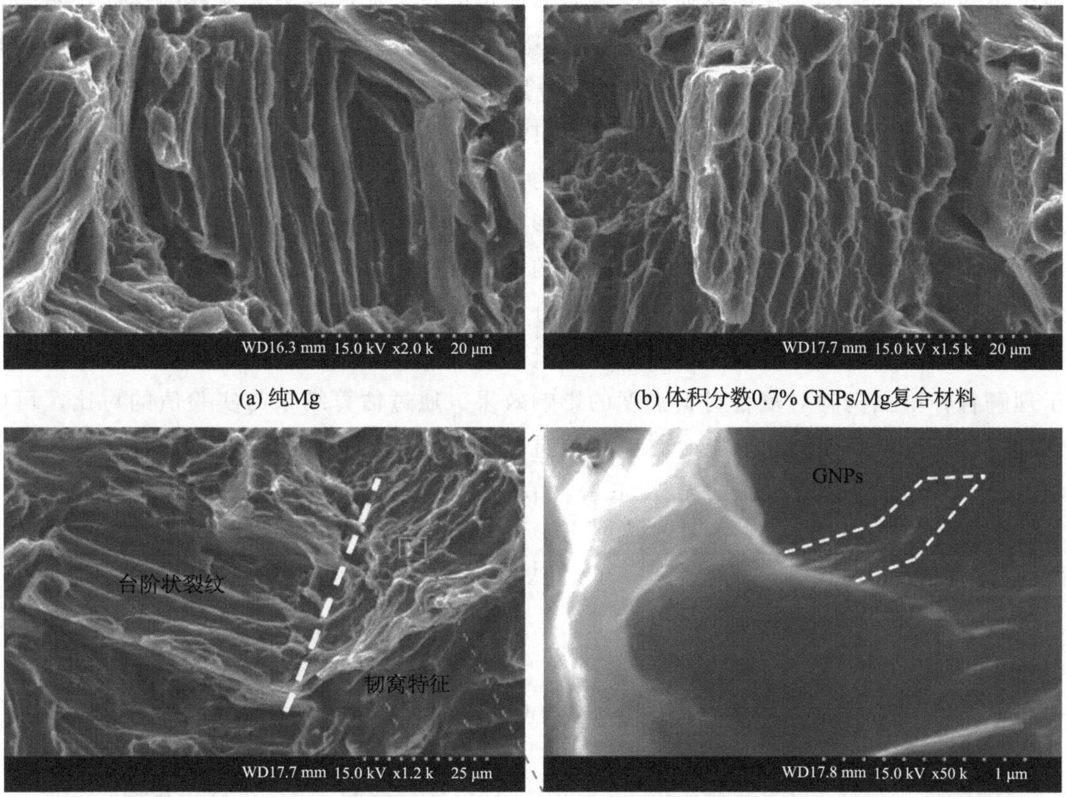

(a) 纯Mg　(b) 体积分数0.7% GNPs/Mg复合材料

(c) 体积分数1.6% GNPs/Mg复合材料　(d) 分图(c) 的高分辨率SEM图像表明，GNPs从断裂面突出

图 4 - 14　挤压态纯 Mg 及复合材料的拉伸断口

力与其断裂强度相等，可通过 Kelly 与 Tyson 提出的公式计算[24]：

$$\frac{l_c}{d}=\frac{\sigma_f}{2\tau_m} \tag{4-2}$$

式中　d——GNPs 的直径（μm）；

σ_f——GNPs 的抗拉强度（MPa）；

τ_m——基体的剪切强度，$\tau_m=\sigma_m/M$，σ_m 为基体屈服强度，M 为泰勒因子，对于具有基面织构的多晶体，M 可取 2.1～2.5[25]。

GNPs 的直径取 1～3 μm，GNPs 的抗拉强度取 30 GPa[26,27]，因此，假设 GNPs 为长条带状，代入计算式得 l_c = 625 μm。显然，该临界长度已经远大于 GNPs 的平面方向尺寸，故复合材料中 GNPs 上加载的应力将远无法达到其断裂强度，因此复合材料断口中的 GNPs 大多采用拔出机制。而在达到均匀分散条件下，采用大尺寸的 GNPs 则可以提升 GNPs 的载荷传递效率[28]。

4.5.3　复合材料的增强机制

由于材料的屈服强度对其微观组织结构非常敏感，增强体的加入导致了复合材料基体微观组织的变化，这种变化能够通过改变基体原位的行为而改变复合材料的性能。复合材料屈服强度提升由多种因素共同作用，主要影响因素有晶粒细化、载荷传递、热错配与 Orowan 强化机制。图 4－15 为复合材料的增强机制分析。由图可见，复合材料屈服强度的计算结果相对实验结果偏高，误差在 20 MPa 左右。产生误差主要有三个原因，首先是该模型在估算增强效果方面的不精确性带来的系统误差。其次是本研究中复合材料的增强效果未考虑基面纤维织构弱化对强度降低的影响。另外，该模型使用的假设与实际复合材料的具体状态存在差异。例如对于复合材料的载荷传递效果，模型的假设条件为 GNPs 的片层排列方向与外部载荷方向一致。由于复合材料中 GNPs 的片层排列方向与拉伸应力方向并非完全一致，因此就会出现计算结果过量。对复合材料屈服强度进行计算的主要目的在于理解各种增强机制对复合材料强度的影响效果。通过估算结果与实验值的对比，可以验证计算获得的各增强因素对复合材料增强贡献比例是合理的。

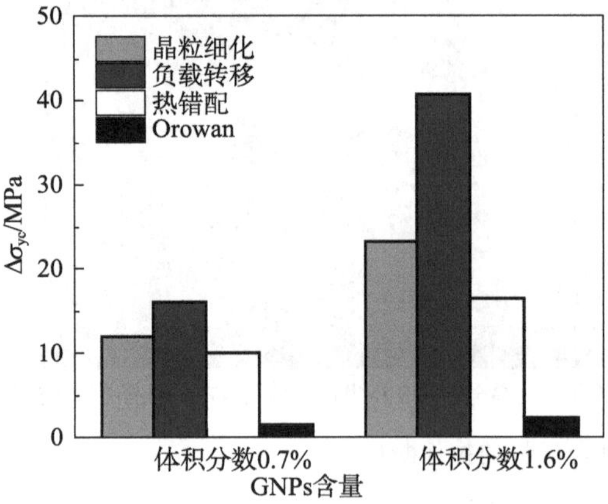

(a) 屈服强度根据不同的强化机制而增加

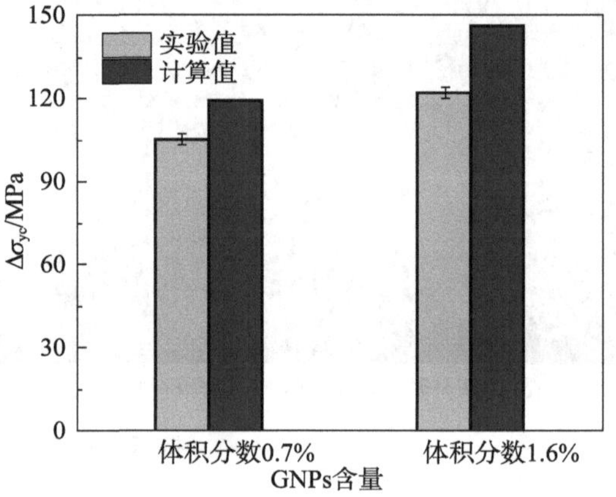

(b) σ_{yc}的计算值与实验值的比较(误差条表示三个数据集的标准差)

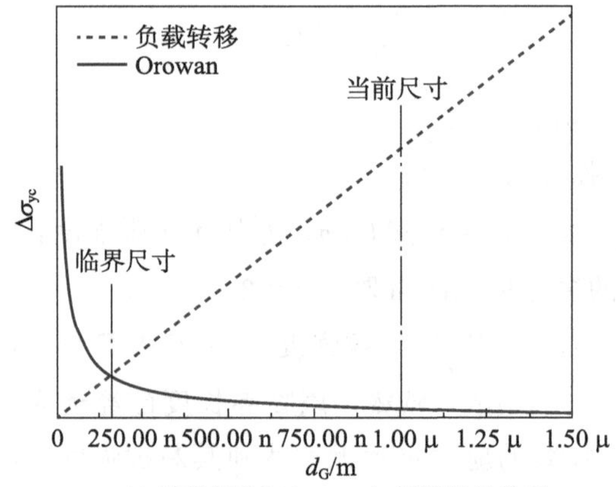

(c) 载荷传递与Orowan加固效果的关系

图 4－15　复合材料的增强机制分析

值得注意的是，GNPs 的 Orowan 强化机制在各种增强机制里显得微不足道。尽管对于绝大部分纳米颗粒增强体或碳纳米管，Orowan 强化机制通常是最主要的增强机制。由于挤压后复合材料内的大部分 GNPs 沿着挤压方向排布，而基体则呈现为基面纤维织构，因此可以认为大部分 GNPs 与 Mg 基体晶粒的基面近似平行。在这种情况下，当 Mg 基体进行基面滑移时，GNPs 的横向尺寸越大，Orowan 强化作用就越不明显。相同体积分数 GNPs 的 Orowan 强化与载荷传递效果分别与其横向尺寸的关系如图 4－15（c）所示。如图所示，仅当 GNPs 的横向尺寸减至 100 nm 以下时，Orowan 强化效果才会超过载荷传递且产生大幅度增长。

根据计算结果，载荷传递机制始终是复合材料屈服强度增量的主要贡献因素，这也是 GNPs 作为二维结构增强体的优势所在。随着 GNPs 含量增加，各增强因子对复合材料屈服强度的贡献值都有所增加，但是载荷传递部分随 GNPs 含量增加的提升显然更加迅速。$\Delta\sigma_{lt}$ 仅与 GNPs 的长厚比及含量有关，二维结构 GNPs 的长厚比值较其他类型增强体要高。因此 GNPs 含量仅有略微的增加，都能使 $\Delta\sigma_{lt}$ 获得可观的增幅。另一方面，GNPs 的表面褶皱结构使其与基体以曲折界面形式接触，在复合材料的拉伸过程中，GNPs 能够通过与基体的机械锁定而加强载荷传递效果。

4.5.4　复合材料的增韧机制

复合材料拉伸延伸率的提升与多种因素有关，既有 GNPs 直接发挥的作用，也有 GNPs 通过影响基体微观组织结构发挥的间接作用。以下从这两个方面分别介绍 GNPs 对复合材料的增韧机制。

一方面，是 GNPs 的直接增韧机制。

图 4－16 为复合材料断口内的 GNPs 形貌，GNPs 在断口内主要呈现三种形态。第一种形态为桥联了裂纹两侧的 GNPs［见图 4－16（a）］。断口中桥联形态的增强体在碳纤维与碳纳米管等长纤维增强型镁基及铝基复合材料中均有报道[29]。长纤维增强体的桥联位于裂纹的扩展前沿，当裂纹扩展时，长纤维增强体通过克服与基体间的摩擦力而拔出，从而消耗裂纹的能量以减缓裂纹的扩展速度[30,31]。由于 GNPs 与基体间的良好结合，GNPs 也能通过桥联方式达到增韧效果。对于第二种形态的 GNPs，从图 4－16 中 GNPs 根部虚线区域可以看出，该 GNPs 经历了被撕裂的过程，此时突出于基体外的 GNPs 部分已成为细长的 GNPs 带。由于 GNPs 的拉伸断裂强度很高，GNPs 的撕裂过程需要消耗大量能量而抵消一部分外部应力的作用，从而延缓复合材料的断裂。GNPs 发生撕裂过程也说明 GNPs 与复合材料界面结合较好。如 4.5.3 节所述，这种良好的界面结合并非产生界面反应后形成，而是来自 GNPs 的表面褶皱形态有助于其牢固锁住基体而形成的机械结合。第三种形态即为整体拔出的 GNPs，与图 4－14（d）相似。因此，通过断口分析结果，GNPs 对复合材料的直接增韧机制有裂纹的桥联、GNPs 的撕裂与拔出。作为二维结构增强体，GNPs 在增韧效果方面的主要优势体现在：首先，巨大的比表面积使其能够进行相当大程度的撕裂与桥联的过程，可以达到充分延缓裂纹的扩展速度的效果。其次，GNPs 巨大的比表面积能够使其在拔出过程中消耗更多的摩擦功。再次，GNPs 的表面褶皱平直化能为 GNPs 撕裂与桥联过程提供一定变形伸缩度。

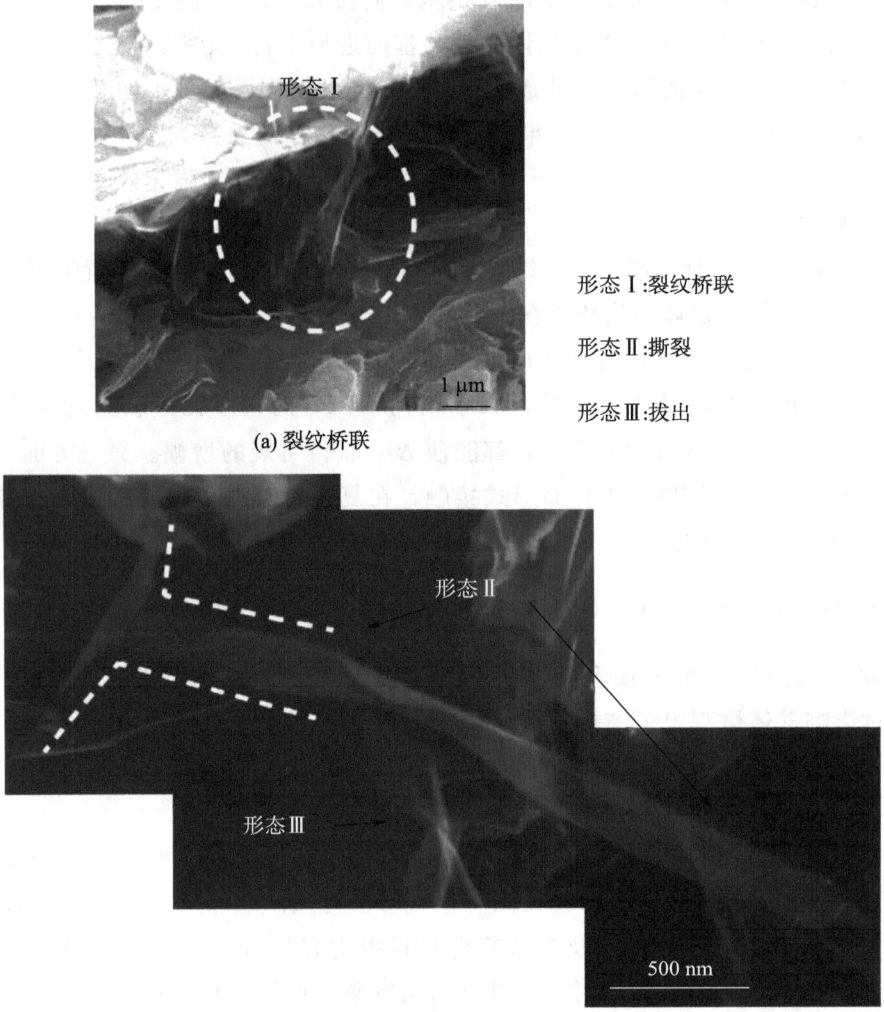

(a) 裂纹桥联

(b) 撕裂和拔出

图 4－16　复合材料断口内的 GNPs 形态

另一方面，是 GNPs 的间接增韧机制。

由于 GNPs 与 Mg 基体不发生化学反应，GNPs 对 Mg 基体的间接增韧作用通过影响 Mg 基体的微观结构进而影响变形方式而进行。

（1）基面<a>滑移

(0001)⟨11$\bar{2}$0⟩ 基面滑移是 Mg 最主要的变形方式，当 Mg 的晶粒有利于基面滑移的取向时，基面滑移即可发生。晶体的滑移则是在切应力作用下进行。只有当外力在某一滑移系中的分切应力达到 CRSS 值时，该滑移系才可开动滑移。而在滑移面、滑移方向上的等效切应力 τ 与作用在晶体上的单向正应力 σ 的比值可用 Schmid 因子描述。因此，Schmid 因子的大小决定了该取向晶体的滑移难易程度。图 4－17 表示了挤压态 Mg 及体积分数 0.7%及 1.6% GNPs 复合材料在外部应力平行于 ED 方向时，(0001)⟨11$\bar{2}$0⟩ 基面滑移系的 Schmid 因子分布情况。

对于挤压态的纯 Mg [见图 4－17 (a)]，由于挤压过程导致其形成了基面纤维织构 [见图 4－9 (a)]，因此当外力施加于 ED 方向时，大部分晶粒的 (0001)〈11$\bar{2}$0〉基面滑移系 Schmid 因子都集中于较低值位置，且 Schmid 因子呈现出"斜坡"状分布。这说明经过热挤压过程，Mg 中的晶粒通过滑移与孪生变形（主要是滑移过程），逐渐转动到基面纤维织构位置，Mg 中不同取向晶粒的含量分布从低 Schmid 因子区到高因子区均匀渐变。对于图 4－17 (b) 所示体积分数 0.7% GNPs 复合材料，取向为低 Schmid 因子值的晶粒依然占有较大比例，但是在高 Schmid 因子范围的晶粒含量开始增加。随着 GNPs 含量（体积分数）增至 1.6%，高 Schmid 因子范围区域的晶粒含量进一步增加，且低 Schmid 因子范围区域的晶粒比例则显著减小 [见图 4－17 (c)]。当复合材料中高 Schmid 因子区的晶粒比例逐渐增大时，则有更多的晶粒处于易基面滑移的位向。在随后外力加载情况下则更容易产生均匀塑性变形。值得注意的是，不同于挤压态纯 Mg Schmid 因子的"斜坡"状分布，复合材料的 Schmid 因子呈现为"锯齿"状分布，低 Schmid 因子区晶粒比例减小而突发性地转换到高 Schmid 因子范围区。由于孪生具有使晶体方向发生突变的作用，因此复合材料挤压过程中大量出现的孪生是造成 Schmid 因子分布突变的主要原因。

图 4－18 取自挤压态复合材料的局部区域。图中包含沿 ED 方向拉伸的 (0001)〈11$\bar{2}$0〉滑移系 Schmid 因子与晶界类型图。图 4－18 (a) 中高 Schmid 因子区为黑色，低 Schmid 区为灰白色。根据 4.4.2 节的分析结果，对于 {10$\bar{1}$2} 拉伸孪生，发生孪生的孪晶区域具有纤维织构的取向，而未发生孪生的母相区域则远离纤维织构取向。通过对比拉伸孪生系统母相与孪晶部分的 Schmid 因子值，母相部分具有较高的 Schmid 因子值，容易发生基面滑移；而孪晶部分则 Schmid 因子值较低，不易发生基面滑移。{10$\bar{1}$1} 压缩孪生则恰好相反，发生孪晶的部分具有较高的 Schmid 因子值，基面滑移容易进行。由于 {10$\bar{1}$2} 拉伸孪生占有复合材料中孪生比例的绝大多数，Schmid 因子分布的突变主要由拉伸孪生导致。GNPs 对复合材料基面滑移的改善作用可归纳为热挤压过程中 GNPs 诱发 Mg 基体生成大量拉伸孪生，拉伸孪生系统中的母相部分由于处于 ED 方向 (0001)〈11$\bar{2}$0〉基面滑移的高 Schmid 因子区，在随后的拉伸过程中更容易开动基面滑移。

(2) 形变孪生

根据 von Mises 法则，Mg 中的基面滑移所含的三个滑移系并不足以提供多晶均匀变形所需的足够滑移模式。另外还需三个独立的滑移系，多晶体中的每个晶粒才可能通过一般的塑性形变来弥合近邻晶粒间的形状变化。因此，为弥补基面滑移系统的不足，在 Mg 的均匀塑性变形过程中，形变孪晶以及偶然出现的其他非基面滑移系将起到重要作用[29]。由于挤压态纯 Mg 及复合材料都具有基面纤维型织构，纯 Mg 及复合材料中依然存在较多晶粒处于不易发生基面滑移的取向。当外力加载时，材料形变的孪生机制将被激活。外力加载方向平行于 ED，而基面纤维织构的晶粒基面大多平行于 ED。因此材料受拉时，晶体的 c 轴大多处于压应力状态，压缩孪生会成为加载过程中主要的形变孪生形式。由于纯

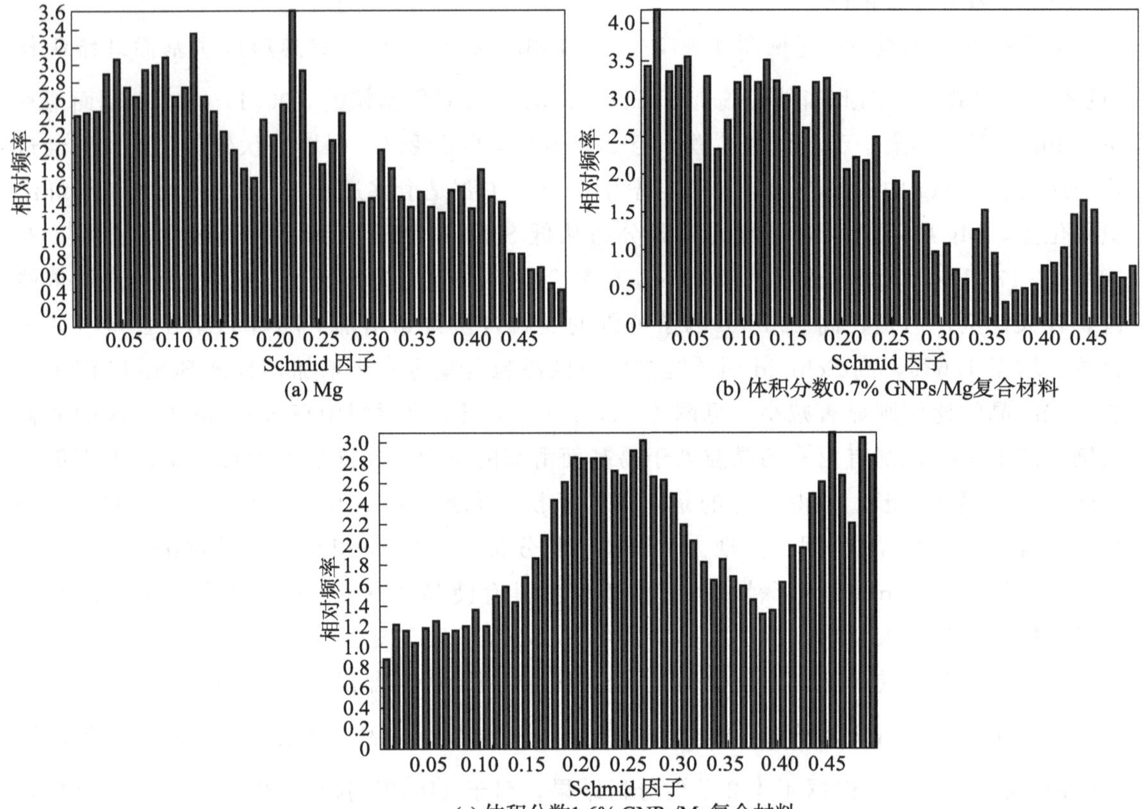

(a) Mg

(b) 体积分数0.7% GNPs/Mg复合材料

(c) 体积分数1.6% GNPs/Mg复合材料

图 4-17 挤压态 Mg 及复合材料的 $(0001)\langle 11\bar{2}0\rangle$ 基面滑移系的 Schmid 因子分布

Mg 的基面纤维织构强度高于复合材料，因此压缩孪生变形在纯 Mg 内更容易发生。压缩孪生的发生会降低 Mg 基体的均匀延伸率，因此对 Mg 基体无增韧效果[32]。

（3）非基面滑移

除了常见的基面滑移与形变孪生，非基面滑移也是 Mg 及镁合金变形的可能方式之一。Mg 可能发生的非基面滑移主要有 $(10\bar{1}0)\langle 11\bar{2}0\rangle$ 柱面＜a＞滑移，位于锥面上的＜a＞型 $(10\bar{1}1)\langle 11\bar{2}0\rangle$ 与＜c + a＞型 $(11\bar{2}2)\langle 11\bar{2}3\rangle$ 滑移。但是由于非基面滑移常具有较高的 CRSS，当温度高于 330 ℃时，非基面滑移才容易被激活。而室温情况下非基面滑移的发生与否则与材料的取向、成分、晶粒尺寸及内应力状态相关。

图 4-19 所示为当外部拉伸载荷平行于 ED 时，挤压态纯 Mg 及复合材料柱面滑移及锥面滑移的 Schmid 因子分布情况。从图中可以看出，由于挤压态纯 Mg 以及复合材料的纤维织构令其晶粒处于不利于发生基面滑移的位向，因此材料中晶粒的非基面滑移系 Schmid 因子均集中于较高值区域。尤其是 $(10\bar{1}0)\langle 11\bar{2}0\rangle$ 柱面滑移系。

为了研究拉伸变形后纯 Mg 及 GNPs/Mg 复合材料的非基面滑移激活情况，分别对经过拉伸后的纯 Mg 及复合材料进行了表面滑移迹线与透射电镜分析，如图 4-20 与图 4-21 所示。

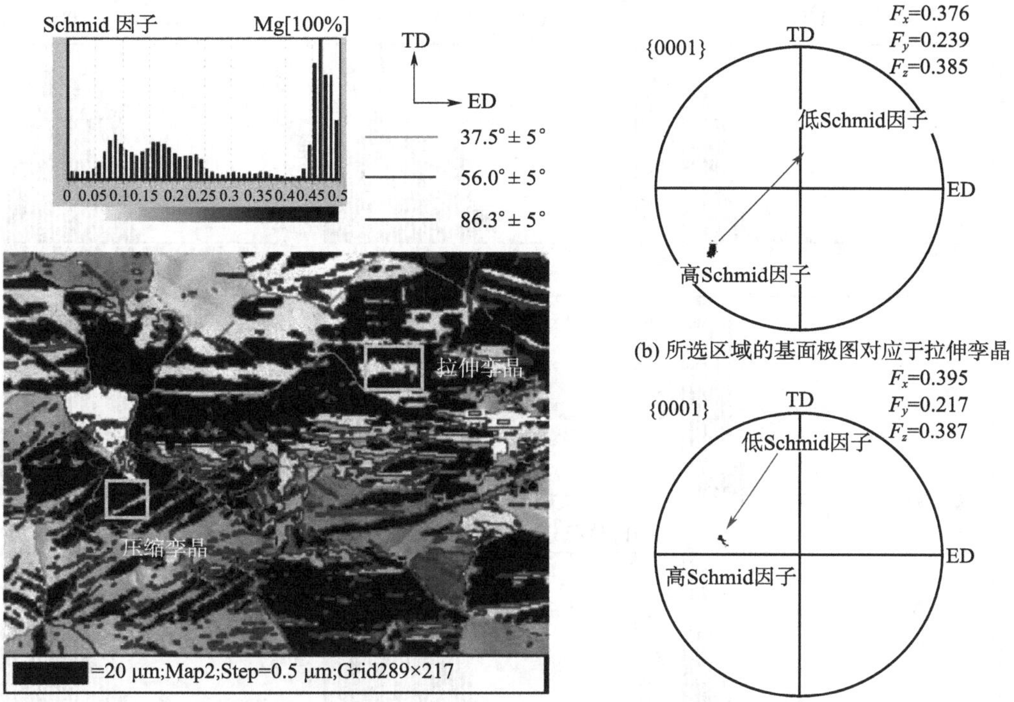

(a) 具有晶界的Schmid因子图

(b) 所选区域的基面极图对应于拉伸孪晶

(c) 所选区域的基面极图对应于压缩孪晶

图 4-18　复合材料中 Schmid 因子与孪生结构对应关系（见彩插）

表面滑移迹线分析结合了变形材料的表面形貌扫描与该区域的 EBSD 取向分析，通过比对表面滑移迹线与其所属晶粒在 $\{0001\}$ 、$\{10\bar{1}0\}$ 及 $\{11\bar{2}2\}$ 极图上的面痕，最接近表面滑移迹线的面痕即可确定为该晶粒滑移面[33]。图 4-20 中可以确定的 $(0001)\langle 11\bar{2}0\rangle$ 基面滑移、$(10\bar{1}0)\langle 11\bar{2}0\rangle$ 柱面滑移及 $(11\bar{2}2)\langle 11\bar{2}3\rangle$ 锥面滑移分别用黄线、蓝线与红线表示于扫描照片上。

对于拉伸后的纯 Mg，通过表面滑移迹线分析能够辨认的主要滑移为基面滑移，这也是纯 Mg 采用的主要变形形式。尽管在表面滑移迹线分析中不易辨认，但是由于纯 Mg 的断裂延伸率达到 7.5%（见图 4-13），因此非基面滑移在其中也会起到重要作用。在纯 Mg 中还存在大片处于强基面织构范围且不发生滑移的“硬取向”晶粒（见图 4-20 的 hcp 取向示意区域），在这些晶粒附近的微裂纹已经开始萌生［见图 4-20（a）］。说明强基面织构导致的形变困难与应力过于集中，使纯 Mg 的进一步均匀变形受到了限制。

对于体积分数 0.7% GNPs 复合材料［见图 4-20（b）］，主要的滑移形式仍然是基面滑移。部分晶粒的 $(10\bar{1}0)\langle 11\bar{2}0\rangle$ 柱面滑移与 $(11\bar{2}2)\langle 11\bar{2}3\rangle$ 锥面滑移已能辨认。某些晶粒内部也开始采取基面滑移+非基面滑移［见图 4-20（b）的晶粒 6］的多滑移系共同变形模式。当 GNPs 含量进一步增加［见图 4-20（c）］时，复合材料的滑移方式依然以基面滑移为主，另有部分晶粒的柱面滑移与锥面滑移参与滑移变形。通过表面滑移迹线的分析能够证实在复合材料内的多种非基面滑移形式均被激活。

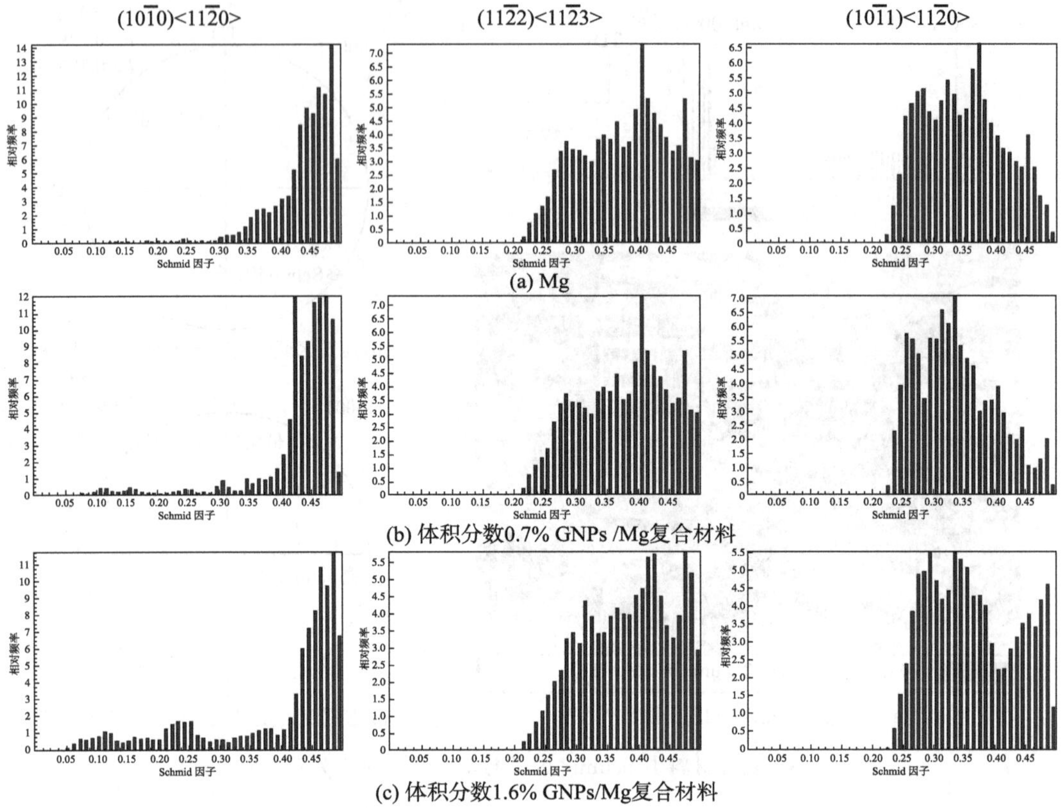

图 4-19　挤压态 Mg 及复合材料的非基面滑移 Schmid 因子分布

采用透射电镜对拉伸后材料内的位错进行定性观察。透射电子束平行于 Mg 基体的 $[01\bar{1}0]$ 或 $[11\bar{2}0]$ 方向入射，在此条件下，镁晶粒的基面与入射电子束方向平行，基面系统与非基面系统上的位错将容易区分。平行于基面面痕的位错即属于基面位错，其余位错则是非基面位错。图 4-21 所示为拉伸变形后纯 Mg 与体积分数 1.6% GNPs 复合材料的透射位错结构照片，基面面痕标注于图中。透射照片都在双光束衍射条件下获得，衍射矢量 $\boldsymbol{g}$ 分别取 $\boldsymbol{g}=0002$ 与 $\boldsymbol{g}=10\bar{1}0$。根据位错不可见判据：$\boldsymbol{g}\cdot\boldsymbol{b}=0$，当 $\boldsymbol{g}=0002$ 时，含有 a 型 Burgers 矢量 $\left(\boldsymbol{b}=\frac{1}{3}\langle 11\bar{2}0\rangle\right)$ 的位错不可见。而当 $\boldsymbol{g}=10\bar{1}0$ 时，含有 c 型 Burgers 矢量（$\boldsymbol{b}=[0001]$）的位错不可见[34]。

对于纯 Mg［见图 4-21（a）、（b）］，当 $\boldsymbol{g}=0002$ 时，晶粒内无可分辨位错，而当 $\boldsymbol{g}=10\bar{1}0$ 时，晶粒内出现位错结构，这些位错具有 a 型 Burgers 矢量。其中大部分平行于 Mg 基面的位错即为基面<a>位错。另外，$\boldsymbol{g}=10\bar{1}0$ 的透射照片里还有一部分连接于基面面痕之间的位错，它们在 $\boldsymbol{g}=0002$ 时也不可见，这些位错同样具有 a 型 Burgers 矢量。因此，这些位错为柱面<a>位错，如图 4-21（b）中虚线框所示。由此可以确定纯 Mg 拉伸变形过程中非基面滑移系的激活。

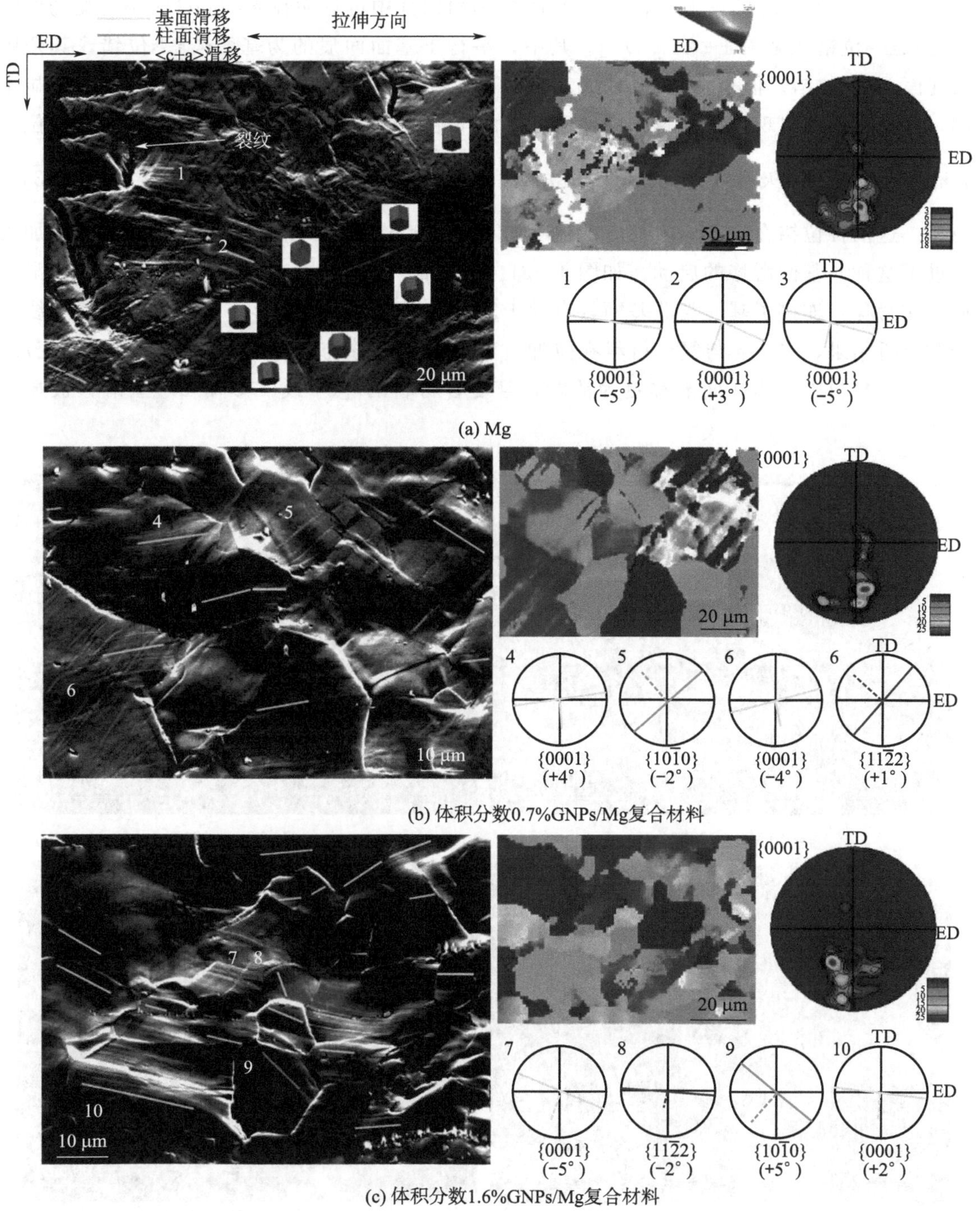

图 4-20　拉伸变形后纯 Mg 及复合材料的表面滑移迹线分析（见彩插）

注：括号中的数字是滑动轨迹和平面轨迹之间的偏差。

图 4-21（c）、（d）为体积分数 1.6% GNPs 复合材料。不同衍射矢量条件下的透射照片里均可观察到位错，因此含有 a 型与 c 型 Burgers 矢量的位错同时存在于拉伸后的复

合材料中。与纯 Mg 的情况一样，$\boldsymbol{g}=10\bar{1}0$ 的透射照片中可见而在 $\boldsymbol{g}=0002$ 时不可见的位错均为＜a＞位错［见图 4-21（d）］。其中，平行于基面面痕的为基面＜a＞位错，其余则为柱面＜a＞位错。但是，在 $\boldsymbol{g}=0002$ 条件下，复合材料与纯 Mg 的位错结构具有明显不同。复合材料内出现许多穿越不同基面之间的位错结构，根据位错不可见判据，这些位错含有 c 型 Burgers 矢量，因此为［c］型（$\boldsymbol{b}=[0001]$）或＜c＋a＞型（$\boldsymbol{b}=\frac{1}{3}[\bar{2}11\bar{3}]$）位错。这两种位错在纯 Mg 中的启动程度均不如＜a＞型位错普遍[35]。因此 GNPs 的加入促进了这种非基面滑移的启动。如图 4-21（c）中的［c］或＜c＋a＞位错可在不同滑移面上交滑移，连接了基面与非基面，有助于复合材料的进一步变形。综合表面滑移迹线与透射分析结果，纯 Mg 与复合材料在拉伸过程中基面滑移与非基面滑移均参与塑性变形，但是复合材料中的非基面滑移更为活跃，且复合材料的［c］或＜c＋a＞型滑移被显著激活。

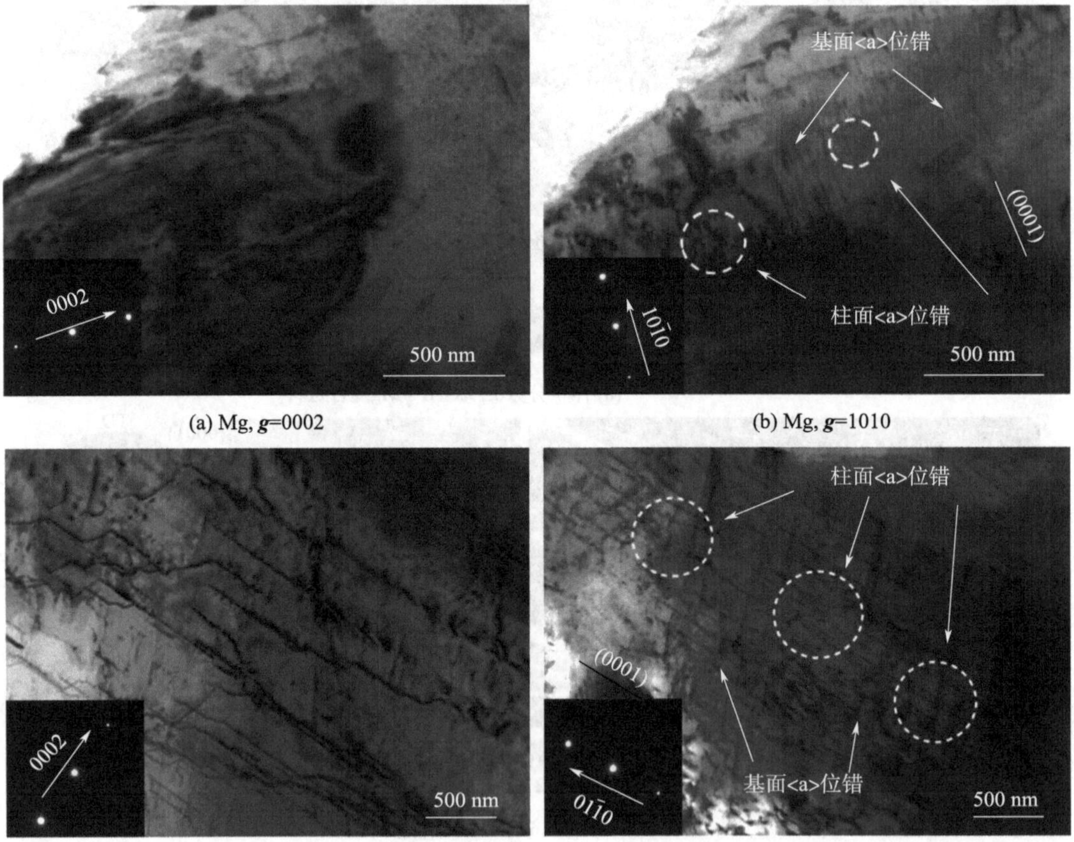

(a) Mg, $\boldsymbol{g}$=0002　　(b) Mg, $\boldsymbol{g}$=1010

(c) 体积分数1.6% GNPs/Mg复合材料, $\boldsymbol{g}$=0002　　(d) 体积分数1.6% GNPs/Mg复合材料, $\boldsymbol{g}$=0110

图 4-21　拉伸纯 Mg 与复合材料的位错结构

GNPs 的加入对复合材料滑移方式的影响可以结合晶体的滑移过程来解释。原子在滑移面上从 A 位置滑移至 B 位置时，若原子沿着滑移方向直线行进，那么原子需要直接越过滑移方向上原子的顶端，然后到达距离 A 单位点阵 $\boldsymbol{b}_1$ 处的位置 B。由于以上方式所需能量较高，实际情况是 A 原子首先运动到中间原子间隙处的“低谷”C 位置，然后再由“低谷”C 位置运动到终点位置 B[36]。单位点阵 $\boldsymbol{b}_1$（AB）即可通过矢量 $\boldsymbol{b}_2$（AC）和 $\boldsymbol{b}_3$（CB）所代表的两步移动到达。Burgers 矢量为 $\boldsymbol{b}_1$ 的全位错则按下述反应式分解为 Burgers 矢量为 $\boldsymbol{b}_2$ 和 $\boldsymbol{b}_3$ 的两条 Schockley 不全位错

$$\boldsymbol{b}_1(\mathrm{AB}) \rightarrow \boldsymbol{b}_2(\mathrm{AC}) + \boldsymbol{b}_3(\mathrm{CB}) \tag{4-3}$$

根据 Frank 法则，$\boldsymbol{b}_2^2 + \boldsymbol{b}_3^2 > \boldsymbol{b}_1^2$，这种分解反应在能量上是有利的。位错的滑移运动则成为夹有一片层错带的一对不全位错的运动。领先不全位错产生层错，然后尾随其后的不全位错使层错消失，滑移完成后总滑移量依然为 $\boldsymbol{b}_1$[37]。若滑移面上的层错难以形成而遏制了式（4－3）分解的发生，则导致该滑移面具有较高的 CRSS。根据第一性原理计算，纯 Mg 具有较低的基面层错能 34 $\mathrm{mJ \cdot m^{-2}}$，非基面层错能则高出几个数量级且层错不稳定[38]。因此非基面滑移仅在高应力、高温或者基面滑移取向不利情况下才有可能发生。目前亦有研究证实固溶原子或者增强体在 Mg 基体中构成的附加弹性应变场有利于其形成非基面滑移[3,6,35,39]。

另一方面，由于纯 Mg 的基面层错能较低，基面位错的滑移扩展到别的滑移面进行交滑移比较困难，这是因为 Schockley 不全位错矢量仅坐落在一个（0002）面内。因此图 4－21（b）所示纯 Mg 位错结构基本均为平行于基面面痕的直线。图 4－21（c）与（d）中则可见复合材料内基面之间的交滑移。发生交滑移的条件是扩展位错必须在它本身的层错面上收缩起来，从而缩集处的全位错可在其他面上自由运动。缩集的形成与能量有关，例如高层错能、高温或者高应力条件[37]。GNPs 构成的附加应力场有助于把这些不全位错聚拢到一起而发生交滑移。不同于面心立方金属的位错交滑移可以在一系列等效｛111｝面间转换，Mg 密排六方的晶体结构决定了其基面位错的交滑移将会过渡至非基面[19]，从而形成了复合材料内交滑移与非基面滑移共同存在的位错结构。

综上所述，GNPs 对复合材料的间接增韧机制为：1）GNPs 加入导致复合材料基面纤维织构弱化，复合材料的基面滑移能力得以加强；2）GNPs 构成的附加应力场促进了复合材料内非基面滑移激活。与此同时，结合 GNPs 对复合材料的直接增韧机制，复合材料的延伸率因此提高。

参考文献

[1] HO K, GUPTA M, SRIVATSAN T S. The mechanical behavior of magnesium alloy az91 reinforced with fine copper particulates [J]. Materials Science and Engineering: A, 2004, 369 (1-2): 302-308.

[2] SANKARANARAYANAN S, JAYALAKSHMI S, GUPTA M. Effect of nano-al2o3 addition and heat treatment on the microstructure and mechanical properties of mg-(5.6 ti + 3al) composite [J]. Materials Characterization, 2013 (75): 150-164.

[3] GOH C, WEI J, LEE L, et al. Properties and deformation behaviour of mg-y2o3 nanocomposites [J]. Acta Materialia, 2007, 55 (15): 5115-5121.

[4] PARAMSOTHY M, CHAN J, KWOK R, et al. Addition of cnts to enhance tensile/compressive response of magnesium alloy zk60a [J]. Composites Part A: Applied Science and Manufacturing, 2011, 42 (2): 180-188.

[5] GOH C, WEI J, LEE L, et al. Development of novel carbon nanotube reinforced magnesium nanocomposites using the powder metallurgy technique [J]. Nanotechnology, 2005, 17 (1): 7.

[6] GOH C, WEI J, LEE L, et al. Ductility improvement and fatigue studies in mg-cnt nanocomposites [J]. Composites Science and Technology, 2008, 68 (6): 1432-1439.

[7] FERRARI A C. Raman spectroscopy of graphene and graphite: Disorder, electron-phonon coupling, doping and nonadiabatic effects [J]. Solid State Communications, 2007, 143 (1-2): 47-57.

[8] DAI L, LING Z, BAI Y. Size-dependent inelastic behavior of particle-reinforced metal-matrix composites [J]. Composites Science and Technology, 2001, 61 (8): 1057-1063.

[9] FERGUSON J, KAPTAY G, SCHULTZ B F, et al. Brownian motion effects on particle pushing and engulfment during solidification in metal-matrix composites [J]. Metallurgical and Materials Transactions A, 2014 (45): 4635-4645.

[10] OBARA T, YOSHINGA H, MOROZUMI S. $\{11\bar{2}2\} < 1123 >$ slip system in magnesium [J]. Acta Metallurgica, 1973, 21 (7): 845-853.

[11] BARNETT M. A taylor model based description of the proof stress of magnesium az31 during hot working [J]. Metallurgical and Materials Transactions A, 2003 (34): 1799-1806.

[12] ULACIA I, DUDAMELL N, GÁLVEZ F, et al. Mechanical behavior and microstructural evolution of a mg az31 sheet at dynamic strain rates [J]. Acta Materialia, 2010, 58 (8): 2988-2998.

[13] STANFORD N, SOTOUDEH K, BATE P S. Deformation mechanisms and plastic anisotropy in magnesium alloy az31 [J]. Acta Materialia, 2011, 59 (12): 4866-4874.

[14] CHOI S-H, KIM D, LEE H, et al. Evolution of the deformation texture and yield locus shape in an az31 mg alloy sheet under uniaxial loading [J]. Materials Science and Engineering: A, 2009,

526 (1－2): 38－49.

[15] 何杰军 . Az31 镁合金的形变孪生行为及孪生机制 [D]. 重庆: 重庆大学, 2014.

[16] 潘金生, 仝健民, 田民波 . 材料科学基础 [M]. 北京: 清华大学出版社, 1998.

[17] HAN G, SHEN J, YE X, et al. The influence of cnts on the microstructure and ductility of cnt/mg composites [J]. Materials Letters, 2016 (181): 300－304.

[18] SHIN S, CHOI H, SHIN J, et al. Strengthening behavior of few－layered graphene/aluminum composites [J]. Carbon, 2015 (82): 143－151.

[19] BETTLES C, BARNETT M. Advances in wrought magnesium alloys: Fundamentals of processing, properties and applications [M]. Leiden: Elsevier, 2012.

[20] CALLISTER JR W D. Materials science and engineering an introduction [M]. Hobokon: John Wiley & Sons, 2007.

[21] LI C, WANG X, LIU W, et al. Microstructure and strengthening mechanism of carbon nanotubes reinforced magnesium matrix composite [J]. Materials Science and Engineering: A, 2014 (597): 264－269.

[22] YUAN Q－H, ZHOU G－H, LIAO L, et al. Interfacial structure in az91 alloy composites reinforced by graphene nanosheets [J]. Carbon, 2018 (127): 177－186.

[23] CLYNE T W, WITHERS P J. An introduction to metal matrix composites [M]. Gambridge: Cambridge University Press, 1993.

[24] KELLY A, TYSON A W. Tensile properties of fibre－reinforced metals: Copper/tungsten and copper/molybdenum [J]. Journal of the Mechanics and Physics of Solids, 1965, 13 (6): 329－350.

[25] CÁCERES C, LUKÁČ P. Strain hardening behaviour and the taylor factor of pure magnesium [J]. Philosophical Magazine, 2008, 88 (7): 977－989.

[26] LI Z, FAN G, GUO Q, et al. Synergistic strengthening effect of graphene－carbon nanotube hybrid structure in aluminum matrix composites [J]. Carbon, 2015 (95): 419－427.

[27] JIANG L, LI Z, FAN G, et al. The use of flake powder metallurgy to produce carbon nanotube (cnt) /aluminum composites with a homogenous cnt distribution [J]. Carbon, 2012, 50 (5): 1993－1998.

[28] GONG L, KINLOCH I A, YOUNG R J, et al. Interfacial stress transfer in a graphene monolayer nanocomposite [J]. Advanced Materials, 2010, 22 (24): 2694－2697.

[29] DENG C, WANG D, ZHANG X, et al. Processing and properties of carbon nanotubes reinforced aluminum composites [J]. Materials Science and engineering: A, 2007, 444 (1－2): 138－145.

[30] 李海鹏 . 碳纳米管在铝基体上原位合成及其复合材料的组织与性能 [D]. 天津: 天津大学, 2008.

[31] NAJI H, ZEBARJAD S, SAJJADI S. The effects of volume percent and aspect ratio of carbon fiber on fracture toughness of reinforced aluminum matrix composites [J]. Materials Science and Engineering: A, 2008, 486 (1－2): 413－420.

[32] BARNETT M. Twinning and the ductility of magnesium alloys: Part ii. "Contraction" twins [J]. Materials Science and Engineering: A, 2007, 464 (1－2): 8－16.

[33] KESHAVARZ Z, BARNETT M R. Ebsd analysis of deformation modes in mg－3al－1zn [J]. Scripta Materialia, 2006, 55 (10): 915－918.

[34] 孟庆昌. 透射电子显微学 [M]. 哈尔滨：哈尔滨工业大学出版社，1998.

[35] AGNEW S R, DUYGULU Ö. Plastic anisotropy and the role of non-basal slip in magnesium alloy az31b [J]. International Journal of Plasticity, 2005, 21 (6): 1161-1193.

[36] 钱临照. 晶体中的位错：重排本 [M]. 北京：北京大学出版社，2014.

[37] HULL D, BACON D J. Introduction to dislocations [M]. Oxford: Butterworth-Heinemann, 2001.

[38] YASI J, NOGARET T, TRINKLE D, et al. Basal and prism dislocation cores in magnesium: Comparison of first-principles and embedded-atom-potential methods predictions [J]. Modelling and Simulation in Materials Science and Engineering, 2009, 17 (5): 055012.

[39] GOH C, GUPTA M, WEI J, et al. The cyclic deformation behavior of mg/y2o3 nanocomposites [J]. Journal of Composite Materials, 2008, 42 (19): 2039-2050.

第5章　气液反应原位合成石墨烯增强镁基复合材料组织与力学性能

5.1　引言

第4章的研究已经充分证明在镁基体中石墨烯均匀分布对于提升复合材料强韧化具有显著作用。但是，无论采用搅拌铸造工艺或是分离熔体沉积工艺，在制备复合材料中均很难高效地实现石墨烯在镁基体中的均匀分布。因此开发新的复合材料制备策略具有重要意义。原位制备工艺是利用体系中相应组分间的化学反应在金属基体中直接合成增强相，往往能够实现增强体的高效复合与分散。因此，如果能够有效地结合液态冶金和原位反应过程的优势，开发一种原位液态冶金工艺，在制备高性能金属基复合材料方面有巨大的潜力。近年来的一些文献报道，利用镁粉在干冰中的燃烧过程可以将 CO_2 转变为石墨烯[1,2]。受这种石墨烯的新型制备工艺的启发，如果将 CO_2 和镁的化学反应过程转移到液态熔体环境中，实现石墨烯在液态镁熔体中的直接合成，将有可能开发出一种镁基复合材料的原位制备工艺。本章将以此为目的，首先构建 CO_2 和镁熔体的气液反应微体系，实现石墨烯在镁熔体中的有序合成，实现镁基复合材料的原位制备。重点研究石墨烯的原位生成与调控规律、在镁基中的分散与界面复合规律，揭示原位石墨烯的强韧化机制，开发出石墨烯增强镁基复合材料的一种新型短流程气液反应原位制备技术。

5.2　复合材料的制备流程

本文中原位自生 GNPs/Mg－6Zn 复合材料由 CO_2 与镁的原位气液反应、压力铸造以及热挤压三个步骤制备得到，实验过程的示意图如图5－1所示。具体的工艺如下：

5.2.1　原位气液反应

首先将纯镁和纯锌锭浸泡到1%的 HNO_3 溶液中进行酸洗，去除金属表面存在的杂质与氧化皮。然后将内部放置有710 g纯镁锭的坩埚置于井式电阻炉的中心部位进行加热，加热温度720 ℃。待纯镁锭充分熔化后加入特定含量的纯锌锭。镁元素与锌元素完全混合均匀，将熔体调整到特定的温度范围内并在此温度保温20 min，保证坩埚表面与心部的熔体温度一致。随后，逐步启动搅拌装置，搅拌速度为100～2 000 r/min，确保镁熔体中产生稳定的漩涡。随后将特定流速的 CO_2 气体通过流量计引入镁熔体中，使得熔融镁充分

地还原 CO_2 气体，促使 CO_2 在镁熔体中不断转化为石墨烯。石墨烯生长结束后，将曝气器从熔融镁中取出，关闭 CO_2 气体，停止机械搅拌。由于整个反应过程是在高温条件下进行的，为了避免镁合金的燃烧和氧化，反应体系需要在 CO_2 和 SF_6 混合气氛的保护下进行，CO_2 和 SF_6 的体积比为 40∶1。

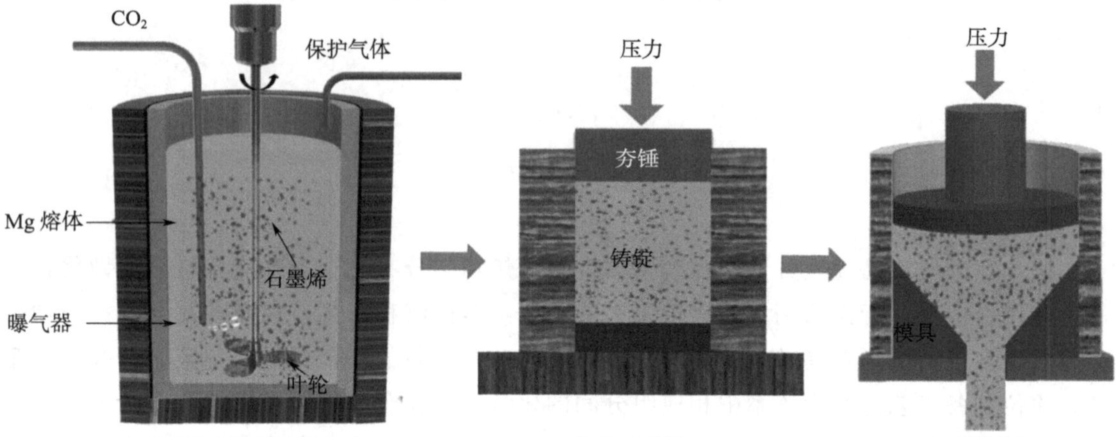

图 5-1 原位自生 GNPs/Mg-6Zn 复合材料的制备流程

5.2.2 压力铸造

将原位反应完成后得到的复合熔体升温至 720 ℃。为了减小铸造过程的宏观缺陷，将复合熔体转移至预热好的模具中进行压力铸造。铸造的模具预热温度为 450 ℃，压力为 100 MPa。

5.2.3 热挤压

利用金属精密热加工重点实验室的 200 t 四柱液压机进行热挤压，挤压方式为正挤压。首先将铸态 GNPs/Mg-6Zn 复合材料加工成直径为 60 mm、厚度为 40 mm 的圆柱形坯料。将加工完成的铸态坯料在 340 ℃下进行均匀化处理 24 h，均匀化处理后立即在冷水中淬火。随后将挤压模具在 250～400 ℃的温度下进行预热，到温后保温 30 min。将均匀化处理的坯料放入模具中继续保温 15 min，保证坯料从表面至心部受热均匀。由于复合材料与挤压模具的接触面上存在较大的摩擦力，容易造成材料的表面开裂，为了减小坯料所受摩擦，在挤压凹模内部与坯料表面均匀涂覆一层石墨油。挤压比为 20∶1、挤压速度为 0.1 mm/s。为了便于比较，采用相同的工艺制备了与原位复合材料相对应的 Mg-6Zn 合金。

5.3 气液反应原位制备石墨烯

5.3.1 石墨烯的合成体系

在镁基体中原位生长石墨烯是本课题能够顺利进行的一个前提。基于前期文献研究发现，虽然镁粉在 CO_2 气氛下的自蔓延燃烧反应能够制备出石墨烯，但在整个制备过程中会在反应瞬间释放大量的热，导致反应体系中温度的剧烈波动，从而无法为形成质量均一的石墨烯提供一个稳定的条件。另外，这种自蔓延合成过程的反应程度也很难精确调整，客观上无法按照设计方案获得特定石墨烯含量的复合材料。为了解决上述问题，必须对反应环境进行改进，从而保证镁热反应能够精确控制，进而实现石墨烯在镁热反应体系中独立有序地转化为石墨烯。因此将 CO_2 气体和金属镁的化学反应过程转移到液态熔体环境中，针对性地设计了如图 5－2 所示的反应装置图，整个反应装置包括镁合金熔化系统、搅拌系统、气体控制系统等三部分。

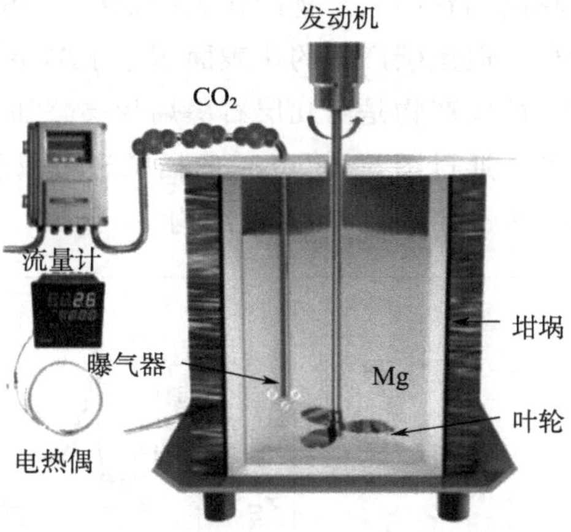

图 5－2 CO_2 气体和镁熔体气液反应过程示意图

本课题中，反应原料被确定为 CO_2 气体和液态镁合金熔体，构建一种独特的 CO_2 和镁熔体的反应体系，这种反应过程命名为“气液反应法”。其化学反应的方程式为

$$2Mg_{(L)} + CO_{2(V)} = 2MgO_{(S)} + C_{(GNPs)}$$

基于构建的 CO_2 和镁熔体的气液反应过程，整个反应体系具备如下特点：

1）反应过程中 CO_2 气体是通过气体管路被曝气装置进给到镁合金熔体，通过 CO_2 在镁熔体中形成的气泡保证了反应物间的充分接触。利用流量计可以对 CO_2 气体的供应速度进行精确调节，从而控制反应产物的生长速度。

2）逐步引入镁熔体中的 CO_2 气体，单位时间内发生化学反应的镁熔体仅占熔体总量十分微小的比例，这种局部的化学反应引起整个体系的能量变化近似可以忽略。因此反应环境是稳定的，从而能够有效控制反应产物质量的均一性。

3）在 CO_2 气体通入镁熔体的过程中引入了机械搅拌。在机械搅拌的作用下，保证气液反应过程中生成的碳产物被运送到非反应区。这使得进给的 CO_2 气体始终能够和新鲜的镁熔体接触，避免了碳产物生成过程中在反应区的局部偏聚，促使气液反应可以持续地进行。

基于上述设计的气液反应体系，能够实现碳产物在镁熔体中独立有序地转化。通过进一步控制整个过程的反应时间，可以定量生成碳产物，从而成功制备出设计组分的复合材料。

5.3.2　碳产物表征

如第 1 章所述，石墨烯具备其特有的形貌与结构特征。通过这些特征可以验证在气液反应过程中生成的碳产物是否为石墨烯。图 5－3（a）为制备的碳产物的 XRD 图谱，从图中可以发现在 26.0°出现了很强的衍射峰，说明碳产物具备优异的结晶程度，通过查阅 pdf 卡片可以确定此峰位与石墨烯（002）面保持着高度的一致性。为了确定合成的碳粉体的比表面积，对样品进行了氮气吸附-脱附实验。如图 5－3（b）所示，由图中吸附曲线与脱附曲线围成的面积可以计算出制备的碳产物的比表面积约为 76 $m^2 \cdot g^{-1}$。这一数值远远大于普通片状石墨的比表面积，但是碳产物的比表面积小于单层石墨烯的理论比表面积，间接说明利用气液反应法制备的碳产物是由几层石墨烯片层叠加在一起的多层石墨烯，故使其有效比表面积变小。另外，通过图 5－3（b）的插图还可以发现在碳产物表面存在着孔径为 4.1 nm，孔体积为 0.07 $cm^3 \cdot g^{-1}$ 的多孔结构。

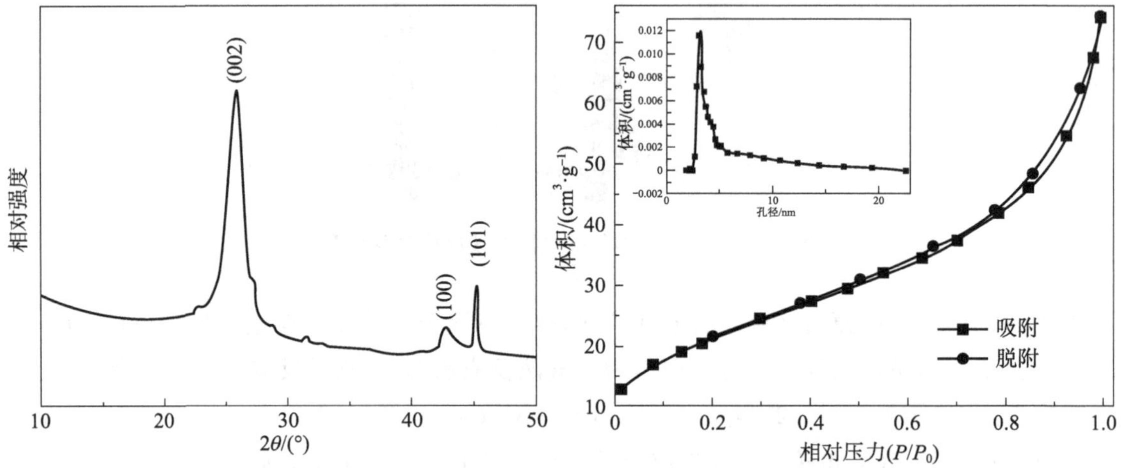

(a) XRD结果　　(b) BET结果

图 5－3　镁熔体中碳产物的结构特征

为了确定制备的碳产物的形貌与厚度，图 5－4 是将经过乙醇分散的石墨烯沉积到单晶硅衬底上的 AFM 结果。AFM 图像展现出制备的碳产物具有明显的二维形貌特征。在其二维表面上进行线扫描厚度测量可以发现，经过分散的二维碳产物的厚度在 3 nm 左右波动，说明气液反应法制备的并非是单层石墨烯，而是层数在 10 层左右的多层石墨烯纳米片。同时，其厚度的波动反映了石墨烯表面并非完全平整的，可能存在着部分的褶皱。

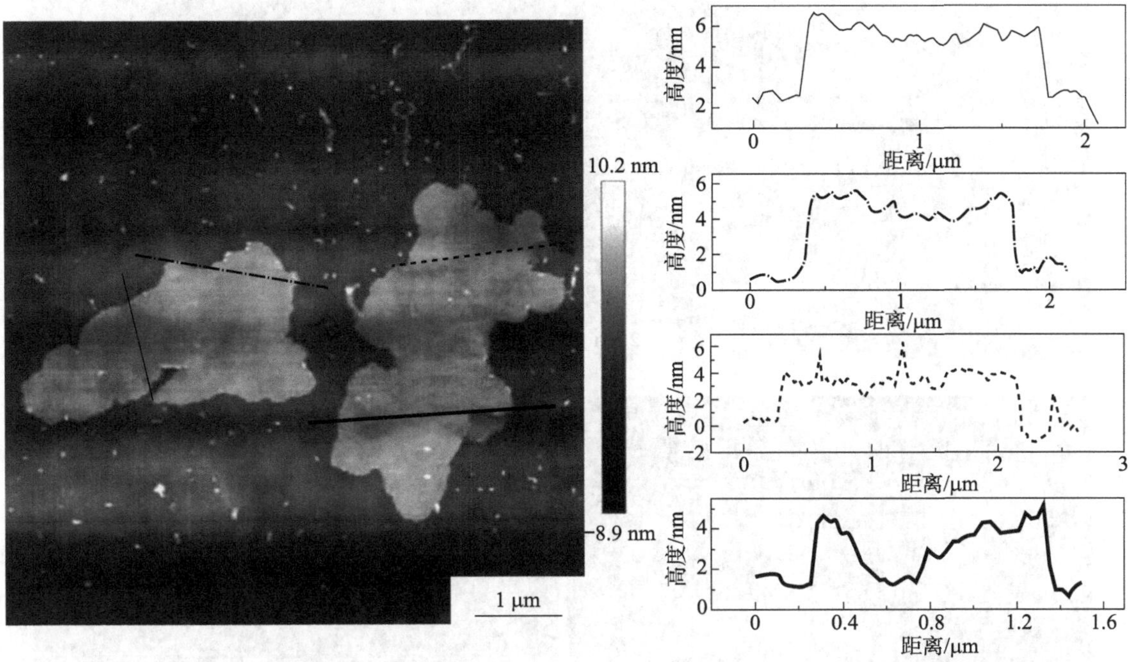

(a) AFM相　(b) 不同位置的高度测试

图 5-4　碳产物原子力显微镜测试

图 5-5 是利用气液反应法所制备出的碳产物的 SEM 图像。从 SEM 图像中能够观察到碳产物呈现为明显的二维弯曲片状结构，说明其最大程度地保持了 sp^2 杂化碳原子在片层方向的尺寸。如图 5-5（d）所示，在石墨烯的表面存在丰富的褶皱和卷曲，这种形貌特征进一步证明了在 AFM 测试时碳产物的厚度发生波动的现象。基于上述结果，能够确定制备的碳产物具备了石墨烯的典型形貌与结构特征。初步证实了以 CO_2 气体为碳源，利用高温镁熔体还原作用，构建的气液反应体系具备合成石墨烯的可行性。下文将进一步对整个反应体系生成的石墨烯的微观结构与反应程度进行深入研究，从而对石墨烯的生成质量和速度进行控制。

5.3.3　熔体温度对石墨烯表面缺陷的影响

温度是影响化学反应进行的首要因素。在本文构建的气液反应体系中，镁熔体的温度对 CO_2 气体的分解，以及碳原子的结晶过程有显著的影响。同时，考虑到本课题最终的目标是获得高性能镁基复合材料，因此对整个反应过程中的温度也有额外要求。石墨烯的合成温度不宜过高，过高的温度会引起镁熔体的燃烧与氧化问题，给制备的复合材料带来很多微观的缺陷，过低的合成温度会导致金属原料不能熔化，失去了开发液态冶金技术的意义。因此石墨烯的合成温度与镁合金的冶炼温度区间可以很好地匹配是必要的。下文将在镁合金冶炼温度区间内研究熔体温度对石墨烯生成质量的影响。

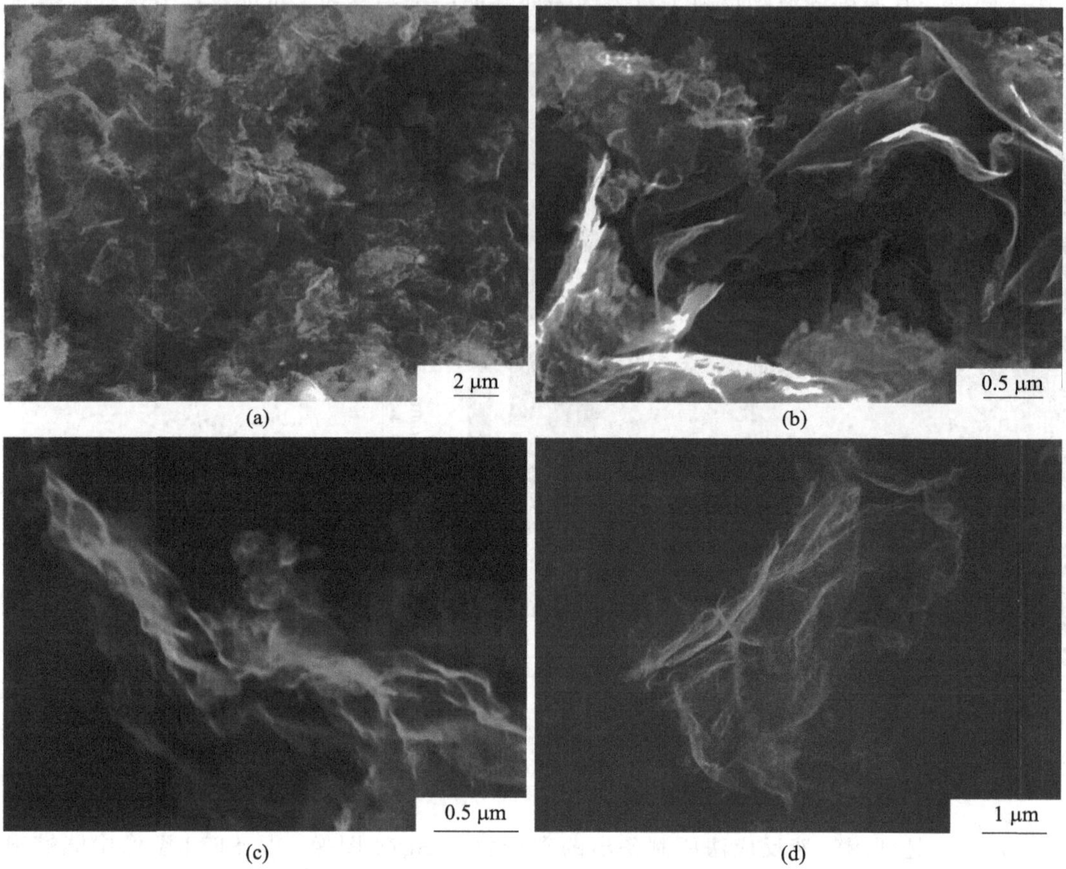

图 5 - 5　原位生成的碳产物的典型形貌

拉曼光谱是研究石墨烯微观结构的有效工具，标准的石墨烯拉曼光谱包含三个典型的特征峰，分别为 D 峰、G 峰和 2D 峰。其中，G 峰为石墨烯最主要的特征峰，是由 sp^2 杂化碳原子的面内振动引起的，可以反映出石墨烯的对称性和结晶程度，G 峰通常在 1 580 cm^{-1} 附近出现；D 峰是由石墨烯面内的键长、键角扰动或空位、边缘等缺陷引起的，可以表征石墨烯表面的结构缺陷，D 峰通常在 1 350 cm^{-1} 附近出现；2D 峰是由边界声子的二阶散射激发而出现的，2D 峰对石墨烯层的 c 轴叠加非常敏感。2D 峰的出现表明碳原子相从无定形碳向石墨化相转变，虽然高结晶程度的石墨也会产生 2D 峰，但是石墨烯的 2D 峰位置有明显向较低波数方向移动的趋势（蓝移现象），石墨烯的 2D 峰出现在 2 678 cm^{-1} 附近，而块状石墨的位置通常在 2 714 cm^{-1} 附近。图 5 - 6（a）是镁熔体在 640～700 ℃温度区间合成石墨烯的拉曼测试结果。不同的合成温度下均能观察到明显与 sp^2 杂化碳原子相关的 G 峰、缺陷诱发的 D 峰。同时能够发现 2D 峰发生明显的蓝移。这些结果进一步确认了气液反应过程中可以成功合成高结晶程度的石墨烯。

另外，可以通过拉曼光谱中 D 峰与 G 峰的比值（I_D/I_G）来研究石墨烯表面的微观缺陷程度。I_D/I_G 的值越小，表明石墨烯的有序度越高，结构完整性越好，反之就表明石墨

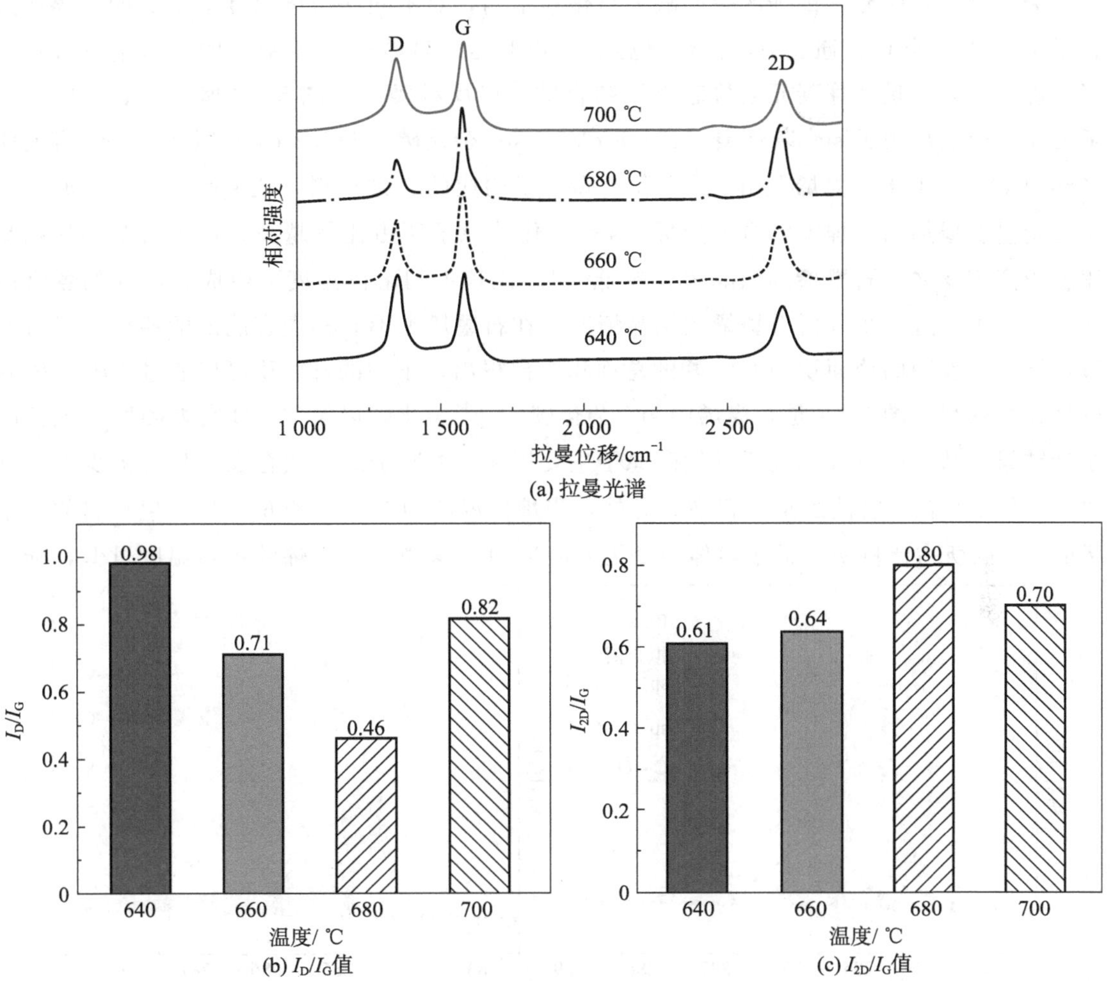

图 5－6　不同温度下制备的石墨烯的拉曼结果

烯表面包含着更多的缺陷。图 5－6（b）是通过拉曼光谱获得的不同熔体温度下生长石墨烯的 I_D/I_G 值。在整个计算过程中，对石墨烯的 G 峰进行了归一化处理，从而保证不同峰强的拉曼数值能够进行相互比较。从图 5－6（b）统计结果可以发现，不同镁熔体温度下合成的石墨烯存在着较大的差别，说明熔体温度对 CO_2 气体的分解与碳原子的结晶过程有很大影响。镁合金熔体温度为 640 ℃ 时，I_D/I_G 值较高，约为 0.98。当温度逐渐升高时，石墨烯表面的缺陷密度不断下降。当温度升高到 680 ℃时，其表面的缺陷程度降到最低，此时 I_D/I_G 的值为 0.46。这说明随着镁熔体温度的升高，原位生成的石墨烯的结晶度逐渐改善，表面的缺陷程度逐渐降低。但是，随着熔体温度进一步升高，石墨烯表面的缺陷又进一步增多。具体的原因还需要在后文进一步讨论。另外，石墨烯的 2D 峰与 G 峰的比值（I_{2D}/I_G）可以用来表征石墨烯的层数。I_{2D}/I_G 的值越高，表明石墨烯的层数越少。如图 5－6（c）所示，不同镁熔体温度下生长的石墨烯的 I_{2D}/I_G 在 0.6～0.8 之间，这一数值要明显高于石墨的 I_{2D}/I_G（0.33），表明制备的石墨烯具有较少的层数[3-6]。

为了进一步研究石墨烯的表面缺陷与化学结构，对不同镁熔体温度下生成的石墨烯进行了 XPS 光谱分析。通过对不同熔体温度下获得的石墨烯样品的 XPS 的 C1s 谱图进行分峰处理，可以定量计算碳元素价态以及结合的官能团种类。如图 5 - 7 所示，制备的石墨烯粉体中分别出现了 sp^2 杂化碳（284.8 eV）、sp^3 杂化碳（285.3 eV）以及 C—O 官能团（286.4 eV）。由于石墨烯是由 sp^2 杂化的碳原子构成的二维材料，故 sp^2 杂化的碳原子含量是衡量石墨烯结晶程度的重要指标，sp^2 杂化碳原子所占比例越高，代表石墨烯的结晶程度越高，反之，石墨烯的结晶程度越低[7-9]。比较不同熔体温度下生成石墨烯的各官能团含量，可以进一步分析石墨烯的结晶情况。在石墨烯中不同种类官能团的相对含量可通过计算该官能团的峰面积与 C1s 峰的总面积之比得出，不同的峰面积可以通过 XPS - Peak 软件直接获得。图 5 - 8 是石墨烯中 sp^2 杂化碳、sp^3 杂化碳以及 C—O 官能团所占比例的统计结果。从图中发现不同样品的碳原子主要以 sp^2 碳原子的形式存在，只有极少部分碳以 sp^3 杂化和含氧官能团形式存在。另外，当熔体温度为 640 ℃和 660 ℃时生长出的石墨烯的 sp^2 碳所占比例明显低于熔体温度为 680 ℃时，这说明石墨烯的生长温度过低，碳原

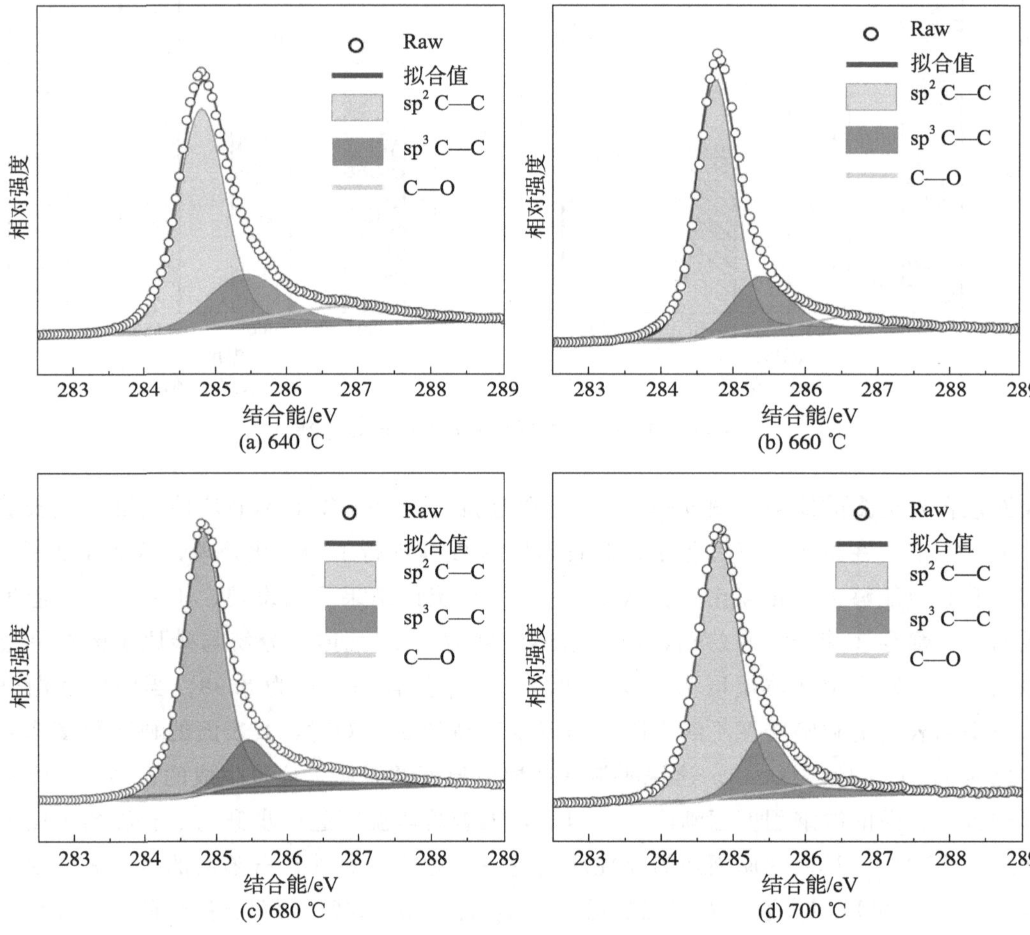

图 5 - 7　不同熔体温度下生长石墨烯的 XPS 的 C1s 谱图（见彩插）

子的结晶程度较差。当镁合金熔体的温度升高到 700 ℃时，石墨烯样品中的 sp^2 碳所占比例与 680 ℃没有明显区别，这说明 680 ℃时就能够保证石墨烯充分结晶。

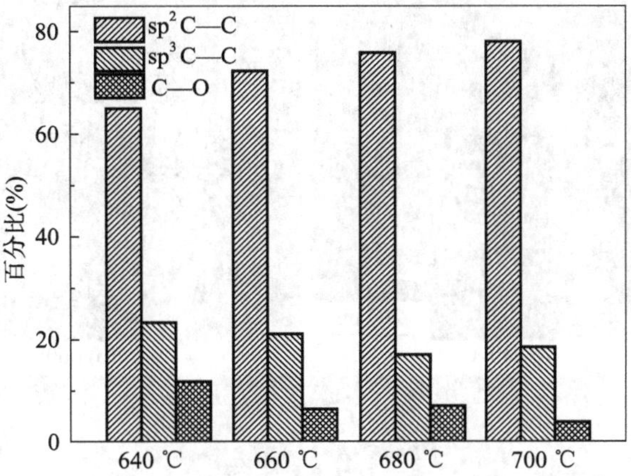

图 5 - 8 不同温度下石墨烯的 sp^2 碳、sp^3 碳及含氧官能团的相对含量

图 5 - 9 是不同镁熔体温度下合成石墨烯粉体的 TEM 像。可以看出，不同条件下石墨烯产物均具备典型的二维形貌特征，同时在其表面能够观察到大量的褶皱与凸起。如图 5 - 9 (a) 所示，当镁合金熔体温度为 640 ℃时，熔体中生成的石墨烯表面较为粗糙，并且覆盖着一层透明度较差的非晶碳。当镁熔体的温度升高到 660 ℃时，非晶碳含量明显降低。当温度升高到 680 ℃时，石墨烯表面的非晶碳完全消失，石墨烯表面变得较为平整并且呈现一定程度的透明性。结合拉曼光谱，可以确定随着镁熔体温度逐渐升高，石墨烯的结晶度逐渐提高，与 TEM 结果中非晶碳逐渐消失具有很好的一致性。另外，熔体温度在 680 ℃时，石墨烯的表面还能够观察到明显的孔洞存在。当镁合金熔体温度进一步升高到 700 ℃时，石墨烯表面孔洞的尺寸与数量有所增加。

通过上述分析，可以确定镁熔体温度为 680 ℃时，石墨烯具有很好的结晶度，呈现出更高的表面质量。因此随着温度由 640 ℃逐渐增加至 680 ℃，石墨烯的表面缺陷逐渐下降。当温度由 680 ℃升高到 700 ℃时，石墨烯表面的孔洞会更加明显，因此拉曼图谱中缺陷程度的增加与这种表面形态有关。Xing 等人发现 CO_2 气体在反应过程中具有双重作用，CO_2 气体既能充当反应物，也能够对已经形成的石墨烯表面进行刻蚀[1]。这种作用也已经被 Zhang 等人证实，他们利用 CO_2 气体对非晶碳选择性的刻蚀作用成功地实现超洁净石墨烯的制备[10]。在气液反应体系中，随着镁熔体温度的升高，CO_2 气体可能与石墨烯表面发生化学反应，从而在石墨烯表面引入部分孔洞。这种效应可以用以下方程来描述：

$$CO_{2(g)} + C_{(s)} = 2CO_{(g)}$$

在较低温度下，石墨烯表面由于结晶度较差还存在着部分非晶碳，这种刻蚀反应优先作用于非晶碳，并不能在石墨烯表面直接观察到微孔的出现。因此熔体温度从 640 ℃逐渐升高至 680 ℃，导致石墨烯的缺陷程度逐渐下降。但是，随着温度从 680 ℃升高到 700 ℃，石墨烯表面没有了非晶碳的覆盖。同时，CO_2 气体局部的刻蚀作用更加剧烈，严

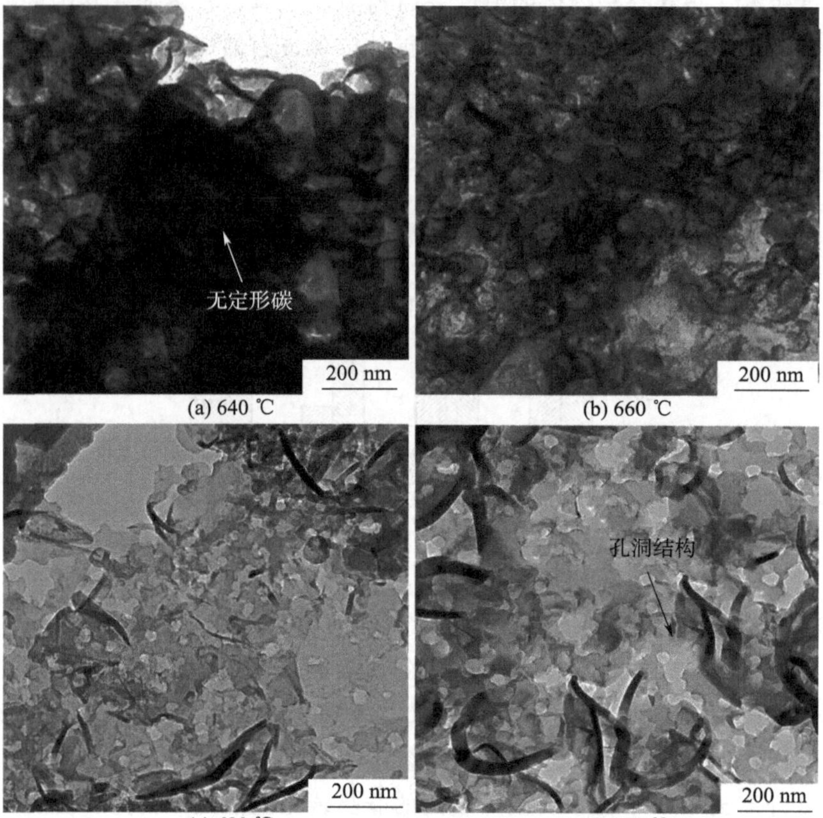

(a) 640 ℃ (b) 660 ℃

(c) 680 ℃ (d) 700 ℃

图 5-9 不同镁熔体温度下石墨烯粉体的 TEM 像

重地破坏了已经结晶完成的石墨烯表面，从而导致石墨烯表面厚度不均甚至形成一些微孔结构，导致该合成温度下，石墨烯的拉曼光谱测试时会观察到更多的缺陷产生。由以上结果可知，当构建 CO_2 气体与镁熔体的气液反应体系的熔体温度为 680 ℃时，生成的石墨烯具有较低的缺陷密度、较高的表面质量。后续研究中可以选择此温度作为石墨烯的转化温度。另外，此温度也是镁合金冶炼的一个较为理想的温度，充分满足后续复合材料制备的需要。

为了更好地理解石墨烯结构，对上述气液反应过程中制备的石墨烯通过 TG-DSC 进行热性能的检测和分析。TG 能够表征出待测物质的质量随温度变化情况，可以研究材料内部的组分和热稳定性。而 DSC 能够反映出在温度变化时，测试样品与标准样品的热流差，能够表征所有与热变化有关的物理与化学现象。如图 5-10 所示，在 TG-DSC 曲线上能够观察到石墨烯有三个典型的放热峰，说明样品存在三个减重阶段。减重的第一个阶段发生在 323 ℃左右，而第二个质量损失阶段在 457 ℃，第三个质量损失阶段在 631 ℃左右，上述三个减重阶段分别对应于 XPS 结果的含氧基团的氧化分解、sp^3 杂化的碳原子的挥发以及石墨烯的碳骨架的燃烧。由于制备的石墨烯表面缺陷和 sp^3 杂化的碳原子的比例相对较少，因此在 631 ℃左右的峰强度明显高于其他的峰强度。

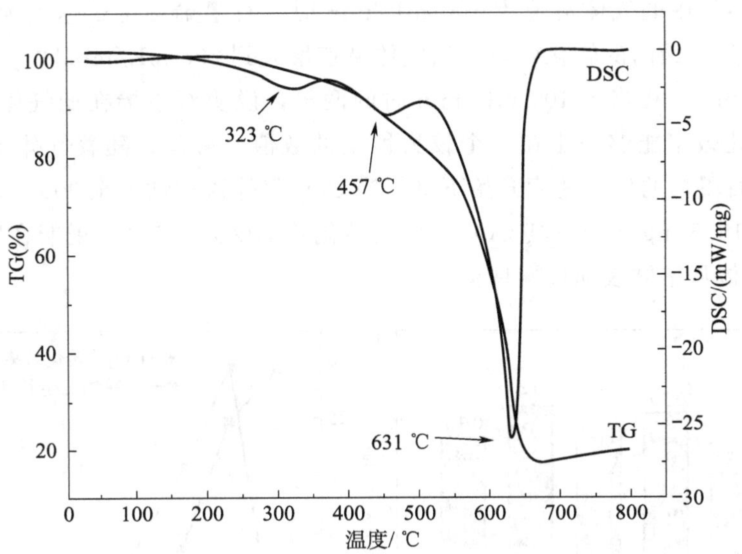

图 5-10　石墨烯样品的 TG-DSC 热分析曲线

5.3.4　气体流速的影响

图 5-11 是在不同 CO_2 气体流速下经过气液反应后生成的石墨烯粉体的拉曼光谱。如图 5-12（a）所示，当气体流速在 100 mL/min 时，石墨烯具有更小的缺陷密度，其 I_D/I_G 值仅为 0.23。随着气体流速的增加，石墨烯的缺陷密度逐渐增加。当气体流速超过 300 mL/min 时，石墨烯的 I_D/I_G 值变化十分微弱，其数值基本维持在 0.4 以下。

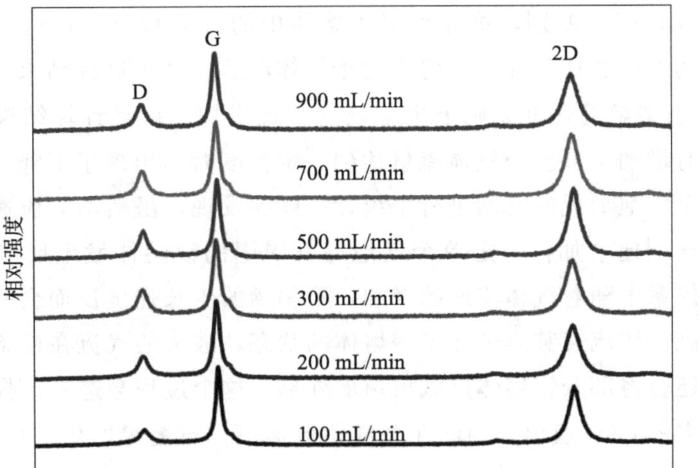

图 5-11　不同气体流速下石墨烯的拉曼结果

图 5-12（b）是不同气体流速下石墨烯的生长速度和 CO_2 气体的转化效率。能够发

现，当引入镁熔体中的气体流速为 100 mL/min 时，石墨烯的生长速度为 13.8 mg/min，此时 CO_2 气体具有最高的转化效率。当气体流速增大到 200 mL/min 时，石墨烯的生长速度为 23.8 mg/min，相当于 100 mL/min 时的两倍，说明石墨烯在低气体流速的情况下，CO_2 气体的转化效率能够稳定在一个较为恒定的数值。可是，随着气体流速的进一步增大，镁熔体中石墨烯的生长速度开始下降。当 CO_2 气体流速增加至 900 mL/min 时，石墨烯生长速度为 15.5 mg/min，其 CO_2 气体的转化效率仅为 3.5%，说明在反应过程中存在大量的 CO_2 气体从熔体表面逸出现象。

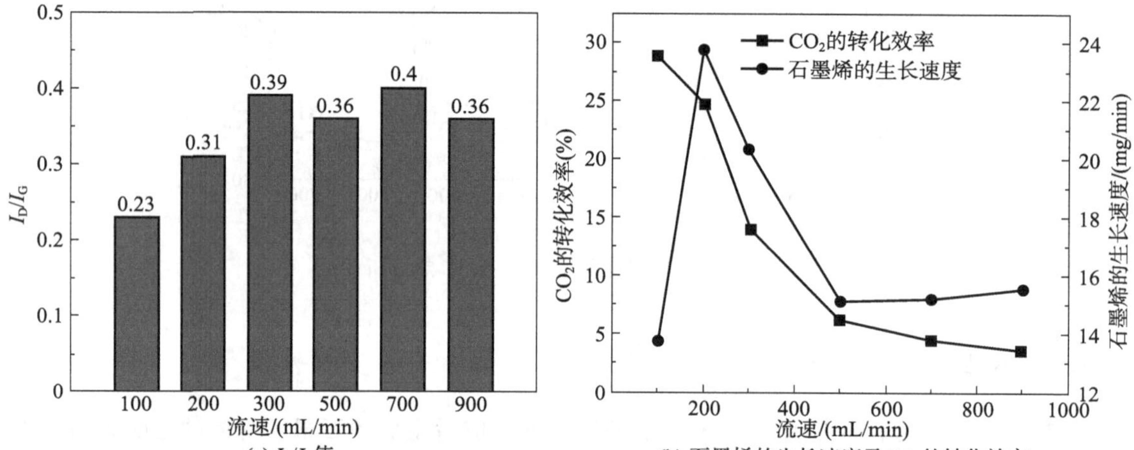

(a) I_D/I_G值　　(b) 石墨烯的生长速度及CO_2的转化效率

图 5-12　不同气体流速下制备的石墨烯的质量与生长速度

通过上文不同气体流速下气泡生长过程的相似性模拟实验可知，在不同的气体流速下形成的气泡尺寸没有较大差别，这导致引入熔体中的气泡数量将正比于气体流速。相应地，液体环境中的气体总比表面积也将正比于气体流速。基于这种结果，镁熔体中不同流速下 CO_2 转化为石墨烯的速度原则上也应该同步地增加。可是计算结果却显示石墨烯的生长速度不仅没有增加，甚至当气体流量达到一定程度时，出现了下降。因此，通过对不同气体流速下单个气泡形成的时间进行了统计。能够发现，虽然不同流速下与镁熔体接触的气泡表面积成比例地增加，但是单个气泡与其周围的镁熔体发生反应的时间将明显减少。最终在反应体系中随着气体流速的增加，石墨烯的生长速度反而会降低。另外，在实验过程中发现，高气体流速甚至破坏了镁熔体的状态，强大的气流在镁熔体中形成一个气体逸出的通道，还会将部分镁熔体迸溅出坩埚外部。这个过程会进一步损失已经形成的石墨烯以及导致更多的 CO_2 逸出。因此在高气体流速下，石墨烯的生长速度与 CO_2 的转化效率均明显下降。

通过上述分析，为了促使反应体系拥有更高的 CO_2 转化效率，必须降低气体流速。甚至有理由相信当气体流速低于某一临界值时，引入熔体的 CO_2 气体能够 100%地转化为石墨烯。但是如果按照气体流速为 100 mL/min 的条件合成石墨烯，在 700 g 镁熔体中生产质量分数 1%的石墨烯时，原位气液反应的时间将超过 9 h。很明显，这在复合材料工程化生产中是不现实的。因此，开发的气液反应工艺必须进一步增大 CO_2 转化效率。

5.3.5　机械搅拌的影响

通过上文可知增加气体与熔体接触的表面积与延长反应时间将会有效地提高石墨烯的生长速度。在反应过程中引入机械搅拌是一种很有必要的方式。机械搅拌可以将大的 CO_2 气泡破碎为多个小气泡，这增加了石墨烯的总表面积。同时，在机械搅拌过程中产生的镁熔体漩涡将会促使气泡在镁熔体中驻留更长的时间。这直接延长了 CO_2 气泡与镁熔体接触的时间。因此机械搅拌将有利于镁熔体中以更高的速度生成石墨烯。

图 5-13 为机械搅拌后不同 CO_2 流速下制备的石墨烯拉曼图谱。如图 5-12（a）所示，当引入熔体的气体流速较小时，石墨烯的 I_D/I_G 值比未进行机械搅拌时有一定程度的升高。当流速增加到 300 mL/min 以上时，机械搅拌前后石墨烯的表面缺陷差距不大，I_D/I_G 值稳定在 0.4～0.5 之间。说明石墨烯在此条件下其表面的缺陷在一个可接受的范围分布，明显低于文献报道的还原氧化石墨烯的缺陷密度（1.02）[3]。

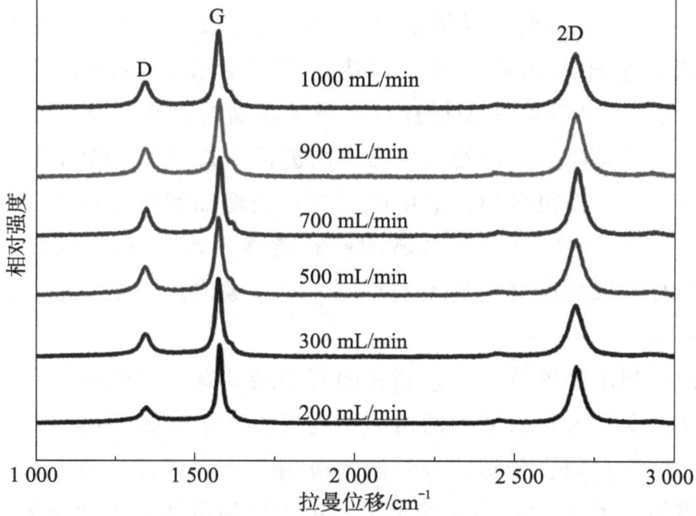

图 5-13　不同气体流速下进行机械搅拌后石墨烯的拉曼结果

图 5-14（b）为镁熔体施加机械搅拌后不同气体流速下 CO_2 的转化效率与石墨烯的生长速度，可以看出，施加机械搅拌后石墨烯生长速度显著提高。随着气体流速不断增加，石墨烯的生长速度也不断增加。当气体流速达到 900 mL/min 时，石墨烯在镁合金熔体中的生长速度能够达到 180 mg/min。虽然随着气体流速的增加，CO_2 的转化效率存在一定程度的下降，但是仍然维持在较高水平。气体流速在 900 mL/min 时的转化效率仍超过了 40%，远远大于未施加机械搅拌的情况。当气体流速进一步增加时，由于气体流速较快，即使施加机械搅拌也不能抑制气体的快速逸出，最终导致石墨烯的生长速度与 CO_2 的转化效率开始呈现降低的趋势。通过上述分析可以确定当气体流速在 900 mL/min 时，在反应过程中施加机械搅拌后能够在镁熔体中高效地转换 CO_2 为石墨烯。

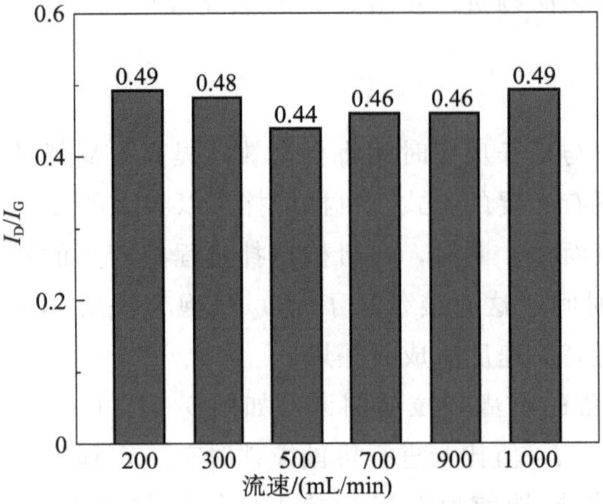

(a) I_D/I_G值

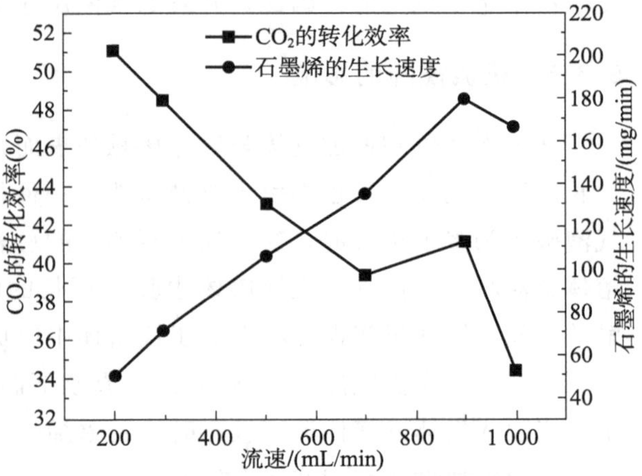

(b) 石墨烯的生长速度及CO_2的转化效率

图 5-14 机械搅拌后不同气体流速下石墨烯的质量与生产速度

图 5-15 为不同气体流速下机械搅拌前后生成石墨烯的 TEM 图像。气体流速在 200 mL/min 与 300 mL/min 时石墨烯的微观形貌差距较大。未进行机械搅拌时石墨烯的表面平整光滑，机械搅拌后明显发现在石墨烯表面存在更多的褶皱。当气体流速达到 500 mL/min 时，无论是否进行机械搅拌，石墨烯表面均存在大量的褶皱，没有明显的区别。图 5-16 为对机械搅拌后获得的石墨烯表面进行 HRTEM 分析，由图 5-16（a）可确定石墨烯的边缘为 3 层，而机械搅拌后中心区域逐渐增加到 6 层和 10 层，如图 5-16（b）所示。图 5-16（c）显示在一些局部区域的层数能够达到 23 层。因此，由于石墨烯内部层数增多，导致中心区域的厚度明显大于石墨烯的边缘位置。相应地，在石墨烯表面也就观察到大量褶皱的存在。

通过上文可知，利用气液反应工艺制备的石墨烯具有丰富的褶皱是一种普遍现象。以前的研究已经多次证实，这种石墨烯的褶皱结构可以有效抑制石墨烯团聚发生，有利于石墨烯在复合材料、储能材料、传感器等领域的应用[11,12]。因此，研究石墨烯表面褶皱的形成机理是十分必要的。根据 Zhu 等人的报道，由于层间范德华力的作用，石墨烯的表面可能会产生站立或卷曲，这种卷曲在外部环境波动的情况下会导致石墨烯的再堆叠[13]，堆叠的过程如图 5-17 所示。通常情况下这种堆叠过程是无序的，在宏观上就会表现为表面褶皱的形貌。因此推知石墨烯表面的褶皱就源于制备过程中的波动。随着 CO_2 气体引入镁熔体中，形成的 CO_2 气泡在与镁熔体发生化学反应以及自身的形核长大过程中，导致气液界面在镁熔体中不断地发生波动，从而促使表面褶皱的形成。机械搅拌的作用使得气泡表面的波动变得更加明显，这就导致了石墨烯有机会产生了更多的褶皱，从而使得石墨烯拥有更高的缺陷密度。另外，在反应体系降温冷却过程中，由于石墨烯与镁熔体的冷却速度不同导致的收缩程度不同，也会诱发部分褶皱的形成。

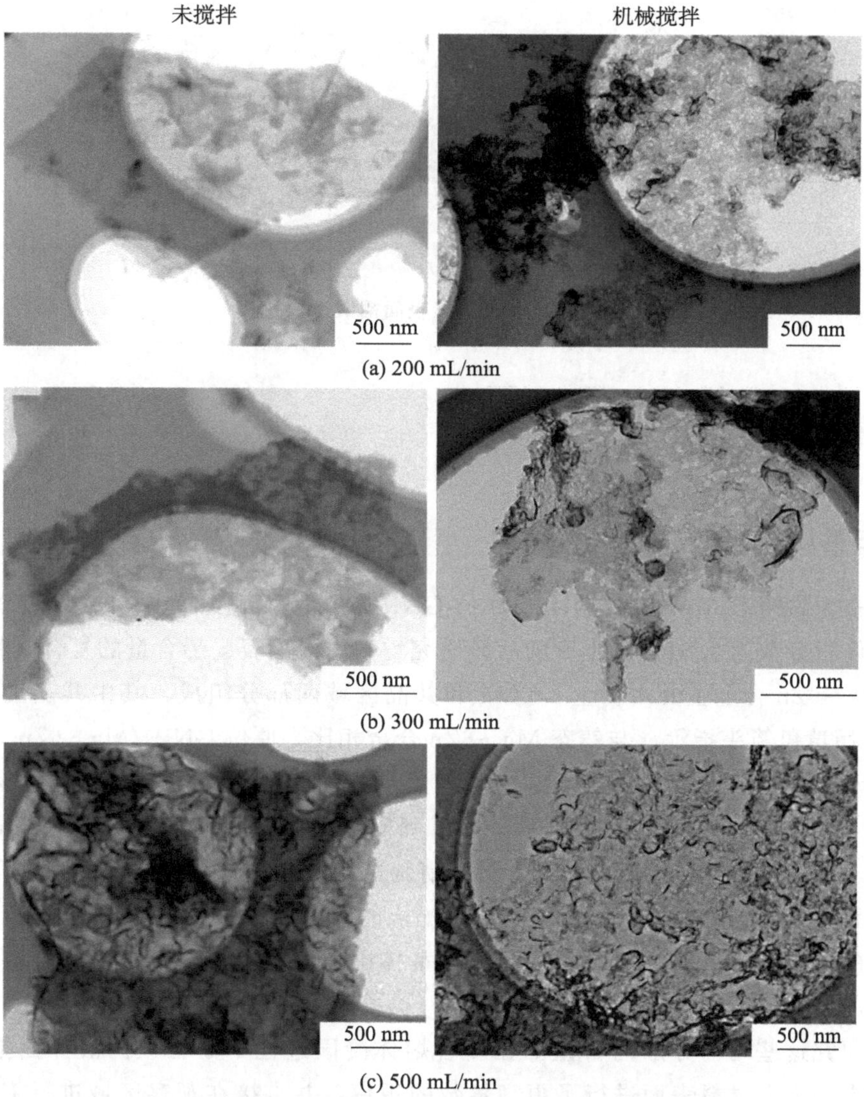

图 5－15　机械搅拌对石墨烯表面形貌的影响

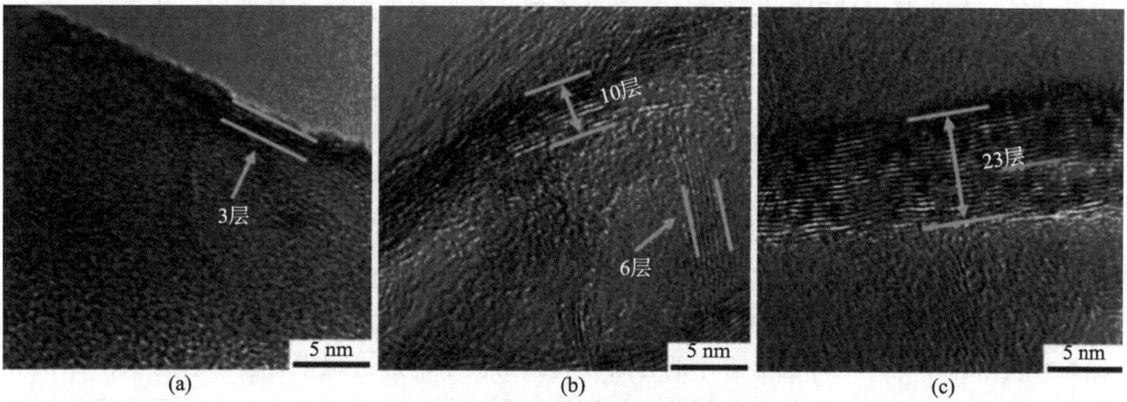

图 5－16　石墨烯表面不同位置的 HRTEM 结果

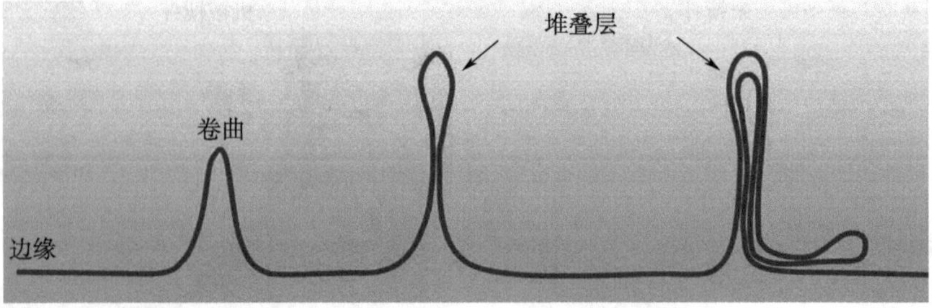

图 5-17　石墨烯表面褶皱形成过程

5.4　铸态复合材料的显微组织

5.4.1　石墨烯的分布方式

图 5-18 为铸态 Mg-6Zn 合金与原位 GNPs/Mg-6Zn 复合材料的 SEM 图像。其中石墨烯的体积分数为 0.61%。本章的后续研究均利用此种石墨烯含量的复合材料。能够发现铸态 Mg-6Zn 合金主要由初生 α-Mg 和共晶区域两部分组成，其中共晶区域在图 5-18（a）中用黄色箭头指示。与铸态 Mg-6Zn 合金相比，原位 GNPs/Mg-6Zn 复合材料中除了 α-Mg 和共晶区域外，还出现了大量衬度与 α-Mg 基体对比鲜明、均匀弥散的第二相，如图 5-18（b）中红色箭头所示。为了确定这些均匀分散相的化学组成，图 5-18（c）～（g）对其进行了 EMPA 分析。可以清楚地看出，这些衬度较为明亮的第二相具有明显的碳元素富集，结合上一章在镁基体中提取的碳粉体的形貌与结构表征，已经证实了原位合成的碳产物为石墨烯。因此可以确定基体中均匀分散的第二相为 CO_2 在镁熔体中原位生成的石墨烯。

为了研究这些均匀分散的石墨烯在复合熔体凝固过程中是否被固液界面推移到晶界处，对铸态的复合材料表面进行了更高倍数的观察，并直接在观察区域进行 EBSD 测试。通过对图 5-19 中不同取向的晶粒与石墨烯分布的对应关系进行分析发现，镁基体中均匀分散的石墨烯在凝固过程中能够进入晶粒的内部，并没有出现在晶界处偏聚的现象。在传统的液态冶金工艺中，由于固液界面会对增强体起到推移的作用，增强相会在晶界处偏聚形成项链状分布的特征[14,15]。因此最终制备的复合材料中增强体的含量很难令人满意。而利用 CO_2 和镁的气液反应却有效地避免了这种项链状分布方式。最终，镁熔体中原位生长的石墨烯成功地实现了复合并均匀分散在镁基体的晶粒内部。

石墨烯在凝固过程中实现了在镁基体中的均匀分散与分布，有力地证明了石墨烯在凝固前就已经在镁熔体中实现了良好的分散。复合材料制备过程中，石墨烯不是从体系外部添加的，而是通过 CO_2 与镁熔体的化学反应原位生长的。这种原位反应过程能够实现石墨烯在镁熔体中一片一片独立有序的合成，直接解决了外加过程中石墨烯容易漂浮在镁熔体表面的困难，同时还能够避免石墨烯的原始团聚问题，保证了原位生成的石墨烯均匀地

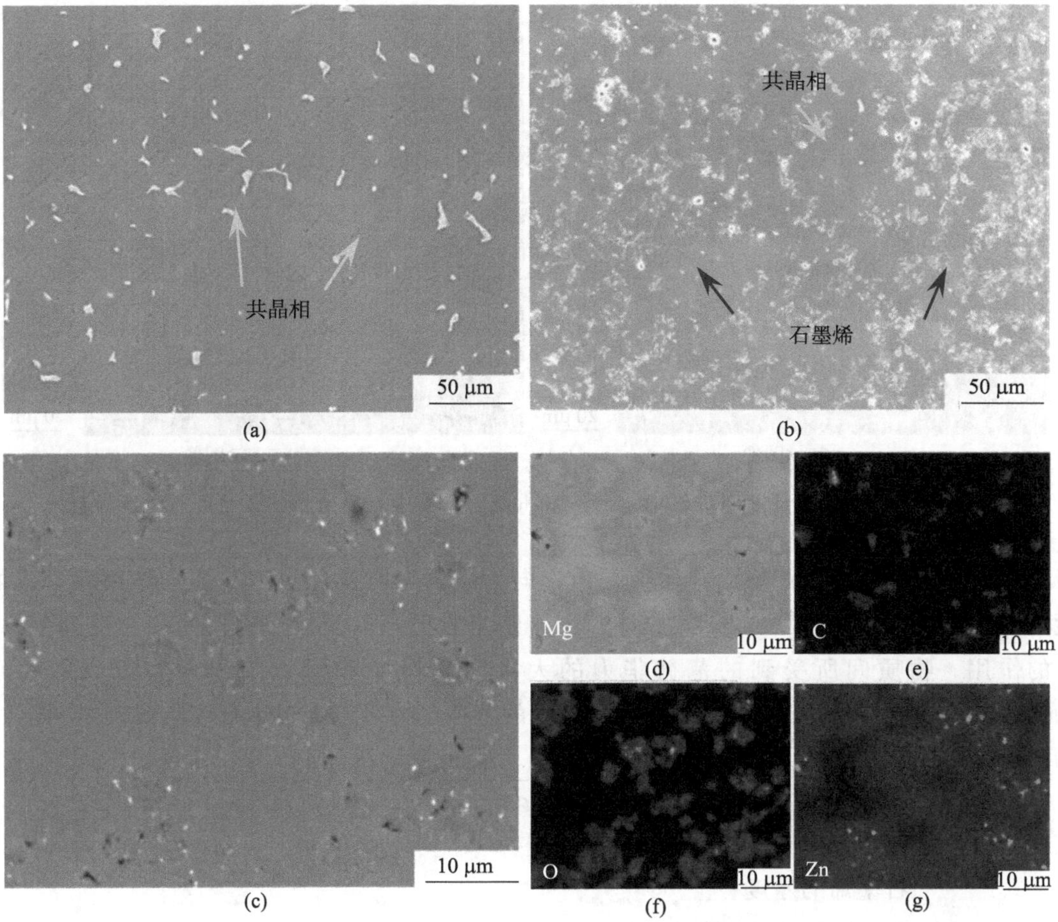

图 5-18　铸态 Mg-6Zn 合金与原位 GNPs/Mg-6Zn 复合材料的表面形貌（见彩插）
(a) Mg-6Zn 合金；(b) ～ (c) 原位 GNPs/Mg-6Zn 复合材料；(d) ～ (g) EPMA 元素分布图

分散在镁基体中。然而，在以前的报道中，金属熔体中的纳米增强体在范德华力的吸引作用下还面临着二次团聚的问题。特别是，具有二维纳米结构的石墨烯相比传统的球形纳米颗粒受到更大的范德华吸引力，导致石墨烯的二次团聚问题更加严重。而利用本方法制备的复合材料中，含有石墨烯的复合熔体即使在高温下保温 6 h，石墨烯仍然能够均匀地分散在镁基体中，这说明石墨烯在镁熔体的高温环境下仍然具有自稳定的分散特性。

为了解释石墨烯稳定分散在镁熔体中的微观机制，需要对石墨烯在熔体中受到的各种可能的作用力进行分析。首先，增强体在金属熔体中通常会受到重力和浮力等体积力的作用。在体积力的作用下，增强体发生上浮和下沉现象也是限制液态冶金应用的一个问题。通过 Xu 等人的报道，对于完全浸润到液态金属中具有纳米尺度的增强体，其受到的体积力的作用十分微弱，通常情况下甚至可以忽略不计。石墨烯是在厚度方向仅有几纳米的增强体，可不考虑其受到的体积力影响。

纳米尺度的增强体在金属熔体中还会受到范德华力作用。目前，关于范德华力已经进

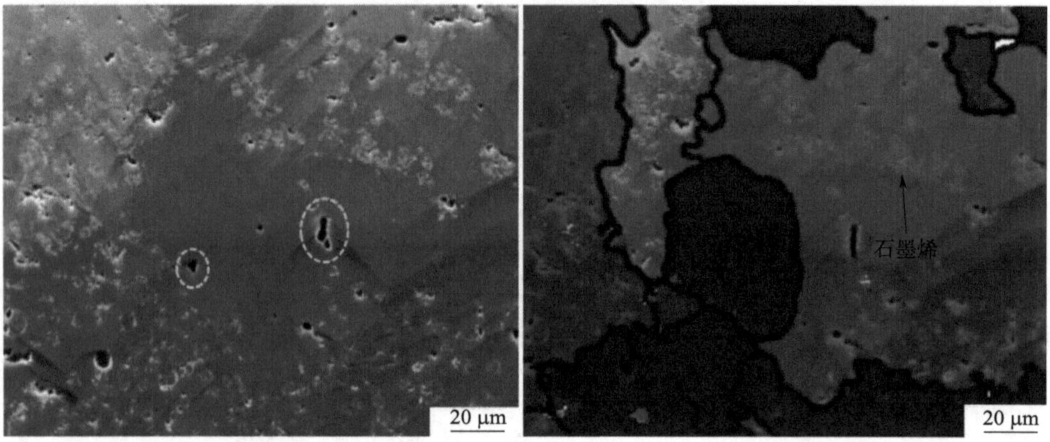

(a) SEM图像　　(b) EBSD图像

图 5-19　原位 GNPs/Mg-6Zn 复合材料中石墨烯的分布方式

行了许多基础研究，范德华力本质上是由定向力、诱导力及色散力等综合作用而形成的。微观粒子（分子）、亚微观粒子（胶体粒子、纳米颗粒）以及宏观物体间均会受到范德华力的作用。物质间所受到的范德华力的大小与其尺寸和形状等因素有很大的关系。Talapin 等发现对于薄板状的二维纳米片之间的范德华力可以通过下列表达式确定[16]：

$$V(d)=-\frac{d_G^2A}{12\pi}\left[\frac{1}{d^2}-\frac{1}{(d+t_s)^2}+\frac{1}{(d+2t_s)^2}\right] \tag{5-1}$$

式中　A——哈梅克常数；

t_s——石墨烯的厚度；

d——石墨烯间的相对距离；

d_G——石墨烯的尺寸。

哈梅克常量 A 的数值反映了特定体系的固有性质，不受外界环境的影响。目前已经有很多研究人员测试在真空环境中一些典型材料的哈梅克常量，而复杂系统的哈梅克常量可根据式（5-2）计算得出[17]：

$$A=(\sqrt{A_{GNPs}}-\sqrt{A_{Mg}})^2 \tag{5-2}$$

式中　A_{GNPs}——石墨烯的哈梅克常数；

A_{Mg}——镁的哈梅克常数。

根据文献报道，石墨烯和镁的哈梅克常数分别为 223 zJ 和 206 zJ[18,19]。图 5-20 为制备的铸态复合材料中石墨烯的片径统计，可以确定石墨烯的尺寸 d_G 约为 2.3 μm，基于原子力测试结果确定厚度 t_s 约为 3 nm。因此可以确定石墨烯所受范德华吸引力与石墨烯间的相对距离的关系。

在复合熔体中，石墨烯被周围镁熔体介质所包围。高温下的镁熔体将不停地进行无规则热运动，因此镁熔体会从不同的角度碰撞石墨烯，而不同方向的碰撞力的大小往往不同，彼此间不能互相抵消。熔体沿着某一方向运动的瞬间，能够迅速地转化到另一方向运

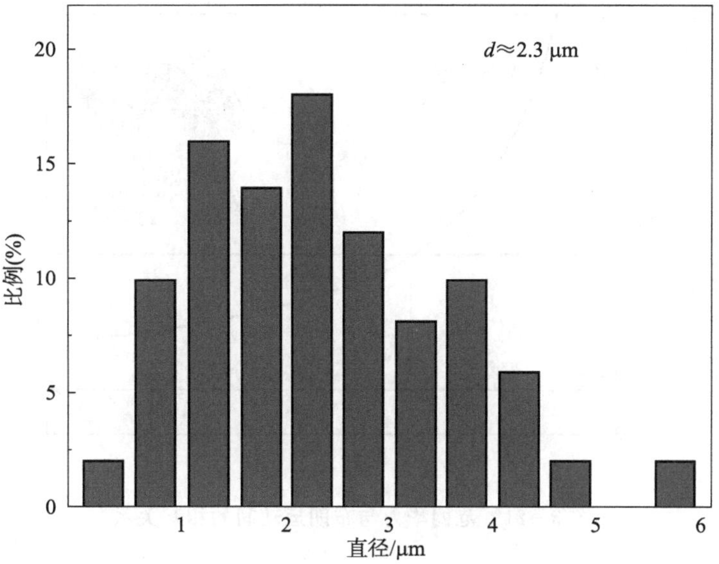

图 5-20　铸态样品中石墨烯的直径

动，这使得石墨烯间接进行无规则的热运动，这种无方向性的热运动被称作布朗运动。对于宏观粒子，布朗运动通常可以忽略不计。但是对于处在高温金属熔体中的纳米尺度增强体，无规则的热运动的作用显著。例如李等人报道，利用布朗运动对范德华吸引力的克服作用，能够实现尺寸为 60 nm 的 SiC 颗粒在镁熔体中的自分散机制。因此需要考虑纳米尺度的石墨烯受到的镁熔体对其布朗运动的作用，布朗运动的大小可以通过式（5-3）确定[17]：

$$E_b = kT \tag{5-3}$$

式中　k ——玻耳兹曼常数；

T ——熔体的绝对温度。

图 5-21 是石墨烯受到的布朗运动和范德华力随颗粒间距 d 的变化情况。能够发现，石墨烯受到的范德华吸引力与布朗运动相等的平衡距离是 3.1 nm，这意味着一旦两片石墨烯之间的距离小于这个临界值，它们倾向于自发聚集从而形成团聚。由于布朗运动是无规则的，这导致了原位自生过程形成的均匀分散的石墨烯不可避免地会小于这一平衡距离。一旦石墨烯间的相对距离小于这一临界值，石墨烯遭受的范德华力将远超布朗运动提供的排斥力，石墨烯就很难从这个区域脱离，从而产生不可逆的二次团聚现象。如果通过布朗运动实现稳定的分散，就必须要确保石墨烯不会进入这个团聚区。传统的液态冶金工艺为了避免这种二次团聚现象的出现，分散完毕的熔体需要立即凝固。而复合材料制备工艺通常是复杂的，如果在分散完毕后立即凝固，会给实际的工程应用带来额外的难度。

通过上一章可知，石墨烯在镁熔体中生成的同时，MgO 纳米颗粒能够同步分布在其表面。图 5-22 进一步观察了镁基体中石墨烯的表面 MgO 修饰结构，图 5-23 为石墨烯表面涂覆的纳米粒子的尺寸分布统计，可以发现石墨烯表面的纳米颗粒尺寸在 10～60 nm

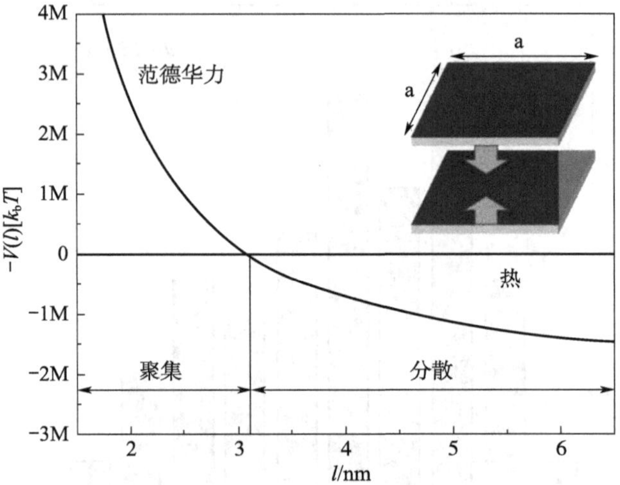

图 5-21　范德华力与布朗运动间的相互关系

范围波动，平均尺寸为 34 nm。通过上文的描述，利用布朗热运动来克服石墨烯所受到的范德华吸引力的平衡距离为 3.1 nm。由于气液反应过程中在石墨烯表面形成稠密的 MgO 纳米颗粒修饰结构，在 MgO 纳米颗粒的修饰作用下实现了石墨烯片间的物理分隔，这使得石墨烯片间距不可能小于 3.1 nm，大大减小了石墨烯所受到的范德华力。在这种情况下，布朗运动对石墨烯提供的斥力可以很容易地克服范德华吸引力，避免了由于强大的范德华力吸引而使石墨烯形成二次团聚，从而实现了石墨烯在镁熔体中的自发分散过程。

此外，石墨烯在镁熔体中运动时，还会受到镁熔体的粘滞阻力作用。这种粘滞阻力的方向总是与颗粒的运动方向相反。如果石墨烯在镁熔体中呈现出被吸引的趋势，则粘滞阻力必将抑制石墨烯的团聚，进一步确保了石墨烯的分散。通过对镁熔体中石墨烯受到各种作用力的分析，可以看出，在范德华力、布朗运动以及粘滞阻力的综合作用下，处于镁熔体中的石墨烯可以有效避免二次团聚，实现了石墨烯在熔体中自稳定的分散过程。

石墨烯在镁熔体中能够实现自稳定的分散。同时，镁熔体的凝固过程将决定复合材料中石墨烯的分布方式。复合材料在凝固过程中，增强体是被固液界面捕获到晶粒内部还是被推移到晶界处，通常取决于增强体与液态金属的界面能。当界面能为负数时，增强体可以被固液界面自发地捕获。单位面积的界面能（W）可通过杨氏方程估算[18]：

$$W = -\sigma_M \cos\theta \tag{5-4}$$

式中　σ_M ——金属熔体的表面张力；

　　θ ——金属熔体与增强体间的润湿角。

通过现有文献报道，液态镁的 σ_M 为 0.559 J/m^2。而镁熔体和石墨烯之间的接触角为 120°[20]。复合材料在凝固时单位界面处必须克服 0.28 J 额外的能量障碍，才能保证凝固前沿可以捕获石墨烯进入晶粒，这对于常规凝固来说是困难的。因此向等人即使通过复杂的多步分散过程制备的复合材料，石墨烯也会被推移到晶界上形成项链状组织。如上所述，利用气液反应过程，不仅实现了石墨烯在镁熔体中原位形成，同时还在石墨烯表面实

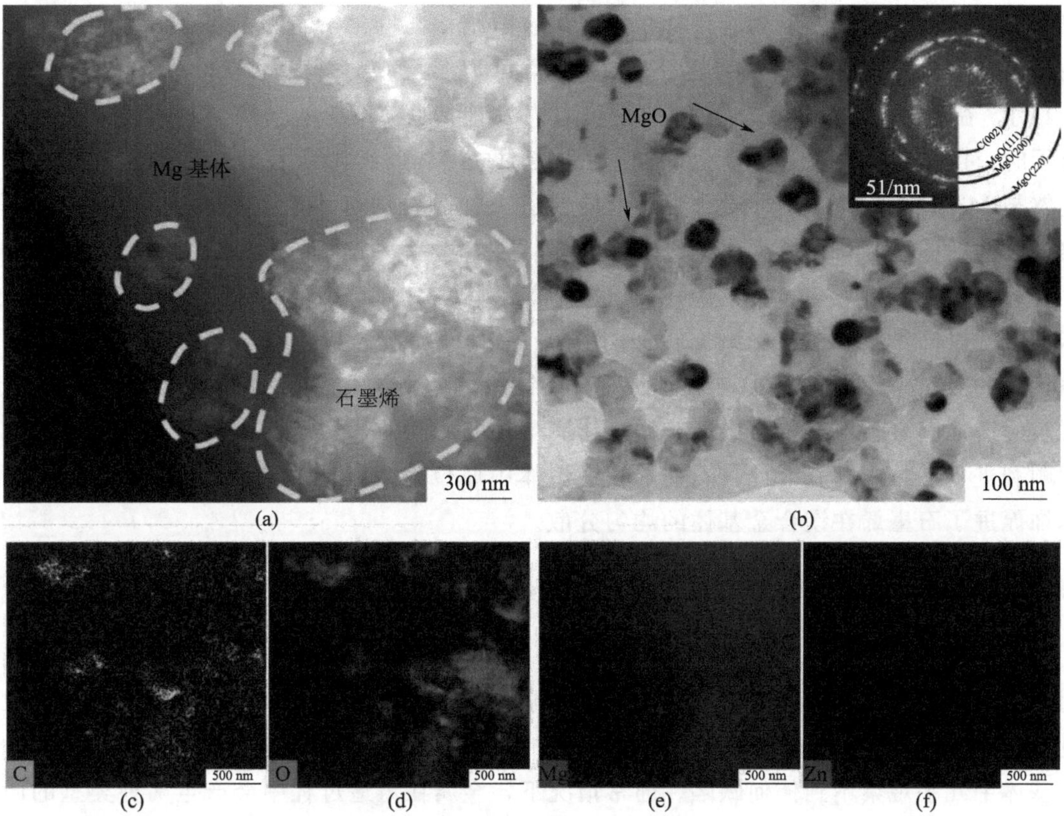

图 5-22　均匀分散在石墨烯表面的 MgO 修饰结构（见彩插）

(a) HAADF 像；(b) 石墨烯表面的氧化镁纳米颗粒；(c) ～ (f) C，O，Mg 以及 Zn 元素的分布

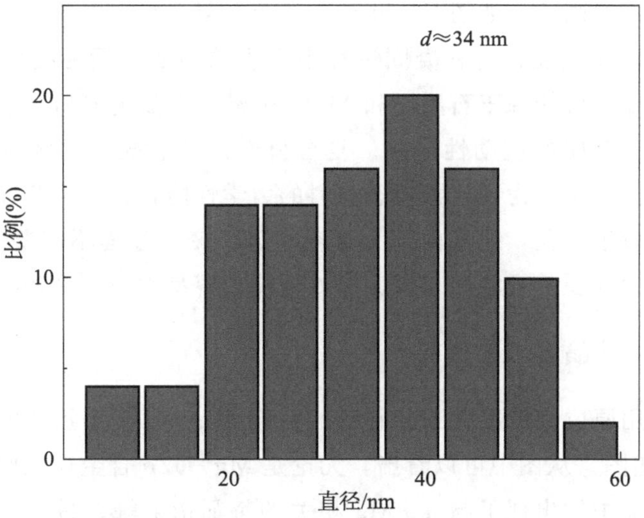

图 5-23　铸态样品中 MgO 纳米颗粒的尺寸

现了 MgO 纳米颗粒修饰。这有效地改善了石墨烯表面结构，将复合材料凝固过程由石墨烯与固液界面的关系转变为其表面的 MgO 涂覆结构与固液界面的关系。根据 Jiang 等人的报道，MgO 和镁熔体在高温下的接触角可以低至 76°，因此单位面积的界面能为 0.14 J。在界面能的驱动下，凝固前沿可以自发地捕获 MgO 纳米颗粒进入晶粒内部。与此同时，由于 MgO 与石墨烯紧密结合在一起，在 MgO 纳米颗粒的携带作用下，石墨烯能够与 MgO 纳米颗粒一同被固液前沿捕获进入镁晶粒内部。关于石墨烯与其表面 MgO 修饰结构的稳定性将在后文讨论。

综合上述分析可知，石墨烯在镁熔体中能够均匀分散与分布源于石墨烯表面 MgO 纳米颗粒的修饰作用。在 MgO 修饰的作用下，有效增加石墨烯片间接触的距离，减小了范德华力的吸引作用，有效地避免了石墨烯在镁熔体中形成团聚。另外，MgO 分布在石墨烯表面还能够有效地改善石墨烯与镁基体润湿性差的问题，从而使得复合材料在凝固过程中顺利进入晶粒内部。因此，石墨烯在镁熔体中原位生成并同时实现表面 MgO 纳米颗粒修饰促进了石墨烯在镁合金基体的均匀分散。

5.4.2 铸态复合材料的致密度

采用阿基米德排水法计算了 GNPs/Mg－6Zn 复合材料的致密度仅为 94.5%，这表明对复合熔体直接进行凝固处理并不能实现完全的致密化。从图 5－19（a）中能明显地观察到原位 GNPs/Mg－6Zn 复合材料内部存在许多微米级的孔洞。相比之下，在 Mg－6Zn 合金基体中几乎观察不到任何缺陷。通常情况下，金属在铸造过程中会产生两种类型的微观缺陷。一种是由于外部气体进入并滞留在金属液内部从而在凝固时产生的气孔，在气体内压作用下气孔表面较为光滑，形状通常为团球状。另一种缺陷是金属液凝固过程中，由于熔体流动性较差导致金属液补缩能力不足，后凝固的区域发生收缩从而产生的缩松，这种孔洞的形状通常是不规则的。如图 5－19（a）所示，复合材料中绝大多数孔洞均具有不规则的形貌特征。可以确定复合材料凝固过程中产生的多数孔洞为缩松[21]。复合材料铸造过程产生如此多的缩松可能源于石墨烯和 MgO 在熔体内部生成后，金属的粘度相较镁合金会明显提高，导致金属的流动性变差。复合材料内部后凝固的区域不能很好地进行补缩，最终造成缩松的产生。为了改善铸态材料的力学性能，这些缺陷需要在后续的二次变形工艺中消除。相较于气孔，缩松内部为真空状态，变形过程不需要将气体从表面排出，材料内部不容易产生开裂的现象，二次变形处理能较容易地消除这些缺陷。

5.4.3 复合材料中共晶区域的形貌

图 5－24 为利用原位气液反应工艺制备的铸态 Mg－6Zn 合金与原位 GNPs/Mg－6Zn 复合材料的 XRD 谱图。从图中可以看出，无论是 Mg－6Zn 合金还是原位 GNPs/Mg－6Zn 复合材料，铸态样品中均出现了与 α－Mg 相关的特征衍射峰。另外，由于石墨烯含量较低，复合材料中也没有出现与石墨烯相关的衍射峰。但是原位反应过程中，镁熔体中 1 mol 石墨烯形成的同时也产生了 2 mol 的 MgO，复合材料中 MgO 的体积分数为石墨烯

的 4.1 倍。因此，复合材料 XRD 图谱的 42.9°位置处出现了 MgO 晶体的（200）晶面的衍射峰。除此之外，XRD 结果中还能发现 Mg－6Zn 合金中凝固时产生的第二相 Mg_4Zn_7 的特征衍射峰。但是原位复合材料中并未发现这一特征峰。这说明复合材料中第二相的含量要明显低于合金。

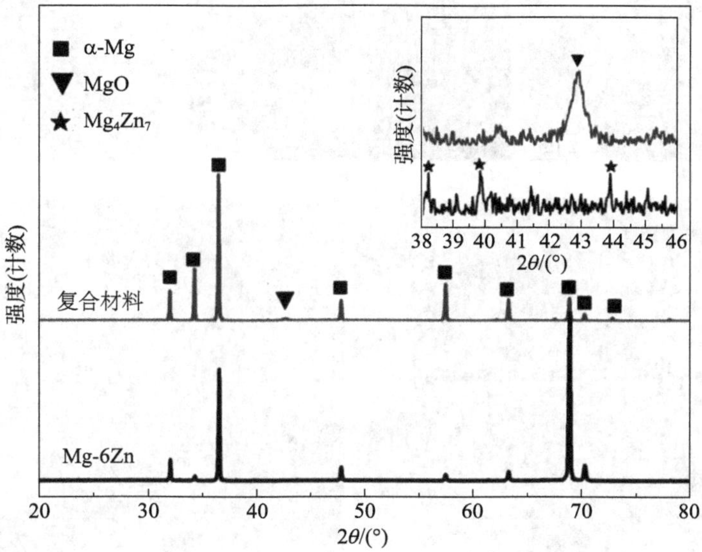

图 5－24　Mg－6Zn 合金与原位 GNPs/Mg－6Zn 复合材料的 XRD 谱图

通过对扫描结果进一步分析还能发现，与 Mg－6Zn 合金基体相比，原位 GNPs/Mg－6Zn 复合材料中共晶区域的形态和尺寸也发生了明显变化。Mg－6Zn 合金的共晶区域呈长条状特征，并且具有粗大的尺寸，其长度方向能够达到 10 μm，如图 5－25（a）所示。而随着镁基体中石墨烯生成，长条状共晶区域已经完全消失，逐渐转变为球状形貌的共晶区域。这种共晶区域的形貌与尺寸在 TEM 像中能够更加精确地观察。上述结果说明镁熔体中原位生长的石墨烯对于复合材料共晶区域形成过程有显著影响。由于石墨烯具有高比表面积，复合材料凝固过程中石墨烯可以限制合金中溶质元素的扩散[22]，这导致了凝固时初生的 α－Mg 相会在其内部固溶更高含量的合金元素。因此，复合材料中的液相区域很难达到发生共晶转变的成分点，延缓了共晶相的形成。即石墨烯的加入导致了非平衡凝固程度更加明显。最后复合材料凝固时绝大多数区域均以初生的 α－Mg 相存在。只有一些局部残留的液相区域中达到共晶点后才会发生共晶反应。因此，镁熔体中生成石墨烯导致了共晶区域的尺寸发生明显的细化。

在金属材料凝固过程中，通过调整共晶区域生长方式和形态，降低共晶区域的含量与尺寸，对提升铸态产品的性能至关重要。例如，Al－Si 合金铸造过程中通常包含大量的层片状共晶，这会导致基体被共晶区域严重割裂，最终获得的材料具有非常差的塑性，限制了相应材料的工程应用。然而，通过向基体材料中添加合金元素和快速冷却的方法对粗大共晶区域的改善效果十分有限[23]。石墨烯对共晶区域细化的显著效果为合金变质处理提供了一种新的思路。另外，石墨烯对溶质元素扩散的抑制作用，对一些难熔合金的铸造过

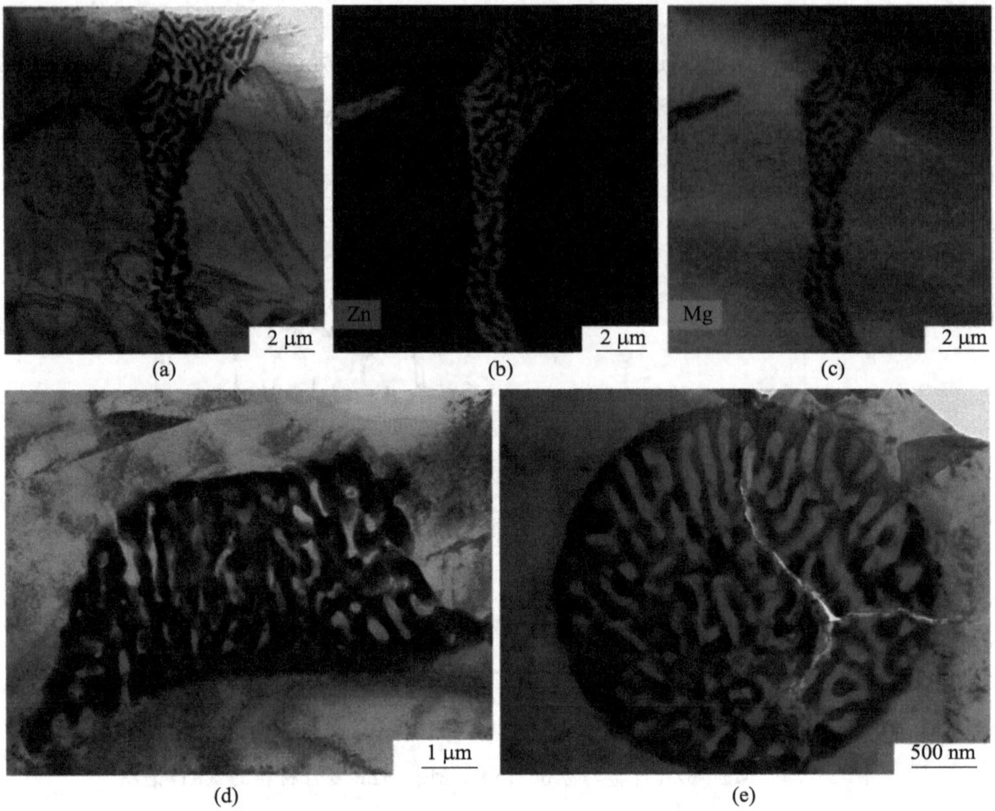

图 5-25　铸态 Mg-6Zn 合金与原位 GNPs/Mg-6Zn 复合材料的共晶区域

(a) Mg-6Zn 合金；(b)、(c) 与图 (a) 对应的元素分布；(d)、(e) 原位 GNPs/Mg-6Zn 复合材料

程也有很大的优化潜力，例如镁铍合金由于凝固过程中铍单质的尺寸十分粗大，在铸造过程中铍单质很容易沉降到液态金属底部，造成微观结构的不均匀性[23]。通过石墨烯对难熔元素扩散的抑制作用，促使铍单质在金属中不能发生熟化，有望实现第二相在基体中细小弥散的分布，解决难熔金属熔炼过程中的沉降问题，降低铸造过程的生产成本。

5.5　挤压态复合材料的显微组织

热变形能够消除复合材料凝固过程产生的缺陷，改善增强体的分布方式，获得细小均匀的晶粒尺寸，从而提高复合材料的力学性能。热挤压作为一种常用的变形工艺，对棒材、管材以及型材的加工有十分明显的优势。然而，本研究实现了石墨烯在镁合金晶粒内部均匀弥散分布，石墨烯这种分布方式在以前的研究中还未见报道。同时，复合材料的挤压变形过程中，微观组织演变的过程直接受温度的影响。因此本节将对复合材料在不同温度下进行挤压变形，研究温度对挤压过程微观组织与力学性能的影响。

图 5-26 为不同挤压温度下经过阿基米德排水法测试的原位复合材料的致密度。由于复合材料在凝固过程中存在着大量的缩松，因此其致密度较差，仅为 94.5%。当复合材料分别在 250～400 ℃挤压时，致密度分别达到了 99.2%、99.8%、99.9%以及 99.8%。另

外，能够发现在 250 ℃挤压时，复合材料的致密度要低于其他温度。图 5－27 为复合材料在 250 ℃挤压时的 HAADF 图像及相对应的 EDS 能谱分析。从图中能够发现在此温度挤压时还存在着没有弥合的孔洞（蓝色线条包围的区域）。另外，图 5－27 中的孔洞周围存在明显的碳元素与氧元素的富集，说明在缺陷与基体的边界处分布着原位生长的石墨烯。整个孔洞是围绕石墨烯产生的，并不是随机的。这说明这种孔洞是在原始铸态材料中形成的。当挤压温度过低时，石墨烯的引入导致镁合金具有较差的塑性，通过金属基体的流动并不能消除所有的原始缺陷。只有当挤压温度逐渐提高后，镁合金基体有更强的变形能力，才可以在挤压过程逐渐填充进入缩松内部从而消除铸造缺陷，实现复合材料的致密化。

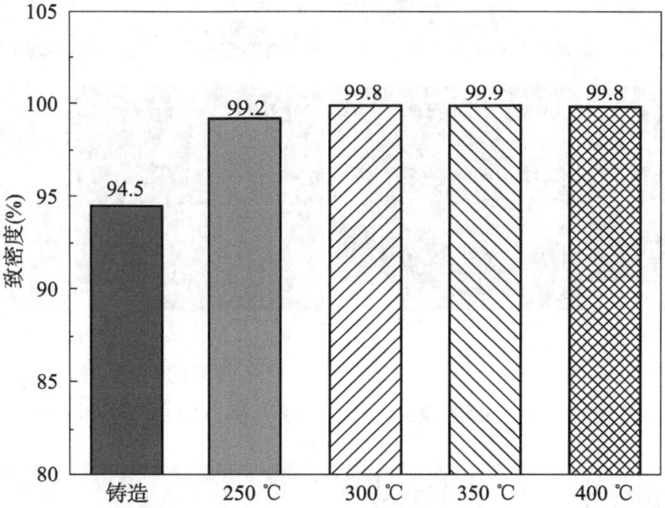

图 5－26　不同挤压温度下制备的 GNPs/Mg－6Zn 复合材料的致密度

图 5－28 为不同挤压温度下制备的原位 GNPs/Mg－6Zn 复合材料的 SEM 图像。图 5－29（a）为不同挤压温度时复合材料表面的石墨烯片径尺寸统计。相比于铸态复合材料中石墨烯的尺寸 2.3 μm，挤压后复合材料内部的石墨烯片径尺寸明显减小。同时，能够发现挤压温度对石墨烯的片径没有显著的影响，均在 0.3 μm 左右波动。上述结果说明热挤压过程对复合材料中的石墨烯存在破碎的作用。第 3 章有介绍，由于气液反应过程中，预先形成的石墨烯会遭受到 CO_2 的刻蚀，石墨烯表面通常存在许多微孔。复合材料在巨大的挤压应力作用下，虽然石墨烯的本征强度很高，但是这些微孔处很容易引起应力集中，从而使得石墨烯发生破碎导致其片径尺寸减小。杨子玥对烧结态石墨烯/铜基复合材料进行热轧制后也发现，原始的石墨烯片径尺寸从微米级逐渐变化为纳米级，呈现了类似的破碎现象[24]。如图 5－29（b）所示，挤压后复合材料的 I_D/I_G 值约为 0.5，与铸态样品相比，石墨烯缺陷有一定程度的增大，但仍然低于其他加工方法制备的复合材料。另外，由于石墨烯的破碎以及基体中包含石墨烯的区域与不含石墨烯的区域变形不均匀性，复合材料中原位生成的石墨烯在镁基体中整体上呈现出条带状分布的特征。250 ℃挤压时，不同区域的变形能力差异较大，这种条带状分布更加明显。图 5－30 是挤压温度为 250 ℃时复合材料表面的 EPMA 元素分布图像，其中，镁和锌元素来自基体镁合金，碳元

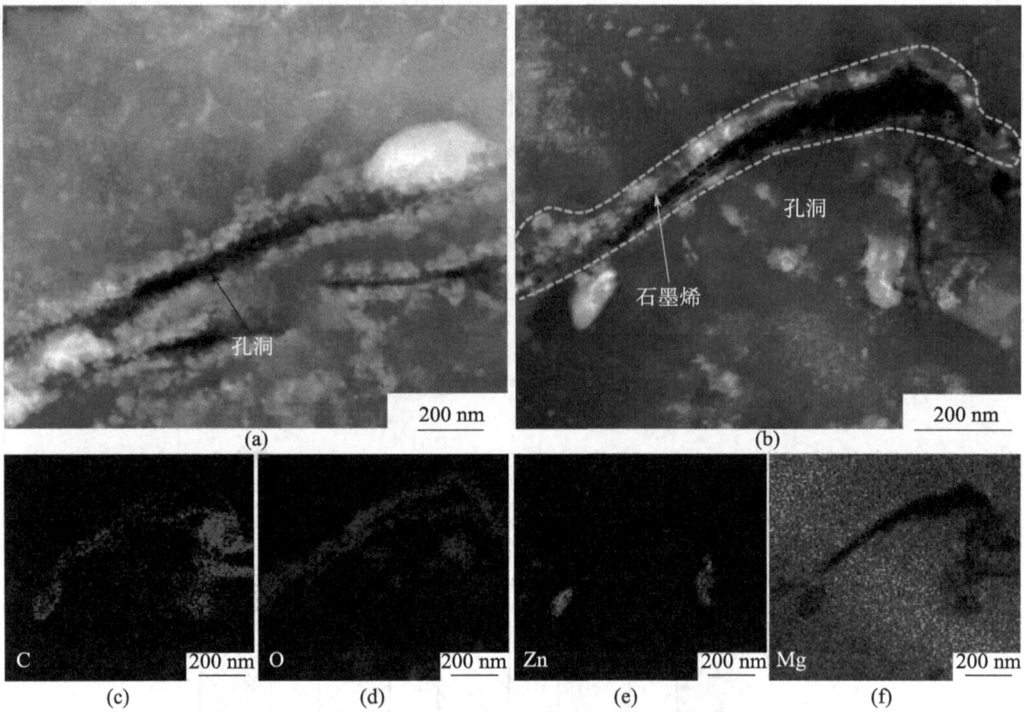

图 5 - 27　挤压温度为 250 ℃复合材料内部的孔洞（见彩插）
(a)、(b) HAADF 图像；(c) ～ (f) 与图 (b) 对应的元素分布

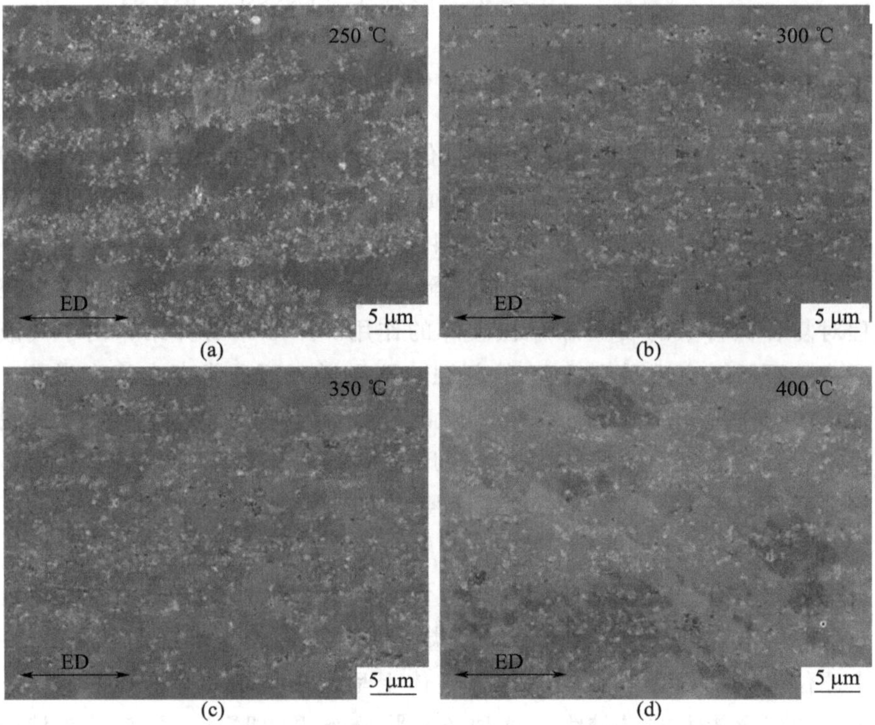

图 5 - 28　不同挤压温度下复合材料的 SEM 观察

素来自原位生长的石墨烯，氧元素来自与石墨烯同时生成的 MgO。图 5 - 30 进一步确认了挤压态复合材料中石墨烯的条带状分布方式。而随着温度的增加，复合材料的变形能力提高，导致条带状分布程度减弱，石墨烯分布更加均匀。

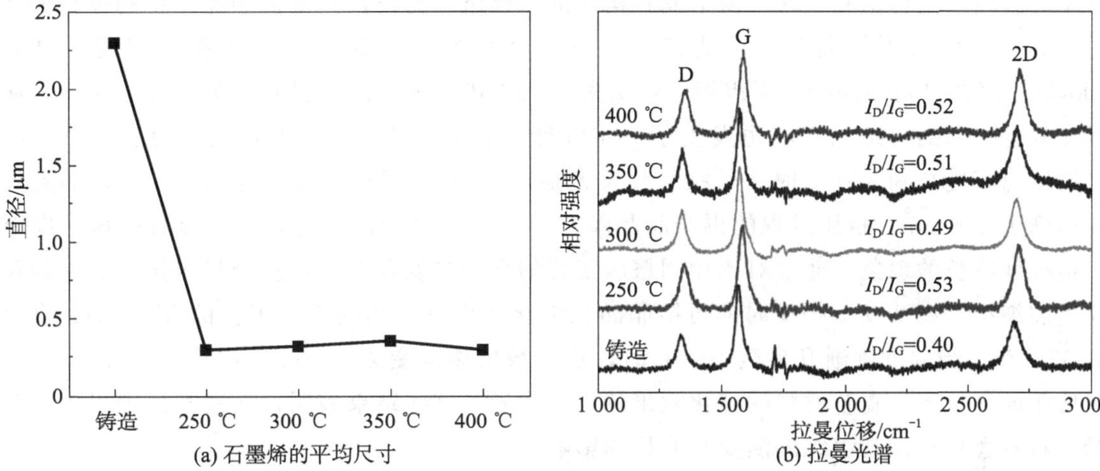

图 5 - 29　不同挤压温度下石墨烯的尺寸及缺陷演变

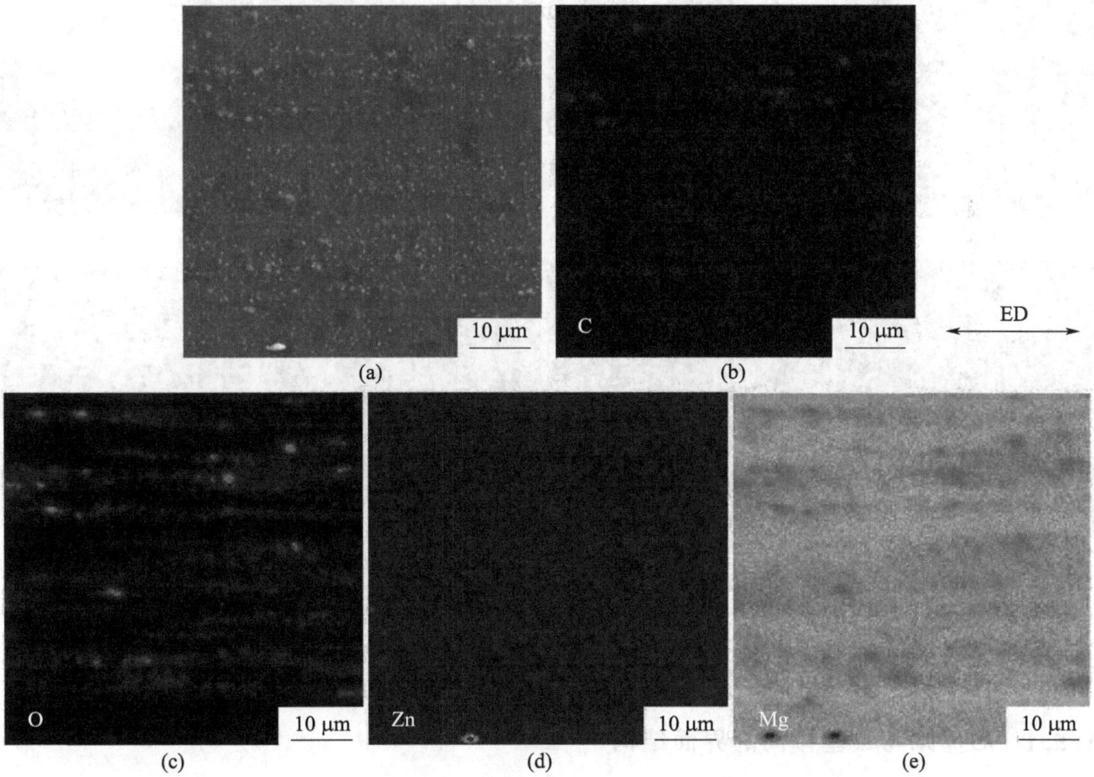

图 5 - 30　挤压态复合材料的 EPMA 分析（见彩插）

（a）背散射图像；（b）～（e）分图（a）中的元素分布

图 5-31 显示了 Mg-6Zn 合金与原位 GNPs/Mg-6Zn 复合材料在不同温度挤压后的晶粒尺寸。从图中可以看出，Mg-6Zn 合金挤压后获得了等轴状的再结晶组织，不同挤压温度的晶粒尺寸分别为 2.7 μm、7.4 μm、25.6 μm 以及 39.9 μm。而复合材料在 250 ℃挤压时呈现出由再结晶晶粒与变形晶粒构成的双模组织特征，其中再结晶晶粒的体积分数为 92.2%。此时再结晶晶粒较为细小，晶粒尺寸约为 1.2 μm。随着挤压温度提高到 300 ℃，复合材料内部的变形组织全部消失，完全转化为再结晶晶粒，如图 5-31（f）所示。复合材料的再结晶晶粒也发生了一定程度的长大。此时再结晶晶粒尺寸为 2.0 μm。当挤压温度提高到 350 ℃时，晶粒尺寸长大到 2.5 μm。当挤压温度为 400 ℃时，晶粒尺寸达到了 3.0 μm。挤压过程的再结晶晶粒并非完全等轴的，而是呈现出沿着挤压方向有一定程度拉长的现象。通过对比相同挤压工艺的合金与复合材料，复合材料挤压后晶粒尺寸更加细小。在 250 ℃挤压时的再结晶晶粒细化效率仅为相同挤压工艺的 Mg-6Zn 合金的 55.6%，当温度逐渐升高至 400 ℃时，这一数值逐渐变为 80%、90.2%与 92.5%。说明挤压温度越高，复合材料的细化效果就更为优异。这些结果表明，在镁基体中引入石墨烯，对复合材料微观组织的演变有明显的影响。

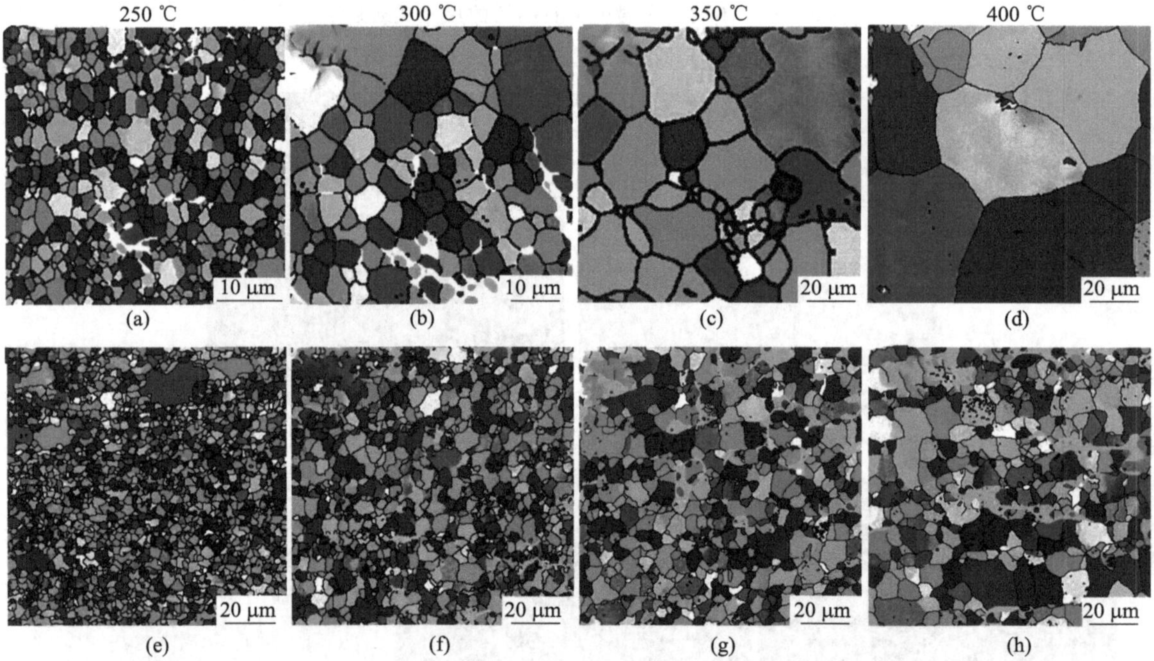

图 5-31 Mg-6Zn 合金与原位 GNPs/Mg-6Zn 复合材料在不同温度挤压后的晶粒尺寸

（a）～（d）Mg-6Zn 合金；（e）～（h）GNPs/Mg-6Zn 复合材料

5.5.1 石墨烯与镁基体间的界面结构

在上文中已经介绍，原位反应过程中在镁合金基体中生成石墨烯时，能够同时在其表面形成 MgO 纳米颗粒的修饰结构。为了探究这种结构在热挤压过程中能否继续保留，对热挤压后制备的复合材料进行界面分析。图 5－32（a）、（c）是挤压态复合材料的 TEM 明场图像以及相对应的 EDS 能谱分析。界面区域更加精细的微观结构可以通过 HR－TEM 进行观察。如图 5－32（b）所示，可清晰地观察到面间距为 0.34 nm 的晶格形貌，结合 EDS 分析结果可确定其为镁基体中原位生长的石墨烯。同样地，在图中还可以观察到间距为 0.27 nm 的晶面，这对应于镁基体的（01$\bar{1}$0）晶面。另外，石墨烯与镁基体之间还紧密地镶嵌着 MgO 纳米颗粒，MgO 的结构能够被该区域的傅里叶变化衍射图谱以及 EDS 能谱所确定。基于上述结果，可以确认制备的挤压态复合材料的界面区域是由石墨烯、MgO 以及镁基体构成的。在热挤压过程中并不能破坏石墨烯表面 MgO 纳米颗粒的修饰结构。同时，复合材料的界面区域没有观察到任何微小的空隙。因此，由于原位反应中 MgO 的修饰作用，复合材料中镁基体与石墨烯之间的简单界面转变成了 MgO 与镁基体、MgO 与石墨烯之间的复杂界面，这对后续的力学性能有很大的影响。

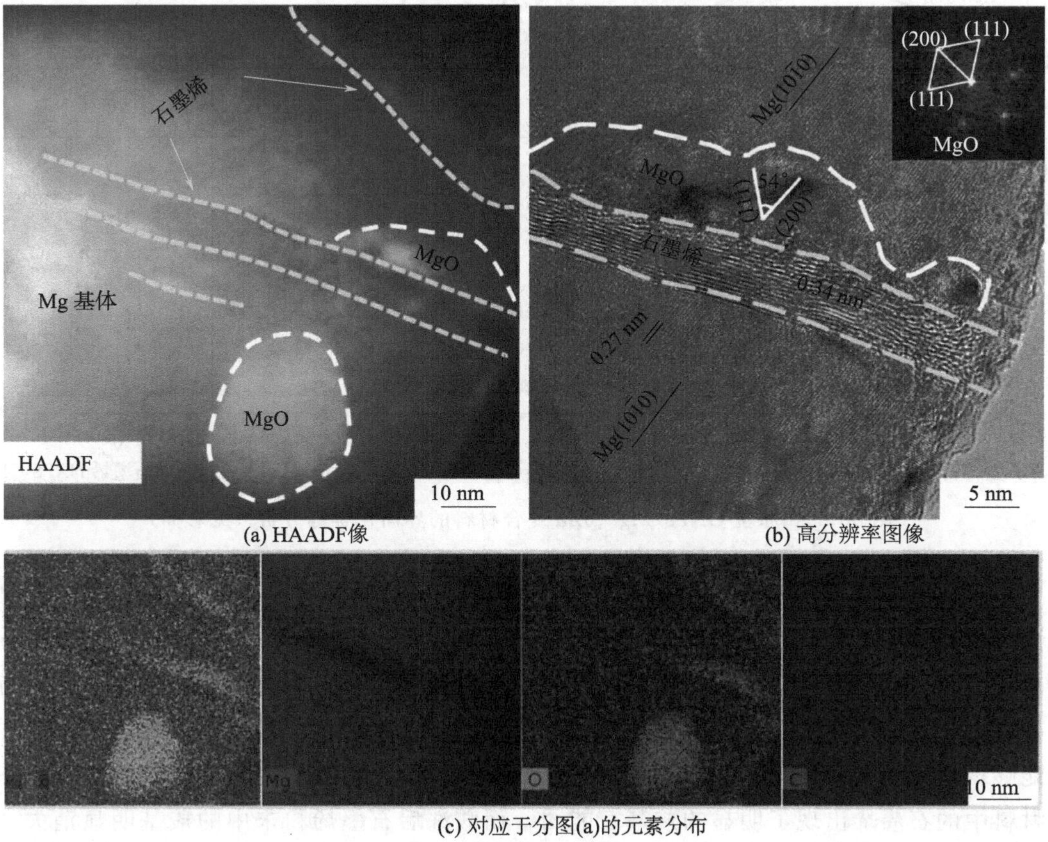

(a) HAADF像　(b) 高分辨率图像

(c) 对应于分图(a)的元素分布

图 5－32　原位 GNPs/Mg－6Zn 复合材料的界面观察（见彩插）

上述观察确定了复合材料中形成了 MgO 修饰的界面结构，接下来将对这种结构对界面强度的影响进行讨论。在第 3 章已经提到，原位反应制备的石墨烯并不是完整的，在石墨表面存在着部分缺陷，许多研究已经证实，石墨烯的缺陷在界面改性中起着重要作用，适当利用这些缺陷可以实现石墨烯与其表面结构之间的强化学键合[25]。图 5－33 分别为石墨烯粉体、铸态复合材料中的石墨烯与挤压态复合材料中的石墨烯的拉曼光谱。从图中可以看出，铸态和挤压态复合材料中的石墨烯的 I_D/I_G 值分别为 0.94 和 1.09。经过挤压后石墨烯缺陷的变化可能由部分石墨烯的破碎引起。另外，Meng 等人报道经过酸洗处理后通常会引入更多的缺陷[26]。但是原位生成的石墨烯经过酸洗刻蚀后，石墨烯的 I_D/I_G 值为 0.72，制备的石墨烯的缺陷密度没有明显升高，反而发生一定程度的降低。

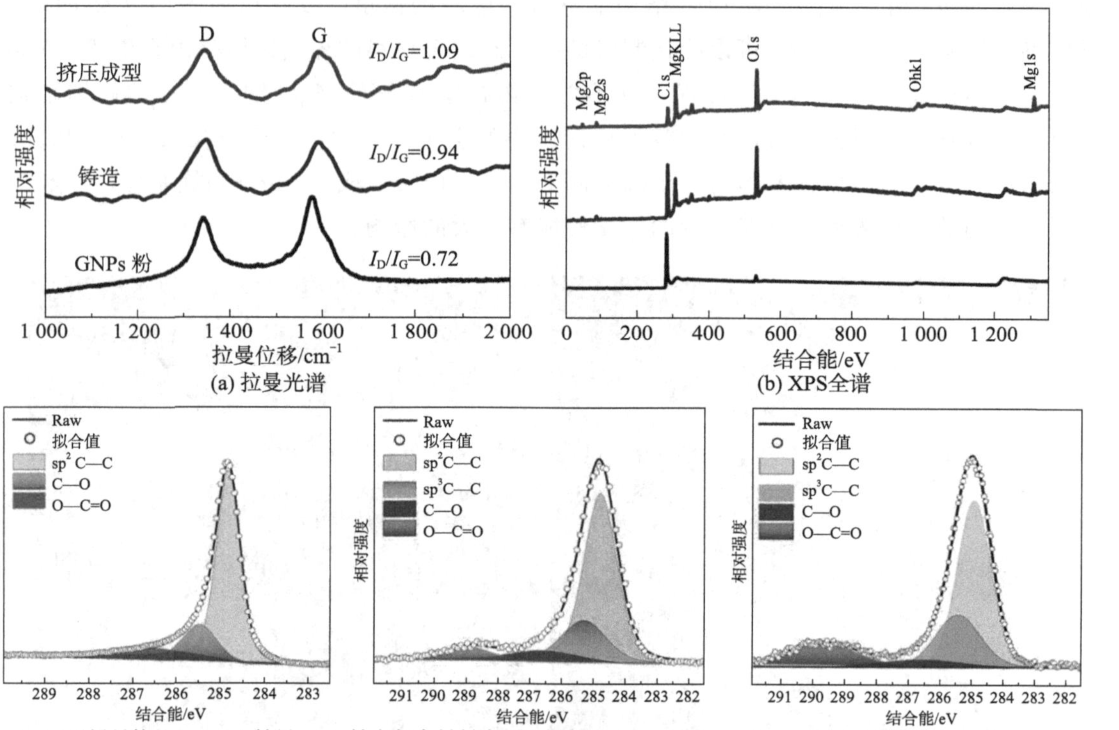

(a) 拉曼光谱　(b) XPS全谱

(c) 石墨烯粉体的XPS-C1s结果　(d) 铸态复合材料中石墨烯的XPS-C1s结果　(e) 挤压态复合材料中石墨烯的XPS-C1s结果

图 5-33　原位 GNPs/Mg-6Zn 复合材料的界面化学键分析（见彩插）

为了进一步研究石墨烯表面缺陷变化的原因，对三种类型的石墨烯样品进行了 XPS 光谱分析，如图 5-33（b）所示。XPS 光谱显示，不同的石墨烯样品均在 284.5 eV、531 eV 和 976 eV 下显示出典型的 C1s、O1s 和 Ohkl 峰。通过对 XPS 光谱中 C1s 进行分峰处理可以对其表面官能团进行更详细的分析。如图 5-33（c）～（e）所示，所有样品均能够观察到 sp^2 杂化碳、sp^3 杂化碳以及 C—O 官能团的存在。但是，铸态及挤压态复合材料中的石墨烯出现了明显的羧基官能团，而酸洗后石墨烯粉末中的羧基明显消失。因此，可以推测酸洗后得到的石墨烯粉末中缺陷密度的降低可能与羧基官能团的减少有关。对于复合材料中的石墨烯，其表面上的所有官能团都是在镁与 CO_2 原位气液反应过程中形成的。在反应过程中，CO_2 中的部分氧原子会和石墨烯的边缘相结合形成羧基官能团。由于反应体系中除了带正电的镁离子外没有其他阳离子，所以石墨烯表面的羧基官能团只能与镁离子结合。最终，石墨烯表面的羧基将镁基体与 MgO 纳米颗粒相互联系。而石墨烯表面具有丰富的边缘和介孔结构，为石墨烯与 MgO 之间提供了足够的键合位点。因此，原位气液反应过程中，通过羧基官能团连接，石墨烯和 MgO 之间形成了强大的化学键。许多文献已经报道石墨烯表面形成的羧基官能团在酸性溶液中会发生水解[27,28]，最终导致酸洗过后得到的石墨烯粉体缺陷密度下降。

为了研究界面结构的稳定性，在高温和真空环境下，通过蒸发掉复合材料中镁合金基体，可以获得含有石墨烯和 MgO 的混合粉末。然后在乙醇溶液中用超声波处理混合粉末 30 min。如图 5 - 34 (a) 所示，可以发现，混合粉末在超声波处理后仍然保持了 MgO 修饰的结构，没有出现任何脱落的现象，进一步表明 MgO 和石墨烯之间形成了稳定的界面结合。通过石墨烯表面官能团的演化，可以确定石墨烯和 MgO 纳米颗粒间通过羧基官能团形成了很强的化学键合。这种由羧基相连接形成稳定的界面结构被图 5 - 34 (b) 示意性地表示。另外，许多文献中已经证实，镁基体与 MgO 能够形成半共格界面，具有较强的结合能力。因此在 MgO 的修饰作用下，可以有效地提高石墨烯与镁合金基体之间界面结合强度[29-31]。

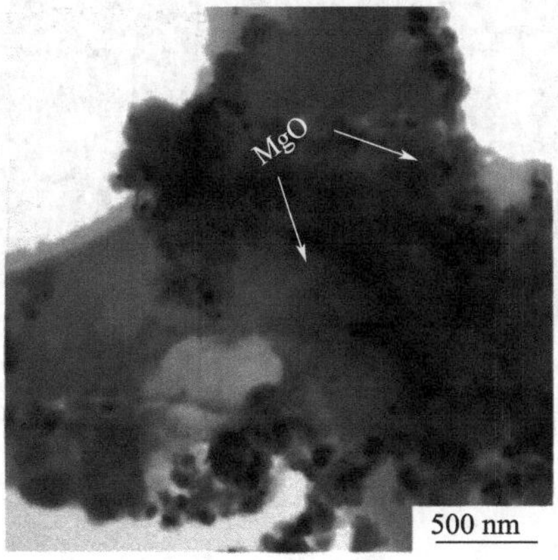

(a) SEM图

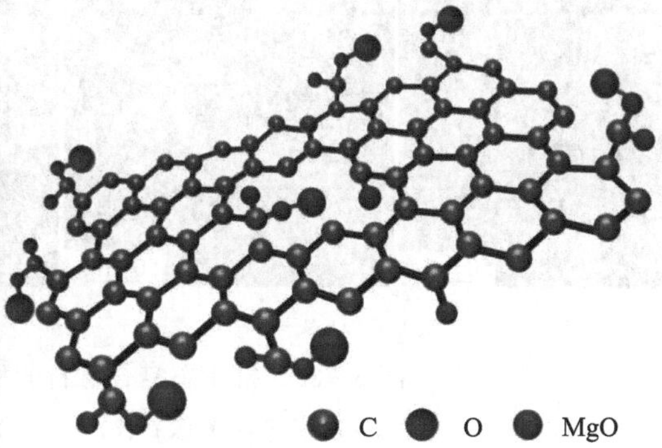

(b) 界面结构的示意图

图 5 - 34　原位复合材料中氧化镁修饰的石墨烯（见彩插）

5.5.2　第二相的动态析出

图 5 - 35 为原位 GNPs/Mg - 6Zn 复合材料挤压时基体中动态析出的 TEM 图像。能够发现析出相的尺寸约为几百纳米，图中用红色箭头指示。同时在析出相的周围存在着原位生长的石墨烯，图中用黄色箭头指示。图 5 - 35 (c) ～ (f) 为挤压态复合材料中石墨烯表面的元素分布，能够在石墨烯表面发现明显的锌元素的偏聚。上述结果可以说明，复合材料挤压过程中的动态析出主要在分布于晶界区域的石墨烯周围形成。

据文献报道，金属材料变形过程中的动态析出通常包括析出相的形核以及长大两个阶段。在动态析出过程中，基体材料内部的吉布斯自由能的降低能够为动态析出形核提供驱动力。因此，在空位群、位错和晶界处等吉布斯自由能降低的位置处有利于析出相的形成[24]。由于原始的晶粒中均匀地分布着石墨烯，在材料内部存在许多石墨烯与镁的相界面，这些界面是动态析出的低能界面。复合材料在变形过程中能够在相界面处塞积较高密

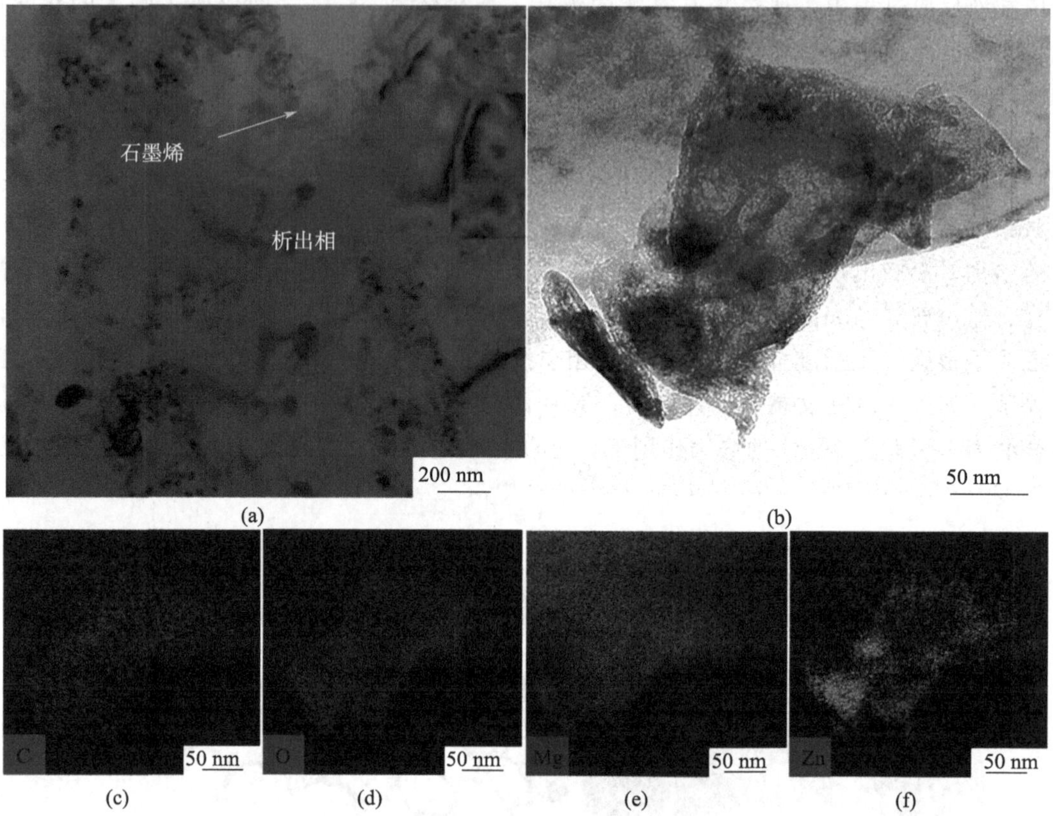

图 5 - 35　挤压态复合材料的析出相形貌（见彩插）

(a)、(b) TEM 图像；(c) ～ (f) 分图 (b) 的元素分布

度的位错，这些区域可以作为锌元素扩散的通道，导致锌元素在石墨烯周围富集，从而在这些区域优先发生析出相的形核。另外，由于镁合金中均匀地分布着大量的石墨烯，这也导致锌元素扩散到石墨烯与镁的界面后很难进一步运动，析出相不能充分吸收固溶在基体中的锌原子，从而难以进一步地长大，最终只能在石墨烯周围形成细小的析出。

5.6　挤压态复合材料的力学性能及强化机制

前五节利用气液反应过程在 Mg - 6Zn 基体中原位合成石墨烯，最终得到了石墨烯在基体中均匀分散、晶粒尺寸细小的原位 GNPs/Mg - 6Zn 复合材料。之后将首先对制备的原位复合材料进行拉伸实验，获得原位复合材料的实际力学性能。然后通过对复合材料的界面结构、晶粒尺寸等微观结构的分析，结合理论计算定量地研究载荷传递强化等不同增强机制对复合材料强度提高的实际效果。系统地探讨原位自生 GNPs/Mg - 6Zn 复合材料的强化机理，为今后利用气液反应工艺进行镁基复合材料的设计提供理论依据。

5.6.1　挤压态 GNPs/Mg-6Zn 复合材料力学性能

图 5-36（a）为利用原位气液反应工艺制备的挤压态 Mg-6Zn 合金和原位 GNPs/Mg-6Zn 复合材料的工程应力-应变曲线，通过控制气液反应时间，两种复合材料中石墨烯体积分数分别为 0.32%和 0.61%。相应地，复合材料中 MgO 的体积分数分别为 1.3%和 2.5%。从拉伸曲线中可以分别获得基体镁合金及原位 GNPs/Mg-6Zn 复合材料的杨氏模量（E）、屈服强度（YS）、抗拉强度（UTS）以及断裂延伸率（ε_f），相关数据在表 5-1 中进行了总结。

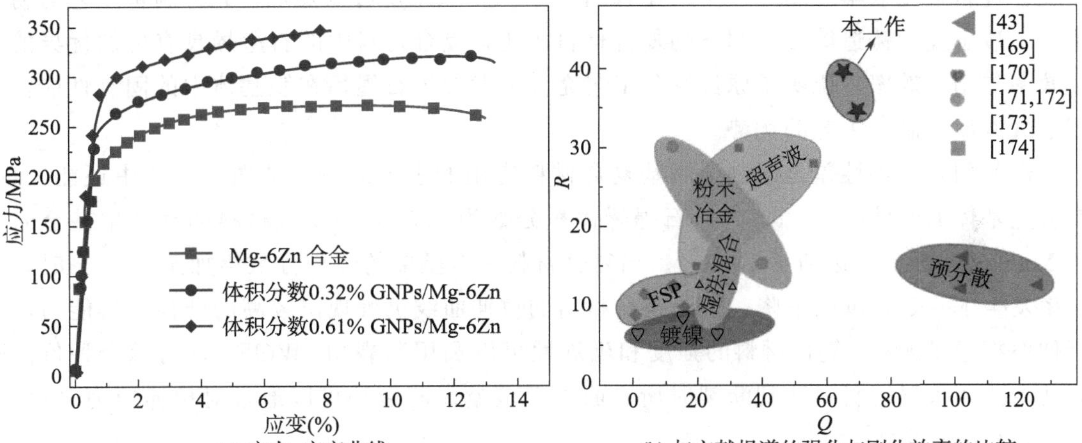

(a) 应力-应变曲线　　(b) 与文献报道的强化与刚化效率的比较

图 5-36　原位气液反应法制备的复合材料室温力学性能

表 5-1　镁合金基体及原位复合材料的力学性能

体积分数（%）	E/GPa	YS/MPa	UTS/MPa	ε_f(%)	WOF/(kJ·m^{-3})
0	43.4±0.4	209±2	264±9	11.9+1.9	29 397±3 129
0.32	48.4±0.2	259±3	320±2	13.2+1.7	38 937±4 422
0.61	54.6±0.4	292±3	341±3	8.0+0.3	24 632±957

结果表明，镁合金的 E、YS 与 UTS 分别为（43.4±0.4）GPa、（209±2）MPa、（264±9）MPa。与之相比，石墨烯体积分数为 0.32%的复合材料的 E、YS 与 UTS 增加至（48.4±0.2）GPa、（259±3）MPa、（320±2）MPa，分别比 Mg-6Zn 基体高约 8%、29%、21%。当石墨烯的体积分数增加至 0.61%时，复合材料的 E、YS 与 UTS 分别为（54.6±0.4）GPa、（292±3）MPa、（341±3）MPa，比 Mg-6Zn 基体高约 21%、50%和 29%。上述结果表明复合材料的强度与模量得到明显的提升。

为了比较不同工艺的实际效果，对原位 GNPs/Mg-6Zn 复合材料中的石墨烯对金属基体的强化效率与刚化效率进行定量表征，其中强化效率（R）与刚化效率（Q）可通过如下公式进行计算[32]：

$$R=\frac{\sigma_c-\sigma_m}{V_{GNPs}\sigma_m} \tag{5-5}$$

$$Q=\frac{E_c - E_m}{V_{GNPs}E_m} \tag{5-6}$$

式中　σ_c ——复合材料的强度；

σ_m ——基体材料的强度；

E_c ——复合材料的刚度；

E_m ——基体材料的刚度；

V_{GNPs} ——增强体的体积分数。

图 5-36（b）是利用气液反应工艺制备的原位 GNPs/Mg-6Zn 复合材料与文献报道中复合材料强化效率与刚化效率的比较结果[33-39]。从图中可以发现，此种制备工艺与粉末冶金、液态搅拌铸造等方法制备的复合材料相比，复合材料中的石墨烯具有更加优异的强化效率与刚化效率。说明了原位制备工艺充分地发挥了石墨烯在镁基体中的固有性能，体现了气液反应制备工艺的优势。

众所周知，塑性差是限制金属基复合材料应用的主要问题。从图 5-36 中还能发现，镁合金基体的延伸率为 11.9%。石墨烯体积分数为 0.32% 的复合材料的延伸率甚至略高于 Mg-6Zn 合金，达到了 13.2%。当复合材料中石墨烯的体积分数增加至 0.61% 时，延伸率发生了一定程度的下降，但是复合材料的拉伸曲线仍表现出较高的塑性变形能力，其延伸率超过了 8%。复合材料的强度和延展性可以利用断裂功（*WOF*）进行综合评价。断裂功主要用来描述材料达到断裂时所吸收的总能量。断裂功可以通过对拉伸应力-应变曲线进行积分求出[40]。

$$WOF=\int_0^{\varepsilon_f}\sigma \, d\varepsilon \tag{5-7}$$

式中　σ ——材料的工程应力；

ε ——材料的工程应变；

ε_f ——复合材料的断裂延伸率。

对图 5-36 的拉伸曲线进行积分计算。石墨烯体积分数为 0.32%[35] 的复合材料的断裂功比 Mg-6Zn 基体合金提高了 32%，呈现出优异的强韧化效果。当石墨烯体积分数为 0.61% 时，断裂功呈明显下降。

图 5-37 是挤压态 Mg-6Zn 合金和原位 GNPs/Mg-6Zn 复合材料在不同拉伸应变下的高温应力-应变曲线，测试温度为 200 ℃。如图 5-37（a）所示，当应变速率为 10^{-3} s^{-1} 时，镁合金的峰值应力为 97 MPa。与之相比，石墨烯体积分数为 0.32% 与 0.61% 的复合材料的峰值应力分别为 106 MPa 与 129 MPa，分别比 Mg-6Zn 基体高约 9% 与 33%。如图 5-37（b）所示，当应变速率增加至 10^{-2} s^{-1} 时，镁合金的峰值应力为 134 MPa，而石墨烯体积分数为 0.32% 与 0.61% 的复合材料，其峰值应力达到了 149 MPa 与 172 MPa，这比 Mg-6Zn 基体提高约 11% 和 28%。通过上述不同应变速率的高温拉伸测试说明，与镁合金相比，开发的原位复合材料的高温强度也明显提高。综合上述结果，这种原位气液反应工艺能够实现复合材料室温与高温力学性能的协同提升，展现出了优异的综合性能。结合这种制备工艺能够实现低成本、大批量、绿色生产的优势，充分说明了原位液态冶金

工艺在制备金属基复合材料方面的潜力。

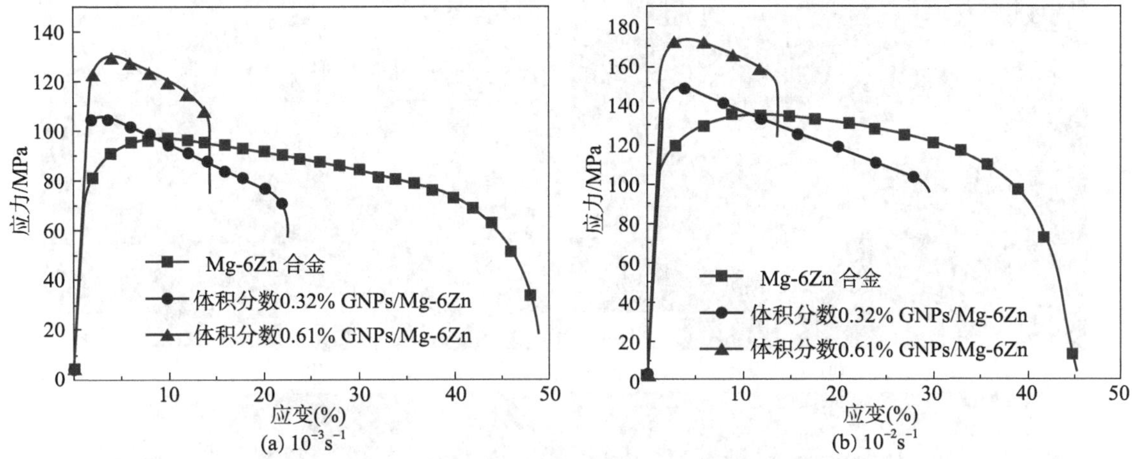

图 5 - 37　不同应变速率下复合材料的高温应力-应变曲线

5.6.2　挤压态 GNPs/Mg - 6Zn 复合材料强化机制

（1）拉伸断裂行为

图 5 - 38（a）所示为挤压态 Mg 合金的拉伸断口，由于锌元素的加入有效地改变了锥面位错与基面位错的临界分切应力的差值，这使得镁合金在变形过程位错中的基面滑移与非基面滑移同时发挥作用，显著地提高其塑性。因此镁合金表面观察到大量与位错滑移相关曲折交错的撕裂棱的存在。

图 5 - 38（b）～（d）为不同含量石墨烯的拉伸断口，在断口表面能够发现丰富的韧窝与撕裂棱，这说明原位复合材料的断裂方式仍然以塑性断裂方式为主。相比于基体合金，复合材料的晶粒尺寸得到了明显的细化，更加细小的晶粒通过晶粒间相互协调变形，能够使得复合材料的变形更加均匀，进一步地增加基体合金的塑性变形能力。对于复合材料，由于原位产生的石墨烯具有较高的强度与刚度，其变形程度十分微弱。这种变形程度的不协调会导致拉伸过程中在石墨烯与基体的界面处产生孔洞。随着复合材料承担外加载荷的不断提高，镁合金基体需要发生更大的塑性变形才能平衡拉伸应力。由于基体变形能力的提高能够有效缓解石墨烯对塑性的损伤，因此复合材料仍然能够具有较高的塑性变形能力。随着变形量的不断增加，界面处的微孔逐渐长大后，复合材料内部多个微孔相互连接，形成一个贯穿的裂纹，从而导致复合材料断裂，最终在断口表面能够观察到大量的韧窝出现。由于原始的微裂纹往往出现在石墨烯与镁基体的界面处，因此在断口表面可观察到大量石墨烯的存在，如图 5 - 38（d）所示。

图 5 - 38（e）、（f）为挤压态复合材料远离拉伸断口的侧面位置的 SEM 图像。从图中能够看出，复合材料的断裂表面同时萌生了多个原始裂纹，在裂纹内部能够看出石墨烯的桥联与拔出的现象。通过上文的讨论可知原位反应过程中石墨烯表面形成了稳定的 MgO 纳米颗粒修饰结构，界面强度的提升直接抑制裂纹的产生。更为重要的是，由于石墨烯表

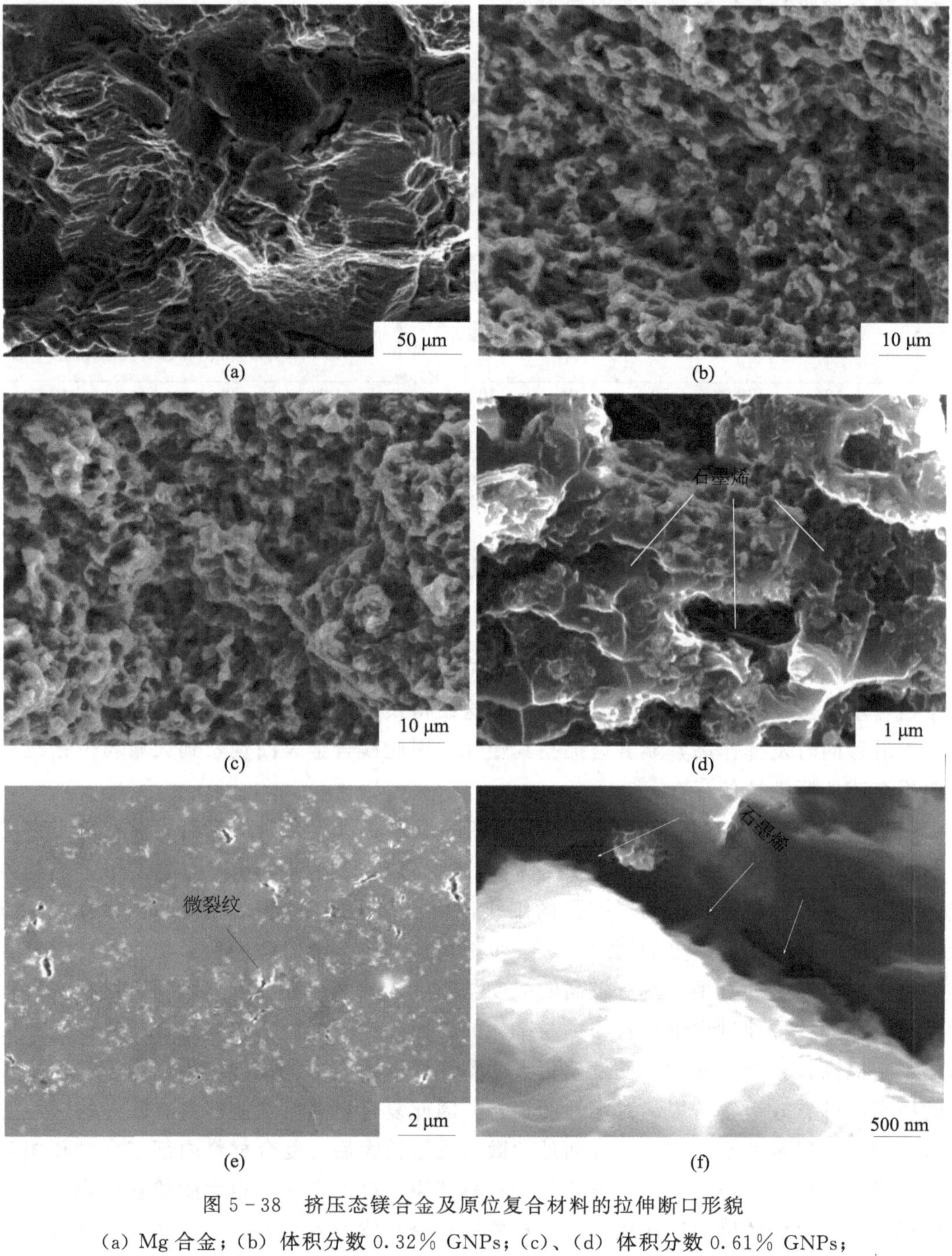

图 5-38　挤压态镁合金及原位复合材料的拉伸断口形貌

(a) Mg 合金；(b) 体积分数 0.32% GNPs；(c)、(d) 体积分数 0.61% GNPs；
(e) 镁基体和石墨烯间的微裂纹；(f) 裂纹处的石墨烯拔出

面非常平整光滑，从而导致传统的复合材料界面无法很好地传递应力，直接在复合材料的界面处形成初始裂纹。初始裂纹一经形成，很容易发生扩展并断裂，其过程如图 5-39 (a) 所示。而本文制备的复合材料由于在石墨烯表面形成 MgO 纳米颗粒的修饰结构，这种修饰结构通过增加界面的机械摩擦、机械互锁等物理纠缠，可以保证复合材料拉伸时产生的微裂纹不会迅速聚集形成大裂纹导致整个界面的失效。最终在断口处能够观察到多个裂纹均匀萌生的现象，展现出一种更加均匀的断裂方式，整个过程如图 5 - 39（b）所示。因此制备的复合材料仍然显示出较高的塑性，相应的复合材料的强度也就能够充分地发挥。

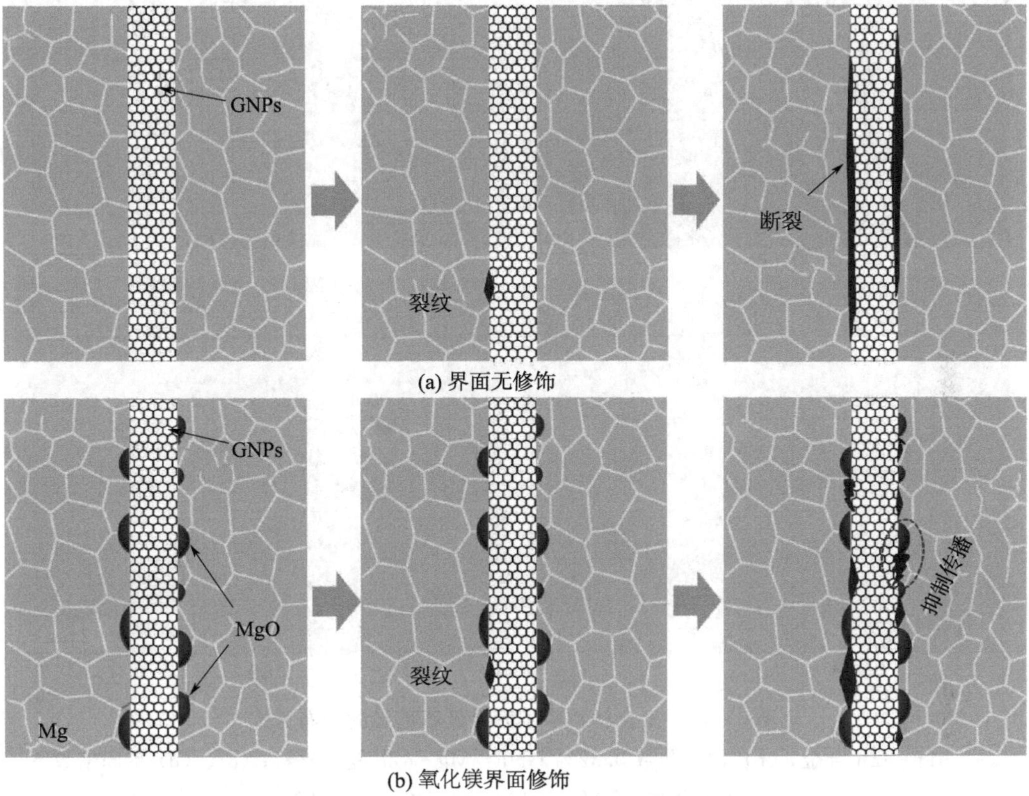

图 5 - 39　原位复合材料的拉伸断裂示意图

（2）室温强化机制

原位气液反应过程中，以 CO_2 气体为碳源，利用高温镁熔体的还原作用，可以实现石墨烯在镁熔体中的原位生成。金属基体中形成石墨烯能够承担部分外加载荷，起到直接强化金属基体的效果。同时，复合材料中的石墨烯还会引起基体晶粒尺寸以及织构等微观组织的变化，从而间接地提高复合材料的强度。为了更好地理解原位 GNPs/Mg - 6Zn 复合材料的显微组织与力学性能之间的关系，本文将分别讨论不同强化机制的实际贡献，本部分的讨论针对的是屈服强度，而非抗拉强度。

1）载荷传递强化。在基体中引入高性能的石墨烯后，复合材料在拉伸过程中，应力能够通过石墨烯与镁的界面区域从镁基体转移到石墨烯上，从而发挥石墨烯的直接强化效果。石墨烯在金属基体中的分散性决定载荷传递效果。如果增强相在某一局部形成团聚，这些区域相当于微观孔洞，这导致了应力无法传递到团聚区的增强体中。通过上一章的研究，原位反应过程中生成的石墨烯能够均匀分散在基体中。图 5 - 40 为不同含量的石墨烯均匀分散在镁合金基体中的 SEM 图像。

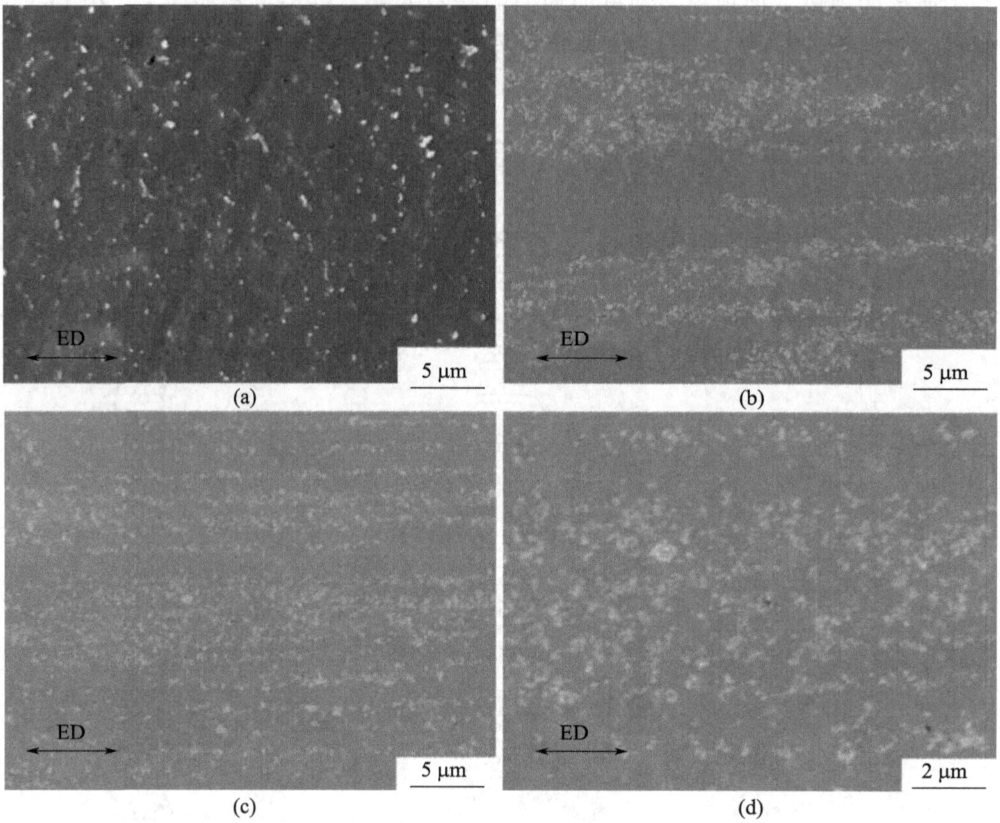

图 5 - 40　复合材料中不同含量石墨烯的分布方式

(a) Mg - 6Zn 合金；(b) 体积分数 0.32% GNPs/Mg - 6Zn 复合材料；(c)、(d) 不同倍数下体积分数 0.61% GNPs/Mg - 6Zn 复合材料

由于 MgO 的修饰结构能够促使复合材料具有良好的界面强度，因此，制备的复合材料可以很好地发挥载荷传递强化的效果。由镁基体向石墨烯转移的载荷强化效应($\Delta\sigma_{LT(GNPs)}$)可根据 Kelly - Tyson 公式给出[41]：

$$\Delta\sigma_{LT(GNPs)}=\sigma_{GNPs}V_{GNPs}\left(1-\frac{l_c}{2d_G}\right)-\sigma_m(1-V_m)\qquad d_G>l_c \tag{5-8}$$

$$\Delta\sigma_{LT(GNPs)}=\sigma_{GNPs}V_{GNPs}\left(\frac{l}{2d_G}\right)-\sigma_m(1-V_m)\qquad d_G<l_c \tag{5-9}$$

式中　σ_{GNPs} ——石墨烯的强度；

σ_m ——基体合金的强度；

d_G ——石墨烯的片径尺寸；

l_c ——复合材料中石墨烯的临界长度。

增强体断裂的临界长度可通过下列公式进行计算：

$$l_c = \frac{t\sigma_{\mathrm{GNPs}}}{2\tau_m} \tag{5-10}$$

式中，τ_m 为基体合金的剪切强度，其数值约等于 $0.5\sigma_m$，可以确定复合材料的临界断裂长度 l_c 约等于 430 nm。而复合材料中石墨烯的尺寸为 320 nm。经计算，石墨烯体积分数为 0.32%与 0.61%的复合材料通过载荷传递强化效应所贡献的强度增量分别为 32.4 MPa 和 61.6 MPa。

在反应过程中，生成 1 mol 石墨烯会同时生成 2 mol MgO 纳米颗粒。MgO 颗粒对载荷传递机制（$\Delta\sigma_{\mathrm{LT(MgO)}}$）的贡献可表示为[41]

$$\Delta\sigma_{\mathrm{LT(MgO)}} = \frac{1}{2}V_{\mathrm{MgO}}\sigma_m \tag{5-11}$$

根据式（5-11）可以计算出两种复合材料中 MgO 的载荷传递的强化效应仅为 1.4 MPa 和 2.6 MPa。

上述计算结果说明，石墨烯的载荷传递强化效果远高于 MgO 纳米颗粒。相应地，复合材料中载荷传递强化效应主要是由石墨烯贡献的，这主要源于石墨烯固有的高强度和独特的二维结构。尽管 MgO 纳米颗粒对强度改善的直接作用有限，但 MgO 纳米颗粒分布并紧密结合在石墨烯表面，MgO 纳米颗粒起到强大的机械联锁作用，这避免了载荷从镁基体直接传递到石墨烯上，促进界面区域的应力更加均匀，能够缓解界面开裂现象的发生。因此，这种通过原位气液反应过程获得的特殊界面结构能够提高石墨烯的载荷传递强化的实际效果。

2）细晶强化。细晶强化是金属材料的重要强化机制。金属材料中产生的位错运动被晶界阻挡后，需要施加额外的应力才能使位错向下一个晶粒传递。因此具有细小晶粒尺寸的金属材料往往表现出更为优异的强度。晶粒细化对强度提升的贡献量可由 Hall-Petch 关系计算[41]

$$\Delta\sigma_{\mathrm{H\text{-}P}} = K\cdot(d_c^{-1/2} - d_m^{-1/2}) \tag{5-12}$$

式中　$\Delta\sigma_{\mathrm{H\text{-}P}}$——复合材料屈服强度的增加量；

K——Hall-Petch 强化系数；

d_c——GNPs/Mg-6Zn 复合材料的晶粒尺寸；

d_m——Mg-6Zn 合金的晶粒尺寸。

Hall-Petch 强化系数 K 值被认为是晶界阻碍位错滑动的能力，影响 K 值的因素较为复杂，与材料的晶体结构、织构强度以及合金元素等因素密切相关。不同加工工艺的镁合金的 K 值有较大的差异。因此为了研究本书中复合材料的细晶强化效果，首先就需要确定 Hall-Petch 强化系数。在上一章中利用不同的挤压工艺获得了不同晶粒尺寸的复合材料，并测试了其力学性能。绘制样品的屈服强度（σ）和晶粒尺寸（$d^{-1/2}$）之间的函数关系，通过线性拟合后其斜率即为 Hall-Petch 强化系数。如图 5-41 所示，原位复合材料的 σ 和 $d^{-1/2}$ 明显呈线性关系。经计算，原位复合材料的斜率 K 为 116 $\mathrm{MPa\cdot m^{-1/2}}$。

另外，K 值的大小决定了复合材料通过细晶强化提升屈服强度的能力。图 5-41 还将原位复合材料的 K 值与同等尺寸下镁合金的 Hall-Petch 关系进行比较。结果发现，原位

复合材料的 K 值明显高于 Razavi 和 Tsuji 报道的在此晶粒范围的镁合金斜率 90 MPa · $m^{-1/2}$ 和 107 MPa · $m^{-1/2}$。斜率 K 值被认为是晶界阻碍位错滑动的能力。对于镁合金而言，当晶粒尺寸下降到 10 μm 以下时，其变形机制可能由位错滑移逐渐向晶界滑移转变，因此晶界对位错阻碍能力减弱，这将使 Hall－Petch 的 K 值与粗晶镁合金相比明显减小。通过上述结果，可以确定具有细小晶粒尺寸的原位复合材料也能保持较高的 Hall－Petch 强化效果。如图 5－42 所示，晶界能够阻碍位错运动并产生塞积。由于石墨烯在挤压过程中分布在镁合金的晶界处，因此当位错向晶界处移动时，晶界具有更高的强度，从而具有更强的阻碍位错向晶界运动的能力，其过程如图 5－43 所示[24]。相应地，复合材料晶界的强化效果更加明显。

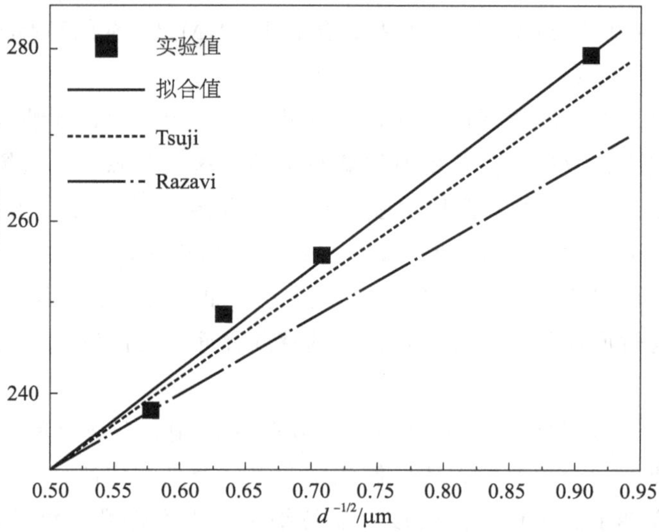

图 5－41　GNPs/Mg－6Zn 复合材料的 σ 和 $d^{-1/2}$ 关系与文献报道的结果比较

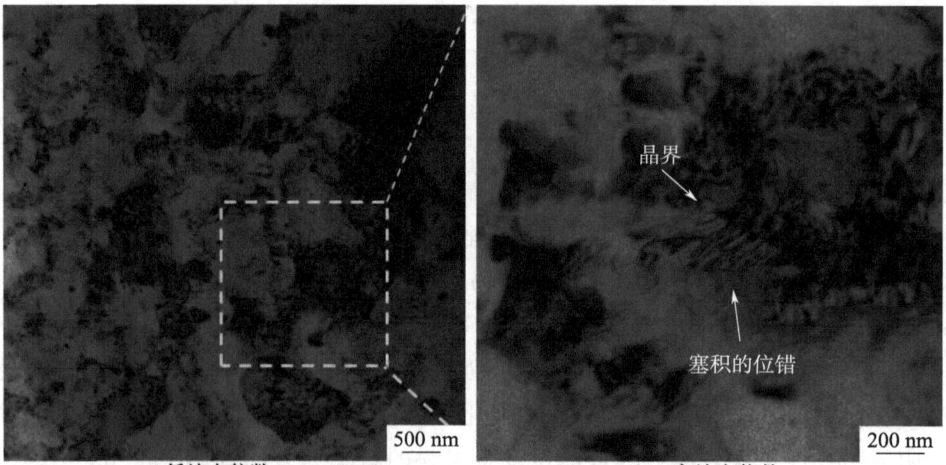

(a) 低放大倍数　　(b) 高放大倍数

图 5－42　复合材料拉伸后晶粒内部位错的 TEM 明场像

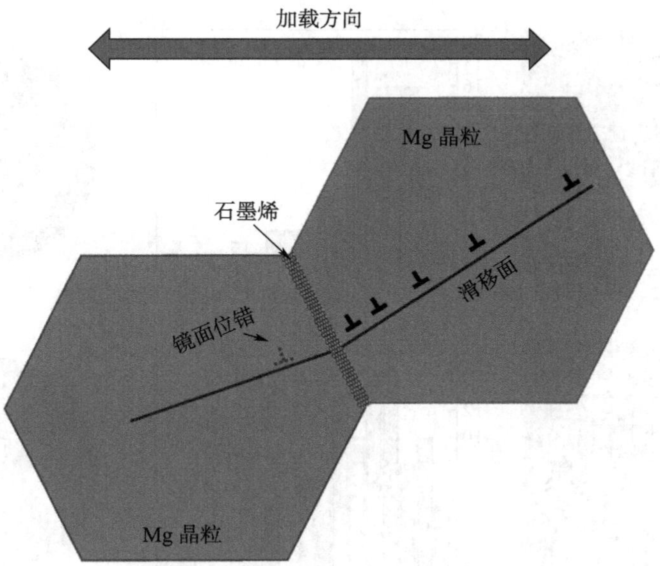

图 5-43　石墨烯晶界强化示意图

图 5-44 为不同石墨烯含量的复合材料的反极图。通过对其晶粒尺寸统计发现，Mg-6Zn 合金的平均晶粒尺寸约为 7.4 μm。而石墨烯体积分数分别为 0.32%和 0.61%的复合材料的平均晶粒尺寸分别为 1.9 μm 和 1.7 μm，晶粒尺寸得到了明显的细化，可以充分发挥细晶强化的效果。因此，可以计算出两种石墨烯含量的复合材料由细晶强化（$\Delta\sigma_{\text{H-P}}$）所贡献的强度增量分别为 40.0 MPa 和 48.7 MPa。

3）热错配强化机制。复合材料在热挤压后的冷却过程中，由于石墨烯和其周围的镁合金基体的热膨胀系数存在显著的区别，相应地，将会存储大量的位错。而热错配强化（$\Delta\sigma_{\text{CET}}$）的作用可以利用下列公式计算：

$$\Delta\sigma_{\text{CET}} = kG_{\text{M}}b\sqrt{12\frac{\Delta\alpha\Delta TV_{\text{r}}}{bd_{\text{G}}}} \tag{5-13}$$

式中　k ——材料常数；

b ——镁的伯格斯矢量；

G_{M} ——镁的剪切模量；

ΔT ——复合材料冷却过程中的温度变化；

$\Delta\alpha$ ——增强体的平均热膨胀系数。

通过前文的介绍，复合材料制备过程中，在石墨烯表面能够形成稳定的 MgO 纳米颗粒修饰结构，因此在计算增强体与镁合金基体的热膨胀系数的差值（$\Delta\alpha$）时，应该将石墨烯与 MgO 纳米颗粒看作一个整体，而不能分别计算其与基体的热膨胀系数的差异，$\Delta\alpha$ 可以表示为

$$\Delta\alpha = \alpha_{\text{Mg}} - \alpha_{\text{rein}} \tag{5-14}$$

$$\alpha_{\text{rein}} = \frac{\alpha_{\text{MgO}}V_{\text{MgO}} + \alpha_{\text{GNPs}}V_{\text{GNPs}}}{V_{\text{MgO}} + V_{\text{GNPs}}} \tag{5-15}$$

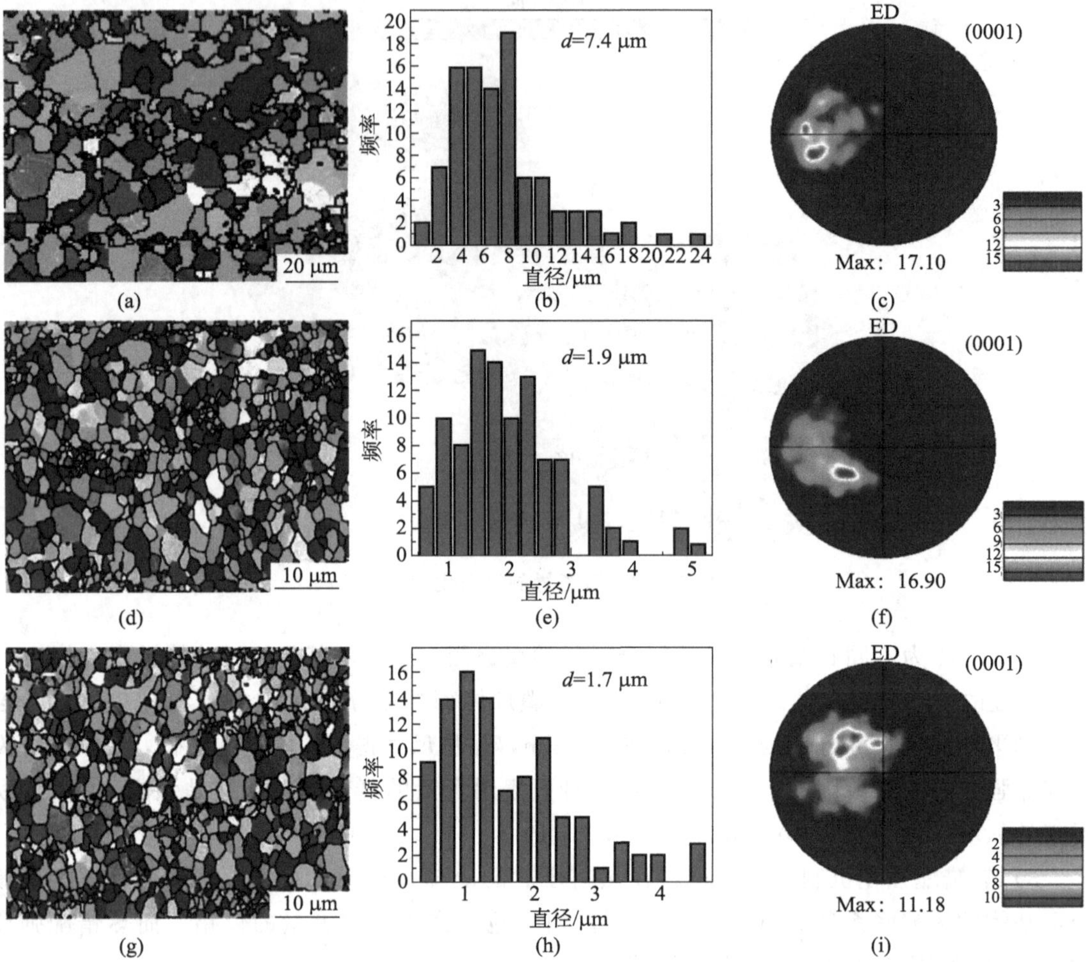

图 5-44　Mg-6Zn 合金与原位 GNPs/Mg-6Zn 复合材料的微观组织（见彩插）

（a）～（c）Mg-6Zn 合金；（d）～（f）体积分数为 0.32% 的 GNPs/Mg-6Zn 复合材料；

（g）～（i）体积分数为 0.61%的 GNPs/Mg-6Zn 复合材料

式中　α_{MgO} ——MgO 的热膨胀系数；

α_{GNPs} ——石墨烯的热膨胀系数；

α_{Mg} ——镁的热膨胀系数。

由式（5-13）可以计算出两种复合材料中热错配强化所贡献的强度分别为 10.6 MPa 和 14.8 MPa。

4）奥罗万强化机制。虽然在原位复合材料制备过程中同时也生成了大量的 MgO 纳米颗粒，但是 MgO 纳米颗粒对奥罗万强化的贡献可以被忽略。这是由于 MgO 纳米颗粒主要分布在石墨烯表面，它不能作为一个独立的颗粒在其周围产生位错环而起到强化的效果。因此 MgO 的作用将会被石墨烯所抑制。在计算复合材料的奥罗万强化机制时，可以将 MgO 纳米颗粒修饰的石墨烯看作一个整体，因此增强体对复合材料强度的提升可由下式计算得出[42]：

$$\Delta\sigma_{Or}=\frac{0.13G_{M}b}{d_{G}\left[\left(\frac{1}{2V_{GNPs}}\right)^{\frac{1}{3}}-1\right]}\ln\frac{d_{G}}{2b}\qquad(5-16)$$

公式中的 G_M，b，V_{GNPs} 和 d_G 等参数已经在前文中进行了定义。由式（5－16）可以计算出两种复合材料中奥罗万强化所贡献的强度分别为 3.1 MPa 和 4.0 MPa。通过上述计算，石墨烯的奥罗万强化的效果是十分微弱的。另外，由于石墨烯在挤压过程中，大部分均分布在晶界处，实际上复合材料的奥罗万强化效果甚至比计算结果还要小。

根据以上计算结果，不同强化机制对提高复合材料屈服强度的实际作用可用图 5－45（a）表示，可以发现，细晶强化是体积分数 0.32％石墨烯复合材料的主要强化机制，贡献了 45.7％的强度增量。当石墨烯体积分数增加到 0.61％时，复合材料的主要强化机制转变为载荷传递强化，贡献了 48.7％的强化增量。这是因为随着石墨烯含量的增加，镁基体晶粒尺寸的减小受到限制，但由于良好的分散性和优异的界面结构，载荷传递强化可以充分发挥这一作用。因此，通过在镁熔体中原位生长更高含量的石墨烯，有望通过载荷传递强化进一步改善 GNPs/Mg－6Zn 复合材料的力学性能。而复合材料的奥罗万强化效果与热错配强化对其整体强度提升的贡献较小。此外，MgO 并非随机均匀分布在镁合金基体中，而是主要分布在石墨烯表面。受到石墨烯的影响，MgO 的强化效果与均匀分布时明显不同。在制备的复合材料中，MgO 纳米颗粒的贡献被石墨烯所抑制，整体对强度的提升效果很小。

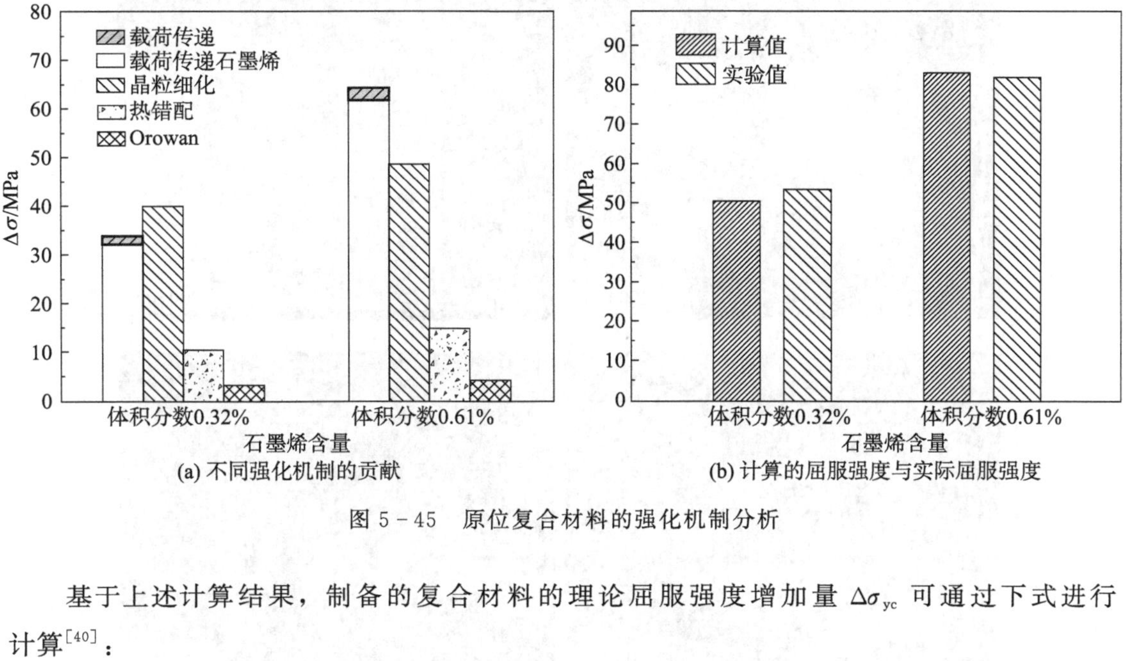

(a) 不同强化机制的贡献　　(b) 计算的屈服强度与实际屈服强度

图 5－45　原位复合材料的强化机制分析

基于上述计算结果，制备的复合材料的理论屈服强度增加量 $\Delta\sigma_{yc}$ 可通过下式进行计算[40]：

$$\sigma_{yc}=\sqrt{\Delta\sigma_{H-P}^{2}+\Delta\sigma_{LT}^{2}+\Delta\sigma_{CET}^{2}+\Delta\sigma_{Or}^{2}}\qquad(5-17)$$

图 5－45（b）即为利用上述公式计算的复合材料的理论值与实际值的相互比较结果，可以发现石墨烯体积分数为 0.32％的复合材料的理论提升量为 53.5 MPa，通过实际力学

性能测试的增加量为 50 MPa。理论增加量与实际结果相差 3.5 MPa。石墨烯体积分数为 0.61%的复合材料的理论提升量为 82 MPa，通过实际力学性能测试的增加量为 83 MPa。实际的计算结果与理论的强化值近似相等。在低含量时理论值高于实际值的可能原因是计算过程中没有充分考虑原位生长石墨烯引起动态析出以及织构弱化等因素。

（3）高温强化机制

温度的升高会提高原子扩散能力，镁合金在高温下容易发生晶界滑移的现象。当金属的晶粒尺寸较小时，这种晶界滑移的现象更加明显。细晶镁合金高温下的力学性能往往会急剧降低，其应用范围受到严重限制。进一步提高镁合金的高温力学性能是扩大其应用范围的关键问题之一[43-45]。而具有细小晶粒尺寸的金属材料往往很难协调室温性能及高温性能冲突的矛盾。

在本研究中，复合材料与镁合金相比，晶粒尺寸更加细小，仅为 2 μm 左右。在高温下如此细小的晶粒容易发生晶界滑移现象，高温强度往往过低。而实际的结果显示，随着石墨烯在镁基体中原位形成，具有更加细小晶粒尺寸的镁基复合材料展示出了更加优异的高温强度。为了确定其断裂过程，对高温拉伸过程中产生的断口形貌进行观察。如图 5 - 46 所示，原位复合材料在高温下的断口形貌与室温拉伸时有着相似的特征，并没有观察到任何颈缩现象的发生。通过上一章对复合材料再结晶过程的分析，能够确认绝大多数的石墨烯分布在晶界处，这些石墨烯能够作为原子扩散以及晶界运动的障碍，有效地提高晶界强度，避免了晶界滑移，保证了制备的复合材料在高温条件下晶界的强度仍然能够高于晶内的强

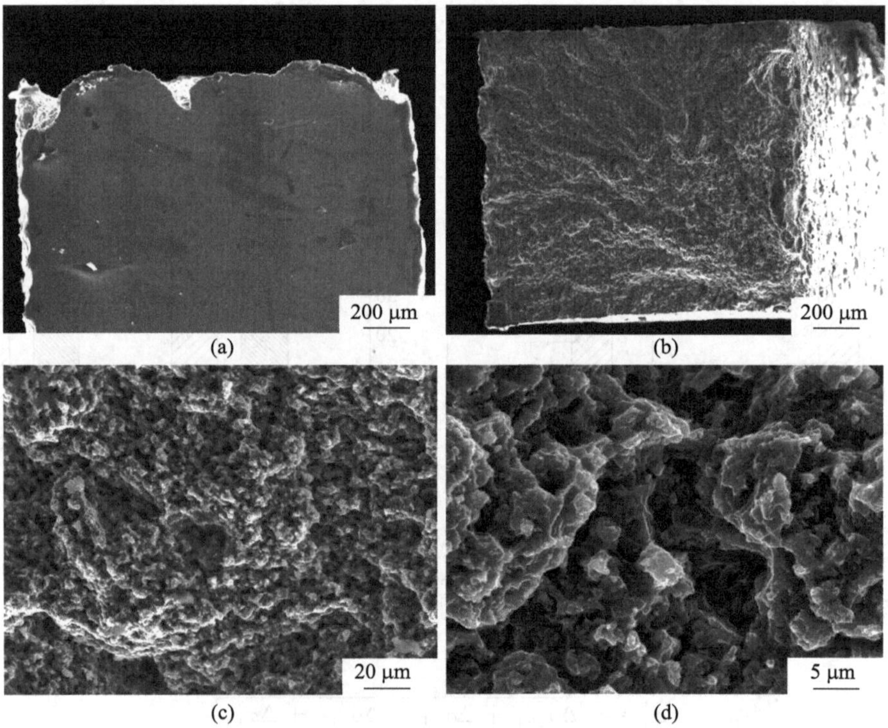

图 5 - 46　原位 GNPs/Mg - 6Zn 复合材料不同放大倍数下的高温拉伸断口

度，从而在室温与高温下断裂方式不会产生较大差异。因此复合材料仍然能够通过晶粒细化来提高其高温性能，使得复合材料高温强度仍然维持在较高的水平。但是由于在高温下弱化了基体金属的强度，复合材料的高温性能与室温相比还会发生一定程度的下降。

通过上一章介绍，在镁合金中生长的石墨烯并不会回熔到镁合金基体中。同时在石墨烯的作用下复合材料的晶粒尺寸在高温条件下也没有发生明显的长大现象，具有很高的热稳定性。这保证了原位复合材料在复杂的工况条件下具有很强的组织稳定能力。同时，原位反应过程在镁合金基体中引入石墨烯增强相还能够有效地提升基体合金的室温及高温性能。组织与性能的稳定对于推广开发的镁基复合材料具有重要意义。

参考文献

[1] XING Z, WANG B, GAO W, et al. Reducing co2 to dense nanoporous graphene by mg/zn for high power electrochemical capacitors [J]. Nano Energy, 2015 (11): 600 - 610.

[2] KHATRI S, KOCZAK M. Formation of tic in in situ processed composites via solid - gas, solid - liquid and liquid - gas reaction in molten al ti [J]. Materials Science and Engineering: A, 1993, 162 (1 - 2): 153 - 162.

[3] WANG L, WEI B, DONG P, et al. Large - scale synthesis of few - layer graphene from magnesium and different carbon sources and its application in dye - sensitized solar cells [J]. Materials & Design, 2016 (92): 462 - 470.

[4] FERRARI A C, BASKO D M. Raman spectroscopy as a versatile tool for studying the properties of graphene [J]. Nature Nanotechnology, 2013, 8 (4): 235 - 246.

[5] FERRARI A C, MEYER J C, SCARDACI V, et al. Raman spectrum of graphene and graphene layers [J]. Physical Review Letters, 2006, 97 (18): 187401.

[6] BO Z, YANG Y, CHEN J, et al. Plasma - enhanced chemical vapor deposition synthesis of vertically oriented graphene nanosheets [J]. Nanoscale, 2013, 5 (12): 5180 - 5204.

[7] SHEN Y, JING T, REN W, et al. Chemical and thermal reduction of graphene oxide and its electrically conductive polylactic acid nanocomposites [J]. Composites Science and Technology, 2012, 72 (12): 1430 - 1435.

[8] YANG D, VELAMAKANNI A, BOZOKLU G, et al. Chemical analysis of graphene oxide films after heat and chemical treatments by x - ray photoelectron and micro - raman spectroscopy [J]. Carbon, 2009, 47 (1): 145 - 152.

[9] ZHANG Q, CAI C, QIN J, et al. Tunable self - discharge process of carbon nanotube based supercapacitors [J]. Nano Energy, 2014 (4): 14 - 22.

[10] ZHANG J, JIA K, LIN L, et al. Large - area synthesis of superclean graphene via selective etching of amorphous carbon with carbon dioxide [J]. Angewandte Chemie International Edition, 2019, 58 (41): 14446 - 14451.

[11] MAO S, WEN Z, KIM H, et al. A general approach to one - pot fabrication of crumpled graphene - based nanohybrids for energy applications [J]. ACS Nano, 2012, 6 (8): 7505 - 7513.

[12] COMPTON O C, KIM S, PIERRE C, et al. Crumpled graphene nanosheets as highly effective barrier property enhancers [J]. Advanced Materials, 2010, 22 (42): 4759 - 4763.

[13] ZHU W, LOW T, PEREBEINOS V, et al. Structure and electronic transport in graphene wrinkles [J]. Nano Letters, 2012, 12 (7): 3431 - 3436.

[14] NIE K, GUO Y, DENG K, et al. High strength ticp/mg - zn - ca magnesium matrix nanocomposites with improved formability at low temperature [J]. Journal of Alloys and Compounds, 2019 (792): 267 - 278.

[15] NIE K, WANG X, HU X, et al. Microstructure and mechanical properties of sic nanoparticles reinforced magnesium matrix composites fabricated by ultrasonic vibration [J]. Materials Science and Engineering: A, 2011, 528 (15): 5278 - 5282.

[16] 朱巧博．纳米颗粒增强镁基复合材料的凝固过程研究 [D]. 北京：清华大学，2013.

[17] KAMYSBAYEV V, JAMES N M, FILATOV A S, et al. Colloidal gelation in liquid metals enables functional nanocomposites of 2d metal carbides (mxenes) and lightweight metals [J]. ACS Nano, 2019, 13 (11): 12415 - 12424.

[18] CHEN L - Y, XU J - Q, CHOI H, et al. Processing and properties of magnesium containing a dense uniform dispersion of nanoparticles [J]. Nature, 2015, 528 (7583): 539 - 543.

[19] RAJTER R, FRENCH R, CHING W, et al. Calculating van der waals - london dispersion spectra and hamaker coefficients of carbon nanotubes in water from ab initio optical properties [J]. Journal of Applied Physics, 2007, 101 (5): 52.

[20] UOZUMI H, KOBAYASHI K, NAKANISHI K, et al. Fabrication process of carbon nanotube/light metal matrix composites by squeeze casting [J]. Materials Science and Engineering: A, 2008, 495 (1 - 2): 282 - 287.

[21] 徐仁强．铝合金压铸充型孔洞缺陷形成过程动态表征与研究 [D]. 重庆：重庆大学，2019.

[22] CHEN L - Y, KONISHI H, FEHRENBACHER A, et al. Novel nanoprocessing route for bulk graphene nanoplatelets reinforced metal matrix nanocomposites [J]. Scripta Materialia, 2012, 67 (1): 29 - 32.

[23] 吴永福．Al - Si 系合金共晶 Si 变质处理的研究进展 [J]. 特种铸造及有色合金，2016，36 (9): 924 - 930.

[24] 杨子玥．石墨烯/铜微观层状复合材料的制备与性能 [D]. 哈尔滨：哈尔滨工业大学，2020.

[25] CHU K, WANG J, LIU Y - P, et al. Graphene defect engineering for optimizing the interface and mechanical properties of graphene/copper composites [J]. Carbon, 2018 (140): 112 - 123.

[26] MENG L, WANG X, NING J, et al. Beyond the dimensional limitation in bio - inspired composite: Insertion of carbon nanotubes induced laminated cu composite and the simultaneously enhanced strength and toughness [J]. Carbon, 2018 (130): 222 - 232.

[27] MEI X, OUYANG J. Ultrasonication - assisted ultrafast reduction of graphene oxide by zinc powder at room temperature [J]. Carbon, 2011, 49 (15): 5389 - 5397.

[28] FAN Z - J, KAI W, YAN J, et al. Facile synthesis of graphene nanosheets via fe reduction of exfoliated graphite oxide [J]. ACS Nano, 2011, 5 (1): 191 - 198.

[29] YUAN Q - H, ZENG X - S, LIU Y, et al. Microstructure and mechanical properties of az91 alloy reinforced by carbon nanotubes coated with mgo [J]. Carbon, 2016 (96): 843 - 855.

[30] YUAN Q - H, HUANG H - Q, WANG W - C, et al. Achieving high stability of mgo/carbon nanotube interface via the co - deposition technique [J]. Journal of Alloys and Compounds, 2020 (824): 153889.

[31] YUAN Q - H, ZHOU G - H, LIAO L, et al. Interfacial structure in az91 alloy composites reinforced by graphene nanosheets [J]. Carbon, 2018 (127): 177 - 186.

[32] LI Z, GUO Q, LI Z, et al. Enhanced mechanical properties of graphene (reduced graphene oxide) /aluminum composites with a bioinspired nanolaminated structure [J]. Nano Letters, 2015,

15 (12): 8077 - 8083.

[33] LIANG J, LI H, QI L, et al. Fabrication and mechanical properties of cnts/mg composites prepared by combining friction stir processing and ultrasonic assisted extrusion [J]. Journal of Alloys and Compounds, 2017 (728): 282 - 288.

[34] LIU S - Y, GAO F - P, ZHANG Q - Y, et al. Fabrication of carbon nanotubes reinforced az91d composites by ultrasonic processing [J]. Transactions of Nonferrous Metals Society of China, 2010, 20 (7): 1222 - 1227.

[35] XIANG S, WANG X, GUPTA M, et al. Graphene nanoplatelets induced heterogeneous bimodal structural magnesium matrix composites with enhanced mechanical properties [J]. Scientific Reports, 2016, 6 (1): 38824.

[36] LIANG J, LI H, QI L, et al. Influence of ni - cnts additions on the microstructure and mechanical properties of extruded mg - 9al alloy [J]. Materials Science and Engineering: A, 2016 (678): 101 - 109.

[37] LI C, WANG X, LIU W, et al. Microstructure and strengthening mechanism of carbon nanotubes reinforced magnesium matrix composite [J]. Materials Science and Engineering: A, 2014 (597): 264 - 269.

[38] SUN X, LI C, DAI X, et al. Microstructures and properties of graphene - nanoplatelet - reinforced magnesium - matrix composites fabricated by an in situ reaction process [J]. Journal of Alloys and Compounds, 2020 (835): 155125.

[39] SHIMIZU Y, MIKI S, SOGA T, et al. Multi - walled carbon nanotube - reinforced magnesium alloy composites [J]. Scripta Materialia, 2008, 58 (4): 267 - 270.

[40] XIANG Y, WANG X, HU X, et al. Achieving ultra - high strengthening and toughening efficiency in carbon nanotubes/magnesium composites via constructing micro - nano layered structure [J]. Composites Part A: Applied Science and Manufacturing, 2019 (119): 225 - 234.

[41] ZHANG Z, LIU Z, XIAO B, et al. High efficiency dispersal and strengthening of graphene reinforced aluminum alloy composites fabricated by powder metallurgy combined with friction stir processing [J]. Carbon, 2018 (135): 215 - 223.

[42] WANG M, ZHAO Y, WANG L - D, et al. Achieving high strength and ductility in graphene/magnesium composite via an in - situ reaction wetting process [J]. Carbon, 2018 (139): 954 - 963.

[43] 陈振华. 耐热镁合金 [M]. 北京: 化学工业出版社, 2007.

[44] ZHU S, EASTON M A, ABBOTT T B, et al. Evaluation of magnesium die - casting alloys for elevated temperature applications: Microstructure, tensile properties, and creep resistance [J]. Metallurgical and Materials Transactions A, 2015 (46): 3543 - 3554.

[45] 沈明杰, 李云帅, 朱小倩. 一种 CNTs 增强镁基复合材料及其制备方法 [Z]. 2020.

第 6 章　纳米碳材料增强镁基复合材料发展趋势及应用展望

前文章节分别介绍了不同的纳米碳材料增强镁基复合材料的制备方法，探究了纳米碳材料对镁基复合材料显微组织和力学性能的影响规律，证明纳米碳材料作为镁合金增强相的巨大优势和一定潜力，为镁基复合材料设计制备提供了新的思路。但是关于纳米碳材料增强镁基复合材料的研究还需要进一步的深入与开拓。本章将对镁基复合材料的应用现状进行简要的总结，并对纳米碳材料增强镁基复合材料的未来发展趋势进行展望。

6.1　纳米碳材料增强镁基复合材料的发展趋势

纳米碳材料增强镁基复合材料仍然存在着增强体分散性差、增强体含量低、界面强度低等问题。目前大多数研究主要围绕力学性能开展，关于一些功能特性的复合材料存在较大的空白。因此，纳米碳材料增强镁基复合材料未来的研究重点将继续探索新的镁基复合材料的制备技术，开发出兼具高强度、高刚度与高韧性的镁基复合材料。同时，也将逐步深入探索石墨烯等高性能纳米碳材料对镁合金导电、导热、屏蔽等功能性能的影响规律，开发出结构功能一体化镁基复合材料。

（1）探索新的镁基材料制备技术

通过前期对纳米碳材料增强镁基复合材料的结构性能等规律性探索，增强体中最具有应用前景和优异性能的就是石墨烯，但由于石墨烯巨大的比表面积、较差的界面润湿和高的化学活性，导致石墨烯在镁液中的分散更加困难。液态法制备复合材料中石墨烯的含量通常难以满足设计要求（通常体积分数小于 1%），镁基复合材料的力学性能与理论值也相距甚远。因此，高体分石墨烯在镁液中能否均匀分散已经成为镁基复合材料研究的前提和基础。与铝合金和铜合金等基体相比，镁合金的最大优势在于石墨烯与镁不发生化学反应，能够在镁合金熔体中长时间稳定存在，无须为避免与石墨烯发生化学反应而采用各种复杂手段。石墨烯增强镁基复合材料非常适合采用相对简单的液态制备工艺，同时液态制备工艺也是制备块体金属基复合材料最有效的方法之一。目前石墨烯增强镁基复合材料制备思路主要采用外加的石墨烯。由于石墨烯本身团聚严重，与镁熔体润湿性差，导致必须采用流程长、工艺复杂的分散工艺，同时高质量的石墨烯的市场价格不菲，廉价石墨烯的质量又参差不齐，无异于增加了时间成本和生产成本，不利于镁基复合材料的产业化和高质量发展。摒弃目前外加石墨烯增强镁基体的思路，转而采用原位自生石墨烯思路，通过调控石墨烯的生长实现其在镁熔体中的自分散，这将实现石墨烯的加入和分散一体化，大大地简化制备工艺，实现短流程制备目标。因此，原位液态冶金制备方法将是未来制备技术发展的重点。例如可以利用金属镁的高化学活性，还原不同状态的碳源，如气态碳源

（二氧化碳、一氧化碳、甲烷等）、固态碳源（C_2Cl_6、$CaCO_3$）等，通过构建适当的反应环境，调控碳产物的结构与形貌，最终可以开发出不同类型的原位反应。除此之外，还可以在金属基体中引入具有催化作用的组分，如铜粉、镍粉等。然后在金属熔体中引入不同种类的碳源，利用催化组分的作用实现原位纳米碳材料增强镁基复合材料的制备。

复合材料还面临着界面结合弱的问题。复合化思想的关键是通过界面调控和显微组织调控发挥不同组元的最佳协同耦合效应，实现1+1>2的复合效应。纳米碳材料与基体的界面结合程度对能否有效发挥纳米碳材料优异的力学性能起到至关重要的作用，未来关于纳米碳材料增强镁基复合材料的研究，精细化的界面调控也是重中之重。对于液态制备工艺，界面调控的一种重要发展趋势是向熔体中添加活性元素，改变增强体与基体之间的结合状态或者干预界面反应，进而实现对增强体与基体之间的界面调控。这种调控方式最大的优点在于可以通过控制活性元素的作用温度和作用时间，精细控制活性元素对界面结合产生的影响。另外一种具有前景的界面调控手段是通过在纳米碳材料与镁基体的界面处引入界面修饰。例如，MgO的原子间距与纳米碳材料增强体处于原子间作用力最强的区间，且增强体与MgO之间相互扩散形成固溶体；另一方面，MgO与Mg基体间为半共格结合，通过MgO连接增强体与Mg基体，在MgO两侧均形成较强的界面结合，从而提高了复合材料的界面强度，有效提高增强体与基体间的载荷传递效率[1]。如何进一步优化氧化镁等纳米颗粒的尺寸与形态，保证界面修饰与复合材料制备过程能够具有很好的耦合，直接实现复合材料的高效分散与精细化的界面调控将是未来发展的重点。

另外，纳米碳材料增强镁基复合材料的构型化设计也是未来镁基复合材料发展的重要方向。2010年以中科院金属所卢柯院士为首的研究团队提出了多尺度构型设计的理念，试图通过微观组织的构型设计实现金属材料的强韧化。尤其在金属基复合材料领域，利用增强体或组元相的分布、含量可设计性开始尝试了新型的结构设计，实现了从传统的增强体“均匀分布”到“特定结构的非均匀分布”方式转型。其中，增强体网状构型分布的复合材料因制备工艺简单、强韧化效果显著而备受研究人员的关注。构建增强体网状结构是利用其结构效应的前提和基础。目前网状结构主要的构建技术为粉末冶金工艺。因此，能否利用液态冶金过程在镁熔体中直接构建GNPs的网状构型分布也是未来镁基复合材料的关键技术难题。2011年Yury Gogotsi等人通过水热还原法将氧化石墨烯溶液转化成具有网状结构的超轻石墨烯气凝胶，这种三维网状结构使得气凝胶在承载90%的压缩应变后仍能保持稳定，彰显了自组装方法的巨大潜能和优势[2]。2014年，Yang等人阐明自组装的本质就是依靠石墨烯间的π-π堆积、静电作用、氢键、范德华力及布朗运动等综合作用形成热/动力学稳定的规则结构过程[3]。这种自组装过程也给金属基复合材料设计提供了新的理念。2019年，美国阿贡国家实验室的Talapin等人基于自组装理论首次在液态金属中实现了增强体的网状构型分布[4]。研究人员首先利用超声能场制备出在镁基体中均匀分散的MXene二维功能相，通过利用MXene在液态金属中受到的范德华力、粘滞力等作用的驱动，当增强相的含量达到一定的阈值时，MXene相可以自组装形成自支撑的三维网状结构，稳定地对抗宏观团聚，这种网状结构也促使金属复合材料获得优异的宏观力学性能。综上所述，在液态金属中利用纳米碳材料自组装过程是制备构型化纳米碳材料增强镁基复合材料的有效途径，能够实现大尺寸复合材料短流程高质量制备，这将是复合材料的重要设计理念。

（2）开展结构功能一体化镁基复合材料设计

结构功能一体化已成为当今材料科学与技术发展的一个共性方向，更是新型航空航天材料的必然发展趋势。这不仅符合“一材多用”的材料经济性原则，体现了对未来材料资源的保护，更重要的是还可使应用系统的结构得以简化，重量及成本得以降低，而且也还常常能使系统的性能尤其是稳定性、可靠性得以提高。这对于我国正在大力发展的高分辨率空间光学遥感器、高功能密度的超轻型小卫星和微卫星以及航空光电稳定平台而言，工程意义极为重大。纳米碳材料不仅具有优异的力学性能，还拥有极其优异的热学和电学等综合性能。因此将纳米碳材料引入金属基体内部，通过适当的组织优化，为开展结构功能一体化镁基复合材料的设计与制备注入了新的能量。下面简单介绍两种镁基复合材料。

结构屏蔽一体化镁基复合材料：在信息化作战条件下，电子战武器被大量使用，武器装备的电磁屏蔽能力决定了其战场生存能力，甚至可影响到战争的成败。军用电子设备的集成化、微型化和轻量化发展趋势对轻质、力学屏蔽性能一体化材料提出了迫切需求。镁合金不仅具有低密度、高比刚度和高比强度，而且具有良好的电磁屏蔽性能，满足了电子设备的壳体等构件对轻量化、力学屏蔽性能一体化的多重需求。但是，镁合金仅对低频段电磁波（≤300 MHz，无线电波范畴）屏蔽效果良好，对高频和超高频段电磁波屏蔽效果不理想，导致镁合金难以抵御高频和超高频电子战武器（如电磁脉冲武器）的攻击[3]。可见，屏蔽频段狭窄严重阻碍了镁合金在国防电磁屏蔽领域的应用。而纳米碳材料具有较好的电磁屏蔽性能，纳米碳材料的高电导率使其同时具有较强的电磁波反射和吸收能力，并且独特的螺旋状、层状、网状结构增强了电磁波的多次反射损耗。因而，纳米碳材料拥有优异的电磁屏蔽性能，吸引了科研工作者的广泛关注。因此通过结构设计并在 Mg 基体中添加含量合适的 CNTs 或 GNPs，有希望解决金属基电磁屏蔽材料高频段屏蔽效能严重降低的问题，制备出轻质且屏蔽性能良好的结构功能一体化材料。

高强度、高导热镁基复合材料：随着汽车产业轻量化、3C 电子产品微型化以及 LED 节能产业的发展，开发高强度、高导热镁合金具有战略性意义。镁合金的热物理性能是进行热设计的重要物理参数，热导率控制材料中的温度传输，在材料的微观结构和性能中扮演着重要的角色。高的热导率可以实现快速传热，防止因积聚的热量不能得到及时消散而引起电子器件节点温度升高，降低电子器件的可靠性及寿命。因此，热管理被认为是电子元器件快速发展中最严重的瓶颈之一。纳米碳材料不仅具有优异的力学性能，还拥有极其优异的热学和电学等综合性能。作为热学性质优异的纳米碳材料，石墨烯的导热性能主要取决于片层内声子的振动，二维平面结构限制了声子在垂直方向的传导，减少了晶界界面以及界面声子散热，从而提升了石墨烯平面方向极高的热传导速度。因此将纳米碳材料引入金属基体内部，通过适当的组织优化，合理地设计纳米碳材料的空间分布和界面结构，有望实现高强度、高导热镁基复合材料的制备。

6.2 纳米碳材料增强镁基复合材料的应用展望

镁基复合材料具有重量轻、可持续性好、比强度/刚度高、高温强度高、耐磨损或耐腐蚀性能高、尺寸稳定性和机械完整性优异等特点，被认为可以替代传统金属材料，广泛应用于汽车、航空航天、3C、生物医学工程等领域。

在汽车制造业中，重量减轻10%可以转化为油耗降低7%。如果可以用纳米碳材料增强镁基复合材料代替目前使用的汽车材料，如冲击轴、活塞环、支架、驱动轴、变速箱外壳、连杆、摇臂、发动机零件和其他部件，重量将减轻20%以上。

在镁基体中加入具有高强度和高模量的碳纳米管和石墨烯等纳米碳材料，制备的轻质、高比刚度和高比强度的镁基复合材料部件是航空航天领域理想的结构材料。由于良好的热稳定性和尺寸稳定性，镁基复合材料可用作发动机的高温部件。作为降低油耗和 CO_2 的可行候选材料，镁基复合材料可用于卫星、导弹尾翼、飞机螺旋桨等相关的结构部件，如支架、衬套、横梁等结构件。镁基复合材料在军工制造领域的应用可以实现武器装备的轻量化，对提高武器机动性和战场生存能力具有重要意义。

对于3C行业，以碳纳米管（CNTs）为增强体制备的镁基复合材料具有较低的热膨胀系数和较高的导热系数，由于其出色的电磁屏蔽能力和环境、室外温度承受能力，可用作通信电子产品中手机和便携式计算机的外壳材料，电磁屏蔽能力和温度承受能力是使用电子设备的两个关键要求。

镁基复合材料在生物医学领域也具有巨大的应用潜力。由于镁是人体中丰富的矿物质，生物镁材料如植入材料和缝合丝作为非常有前途的生物医学材料越来越受到关注。这归因于它们良好的生物相容性、生物降解性和低细胞毒性。因此，将碳纳米材料与增材制造技术相结合开发具有良好耐腐蚀性的新型可生物降解的镁基复合材料可以克服当前生物镁材料的局限性，探索和增强具有更好结构和降解稳定性的生物相容性新型可降解支架，并促进骨诱导性和组织愈合。

参考文献

[1] YUAN Q, ZENG X, LIU Y, et al. Microstructure and mechanical properties of AZ91 alloy reinforced by carbon nanotubes coated with MgO [J]. Carbon, 2016 (96): 843 - 855.

[2] HU H, ZHAO Z, WAN W, et al. Ultralight and highly compressible graphene aerogels [J]. Advanced Materials, 2013, 25 (15): 2219 - 2223.

[3] SHAO J J, LV W, YANG Q H. Self - assembly of graphene oxide at interfaces [J]. Advanced Materials, 2014, 26 (32): 5586 - 5612.

[4] KAMYSBAYEV V, JAMES N M, FILATOV A S, et al. Colloidal gelation in liquid metals enables functional nanocomposites of 2D metal carbides (MXenes) and lightweight metals [J]. ACS Nano, 2019, 13 (11): 12415 - 12424.

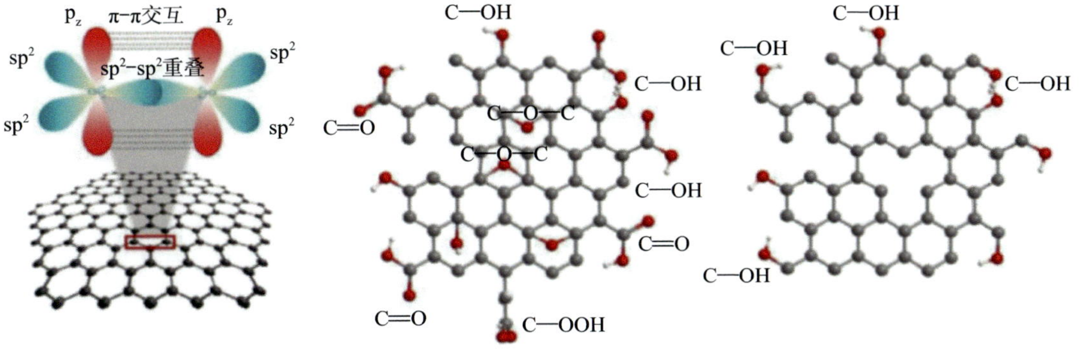

(a) 石墨烯　　(b) 氧化石墨烯　　(c) 还原氧化石墨烯

图 1－1　三种典型的石墨烯结构[26]（P4）

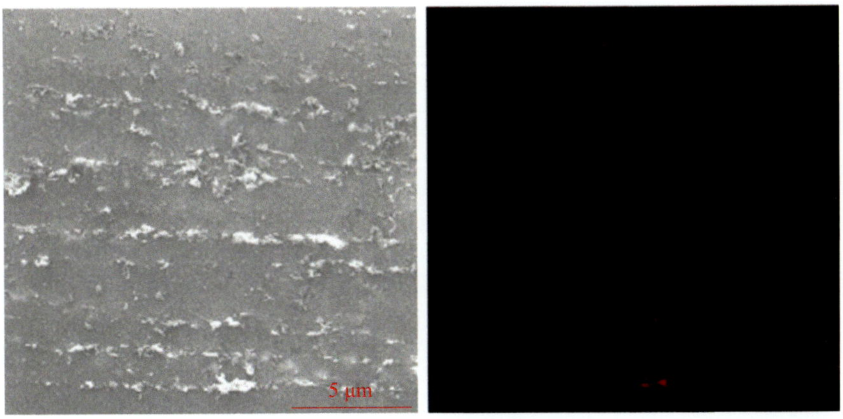

(a) CNTs的分布　　(b) 碳元素的K层电子产生的特征X射线能谱

图 2－14　350*R*20 挤压后体积分数 1.0% CNTs/Mg－6Zn 复合材料平行于挤压方向的面扫描分析（P26）

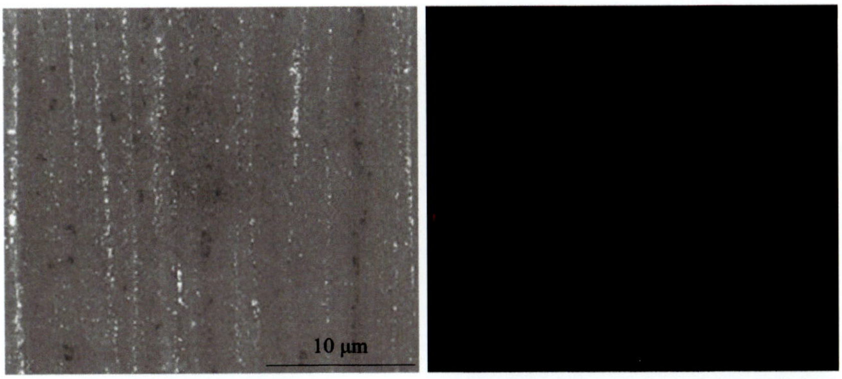

(a) CNTs的分布　　(b) 碳元素的K层电子产生的特征X射线能谱

图 2－19　350*R*20 挤压后体积分数 0.5% CNTs/Mg－6Zn 复合材料平行于挤压方向的面扫描分析（P30）

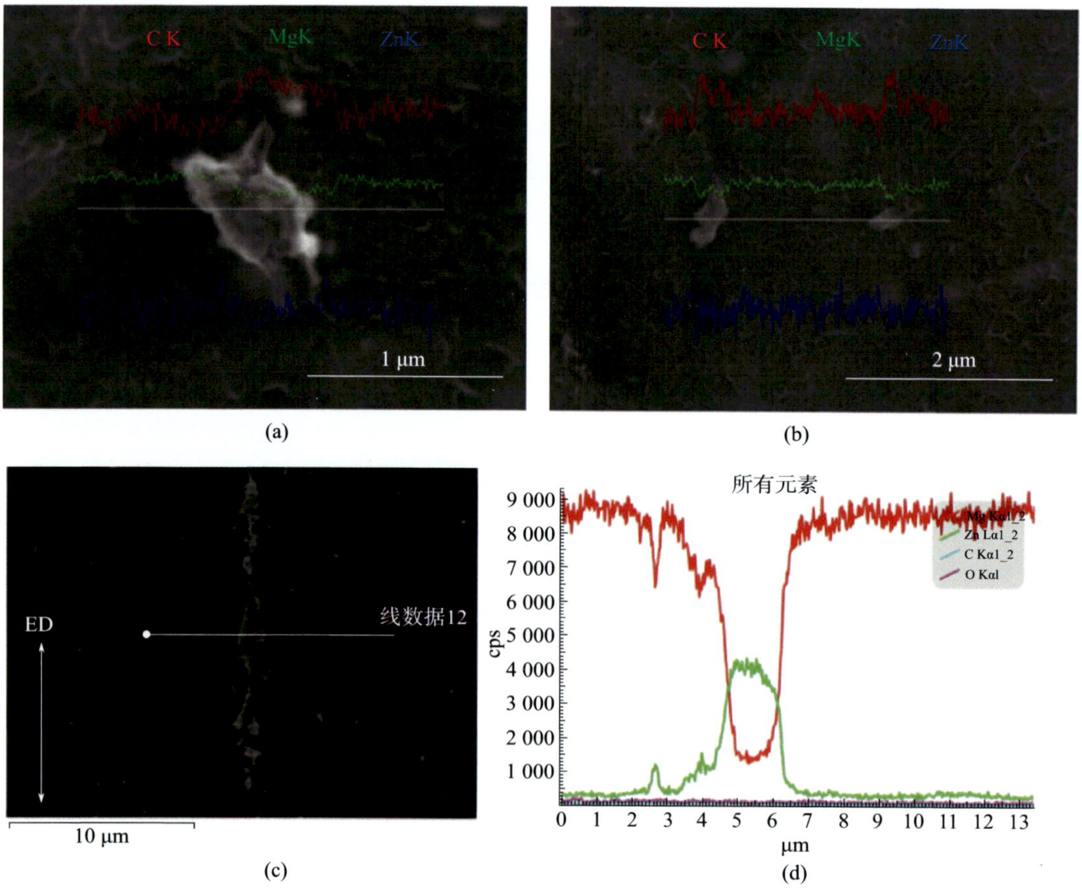

图 3－3　复合材料内 GNPs 与挤压带的能谱线扫描分析（P56）

（a）、（b）复合材料中嵌入的 GNPs；（c）复合材料基体中的挤压带；（d）分图（c）直线上的元素分布

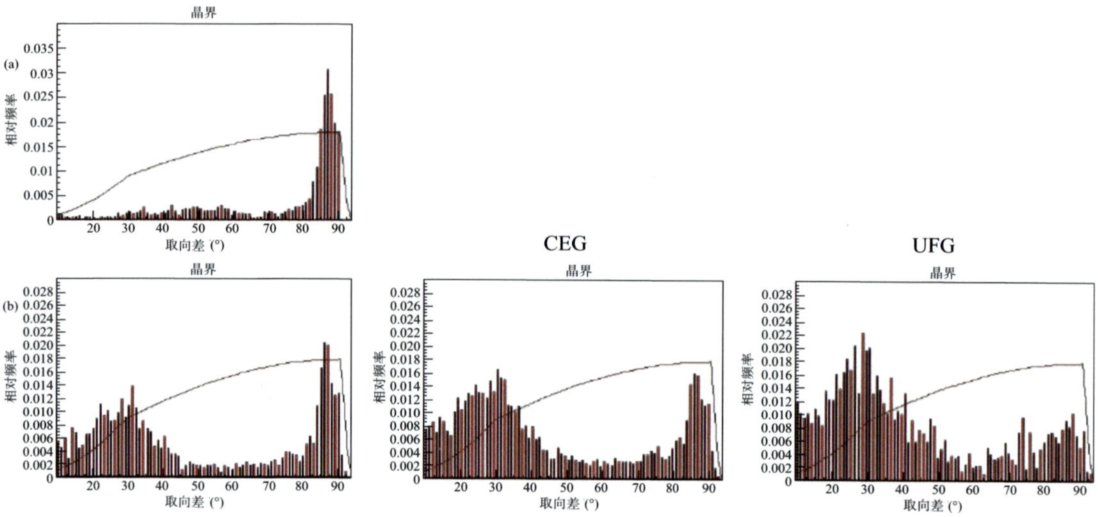

图 3－9　挤压态 Mg－6Zn 及复合材料内晶界取向差角分布图（P60）

（a）Mg－6Zn；（b）体积分数 0.7%GNPs/Mg－6Zn 复合材料；（c）体积分数 1.0%GNPs/Mg－6Zn 复合材料；（d）体积分数 1.6%GNPs/Mg－6Zn 复合材料

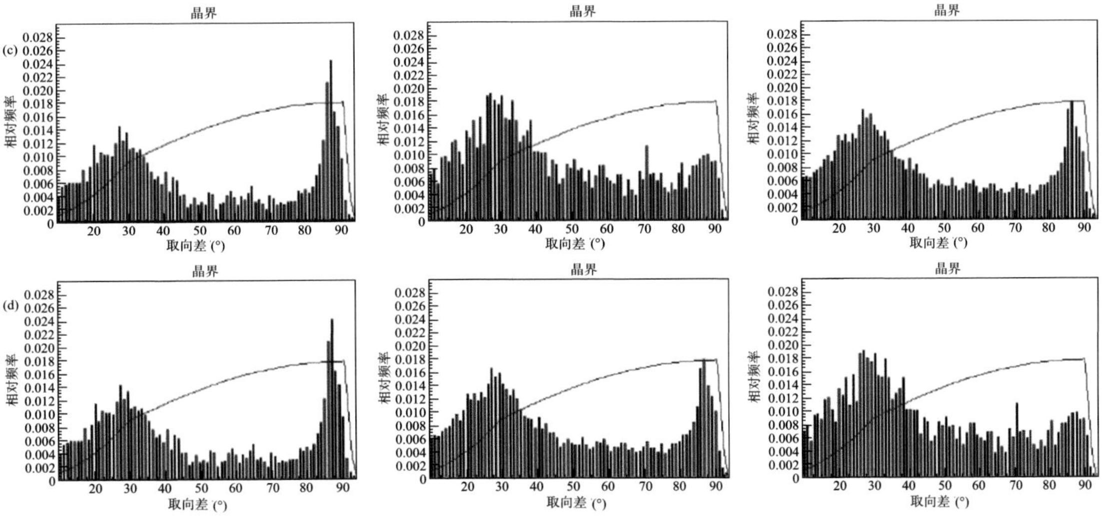

图 3-9　挤压态 Mg-6Zn 及复合材料内晶粒取向差角分布图（P60，续）

（a） Mg-6Zn；（b） 体积分数 0.7%GNPs/Mg-6Zn 复合材料；（c） 体积分数 1.0%GNPs/Mg-6Zn 复合材料；（d） 体积分数 1.6%GNPs/Mg-6Zn 复合材料

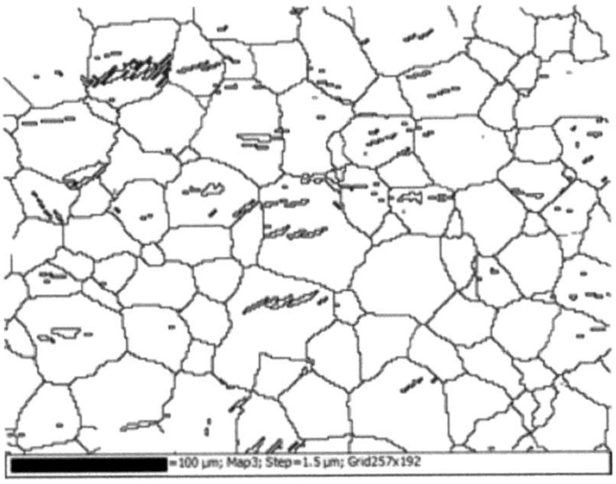

(a) Mg-6Zn

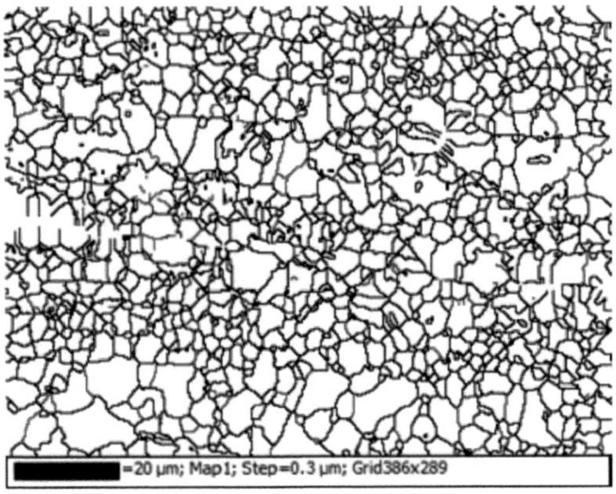

(b) 体积分数0.7%GNPs Mg-6Zn复合材料

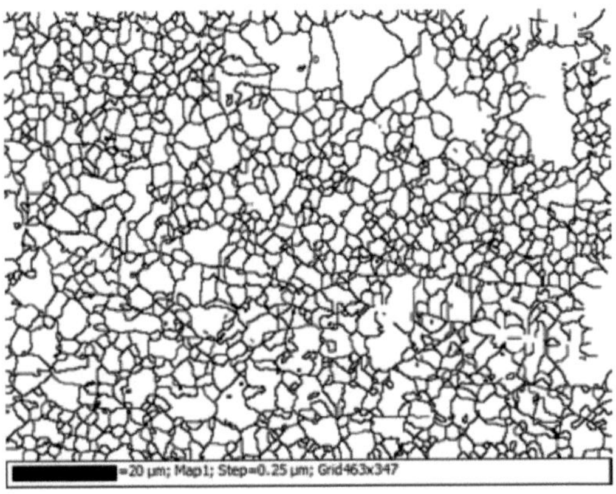

(c) 体积分数1.0%GNPs Mg-6Zn复合材料

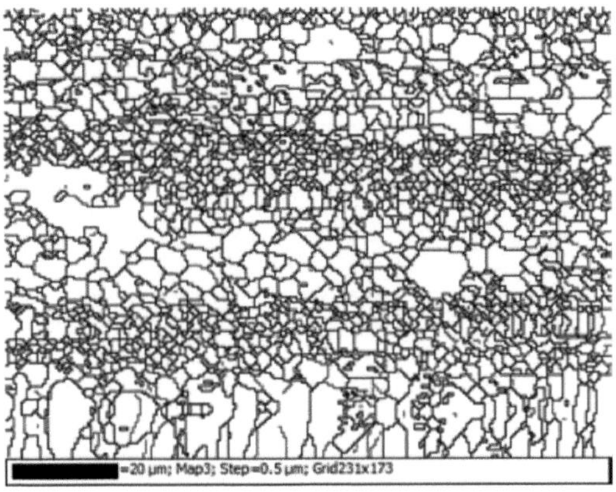

(d) 体积分数1.6%GNPs Mg-6Zn复合材料

5°~15°

>15°

图 3-11　挤压态 Mg-6Zn 与复合材料的小角晶界及大角晶界分布图（P62）

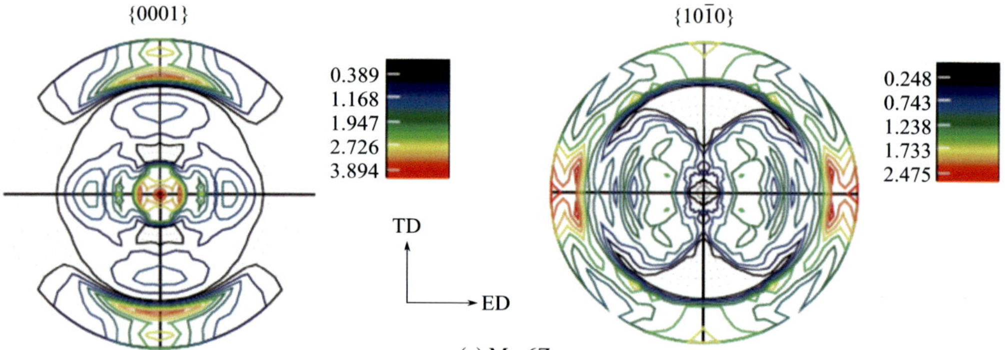

(a) Mg-6Zn

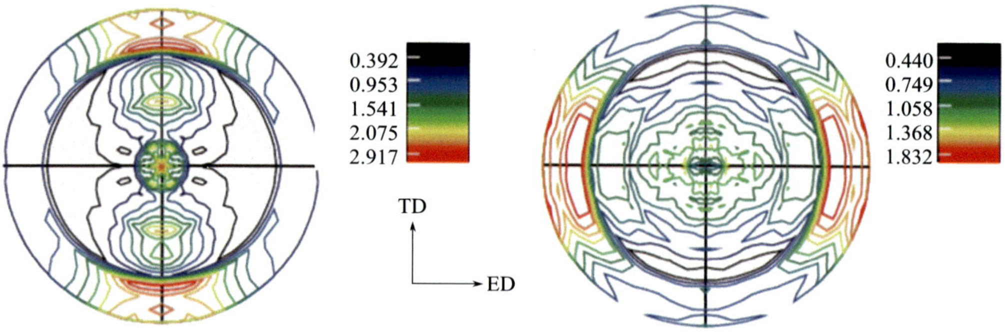

(b) 体积分数0.7%GNPs Mg-6Zn复合材料

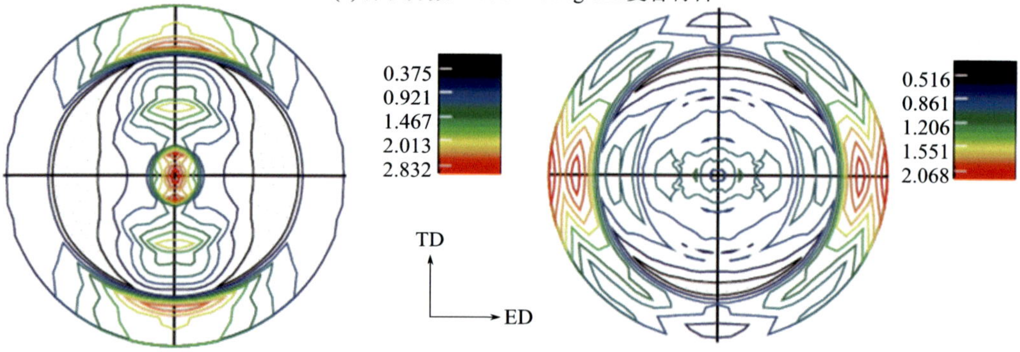

(c) 体积分数1.0%GNPs Mg-6Zn复合材料

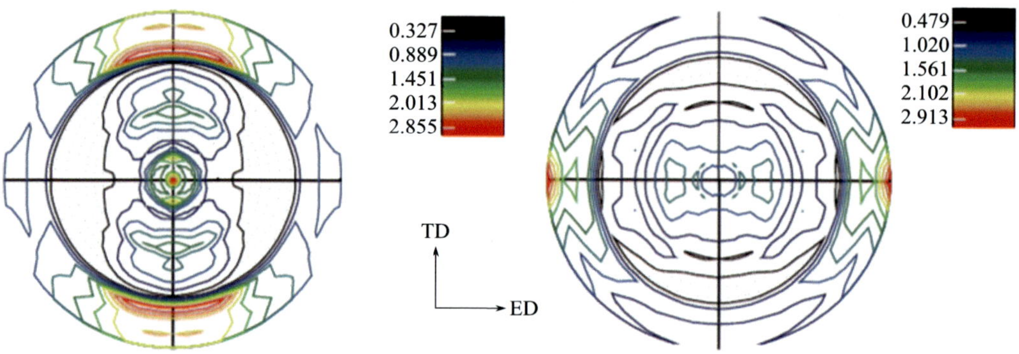

(d) 体积分数1.6%GNPs Mg-6Zn复合材料

图 3 - 13 挤压态合金及不同 GNPs 含量复合材料的 {0001} 及 {10$\bar{1}$0} 宏观织构极图 (P65)

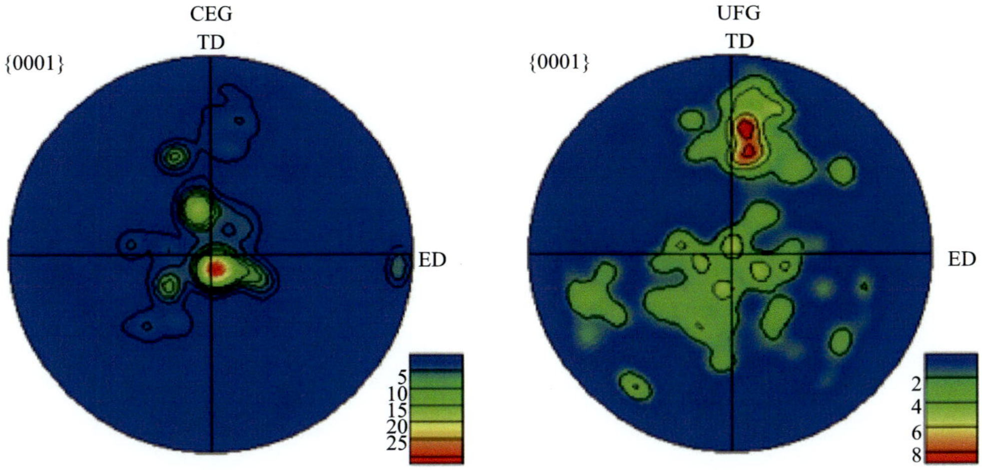

(a) 体积分数0.7%GNPs Mg-6Zn复合材料

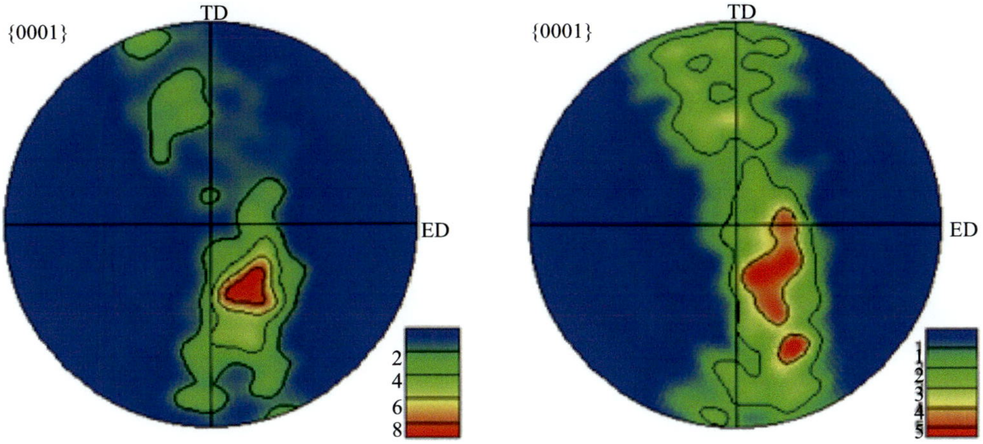

(b) 体积分数1.0%GNPs Mg-6Zn复合材料

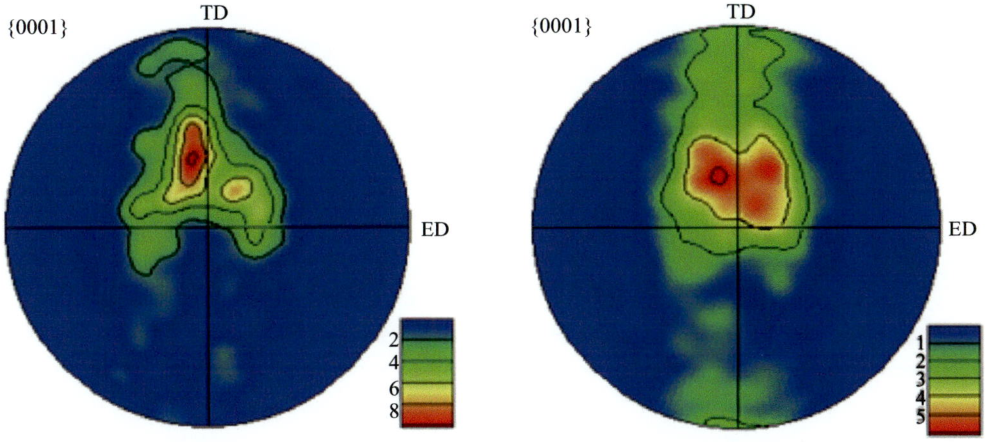

(c) 体积分数1.6%GNPs Mg-6Zn复合材料

图 3－14　复合材料 CEG 区域与 UFG 区域的｛0001｝微观织构极图（P66）

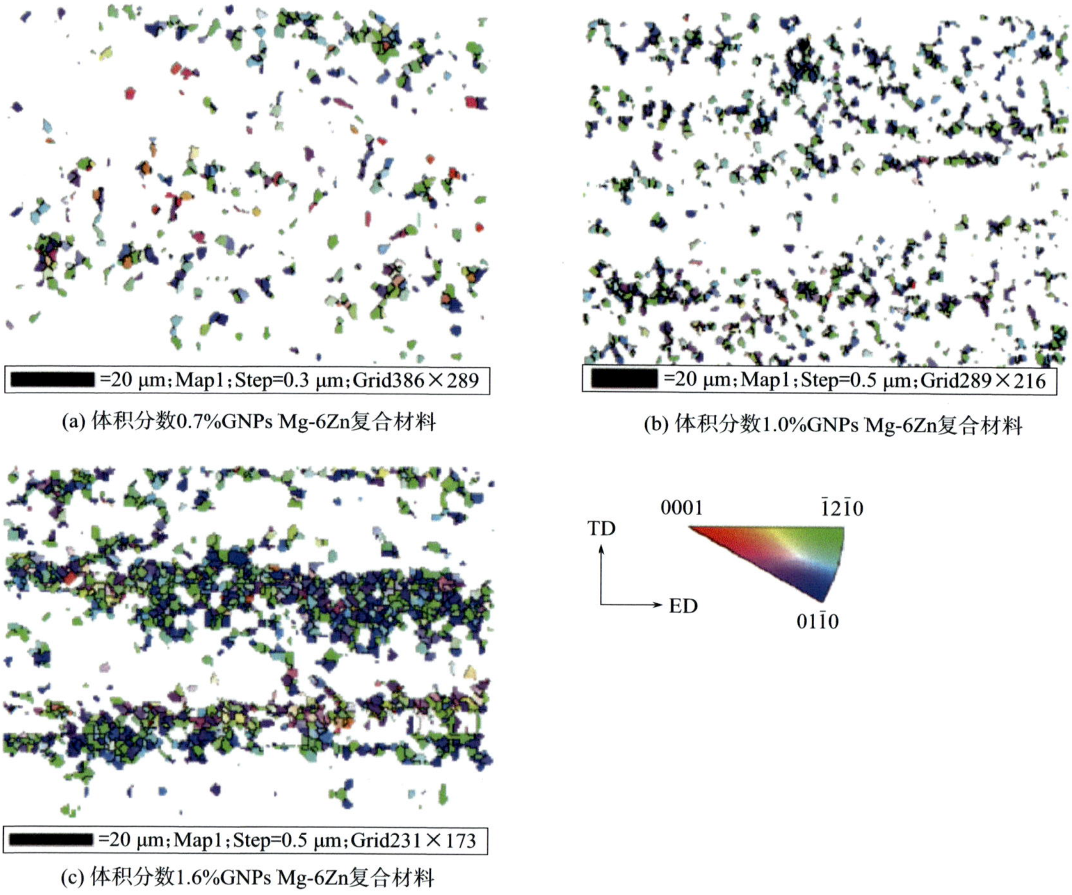

图 3－21　不同含量 GNPs 复合材料中 UFG 区域分布（P74）

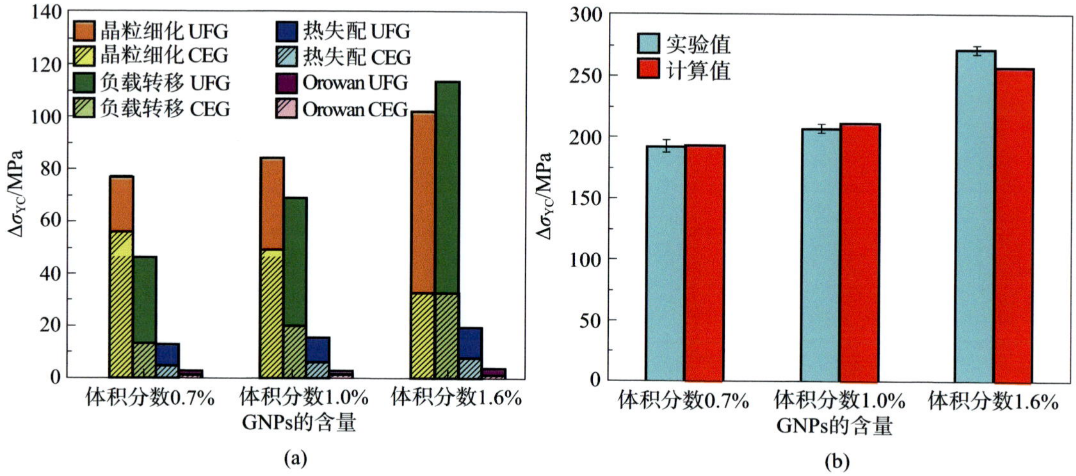

图 3－24　复合材料的增强机制分析（P76）

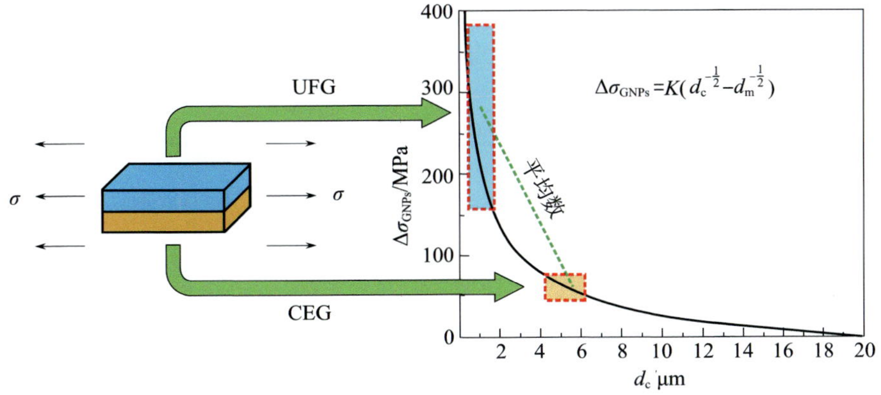

图 3-25　双尺寸晶粒结构复合材料的细晶强化效果（P77）

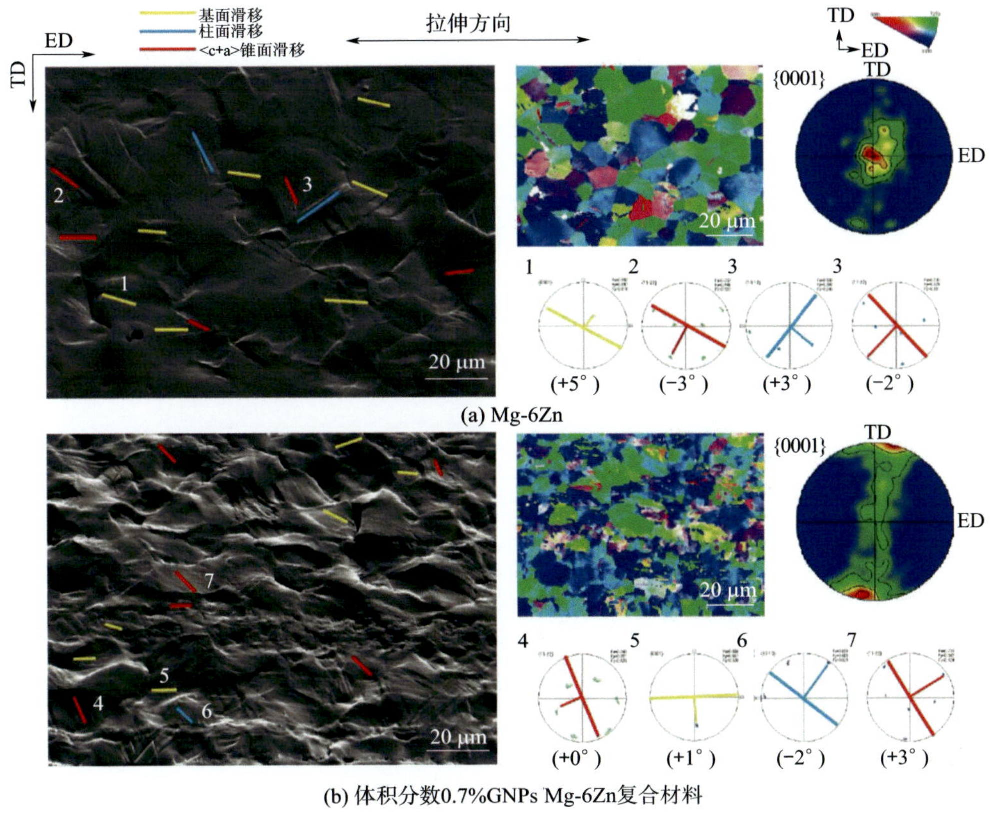

图 3-26　拉伸变形后 Mg-6Zn 及体积分数 0.7%GNPs/Mg-6Zn 复合材料的表面滑移迹线分析（P78）

注：括号中的数字是滑动轨迹和平面轨迹之间的偏差。

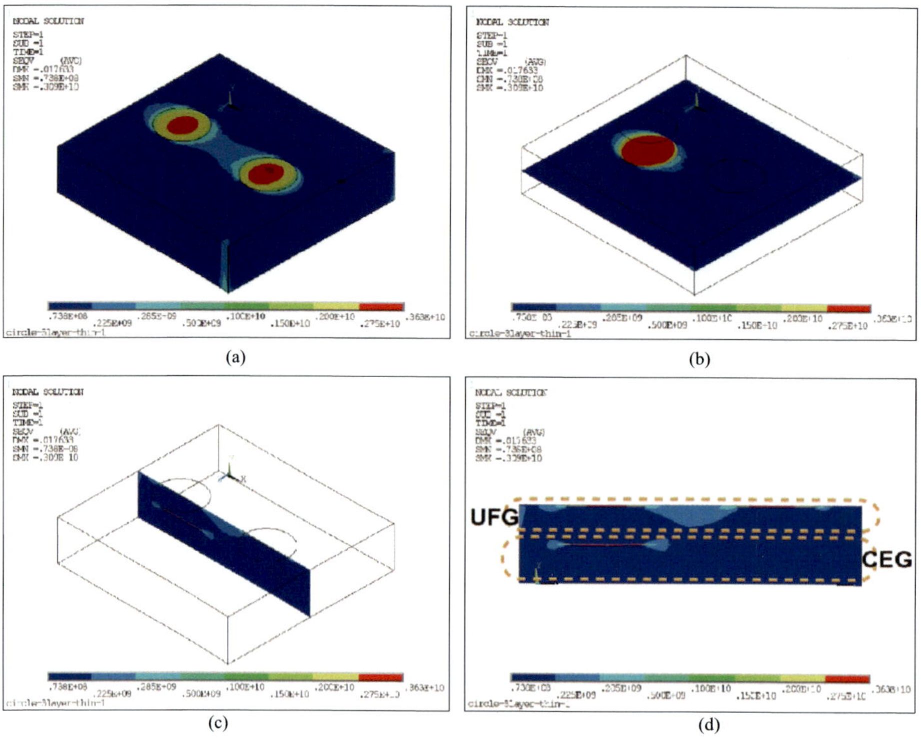

图 3 - 28　T 型复合材料模型应力分布的有限元分析（P80）

（a）等效应力分布的等距视图；（b）、（c）显示内部等效应力分配的截面图的等距视图；（d）分图（c）的正视图

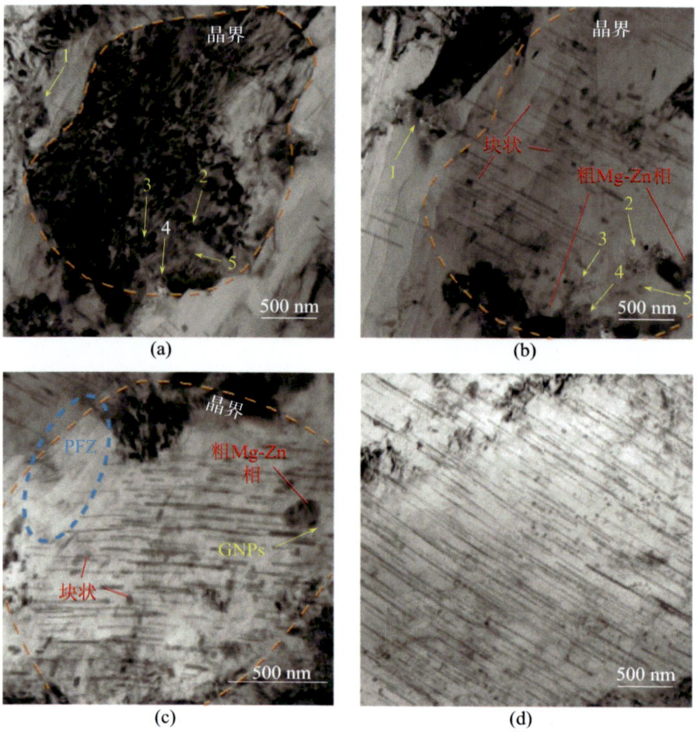

图 3 - 34　复合材料 200 ℃时效 4 h 后析出相的透射明场像（P85）

（a）～（c）复合材料中的 UFG 区域；（d）复合材料中的 CEG 区域

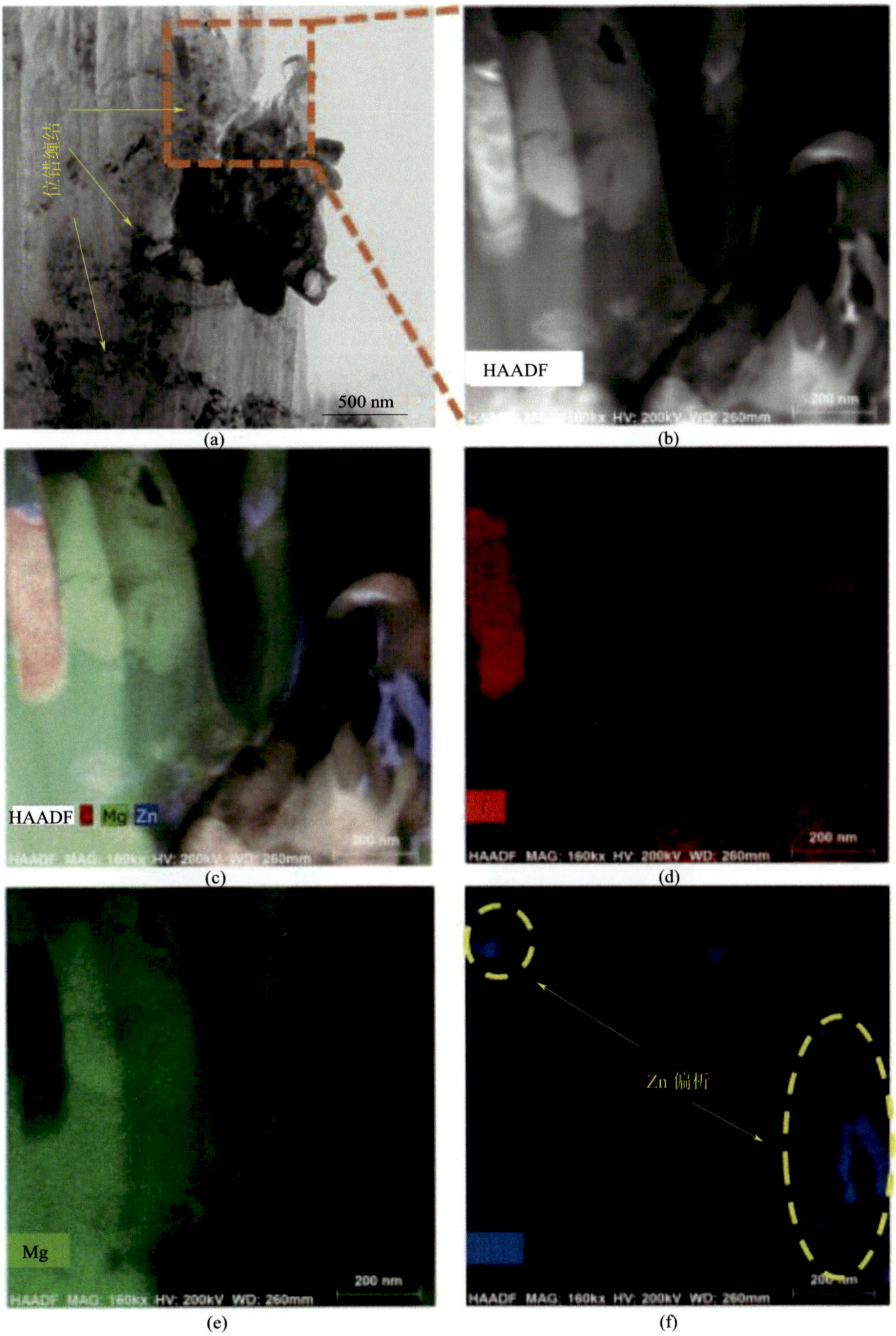

图 3-42　固溶态复合材料 GNPs 附近元素分布面扫分析（P92）

（a）嵌入的 GNPs 的 TEM 图像；（b）分图（a）的放大 HAADF TEM 图像；

（c）～（f）分图（b）中 Mg、Zn 和 C 等相应元素图

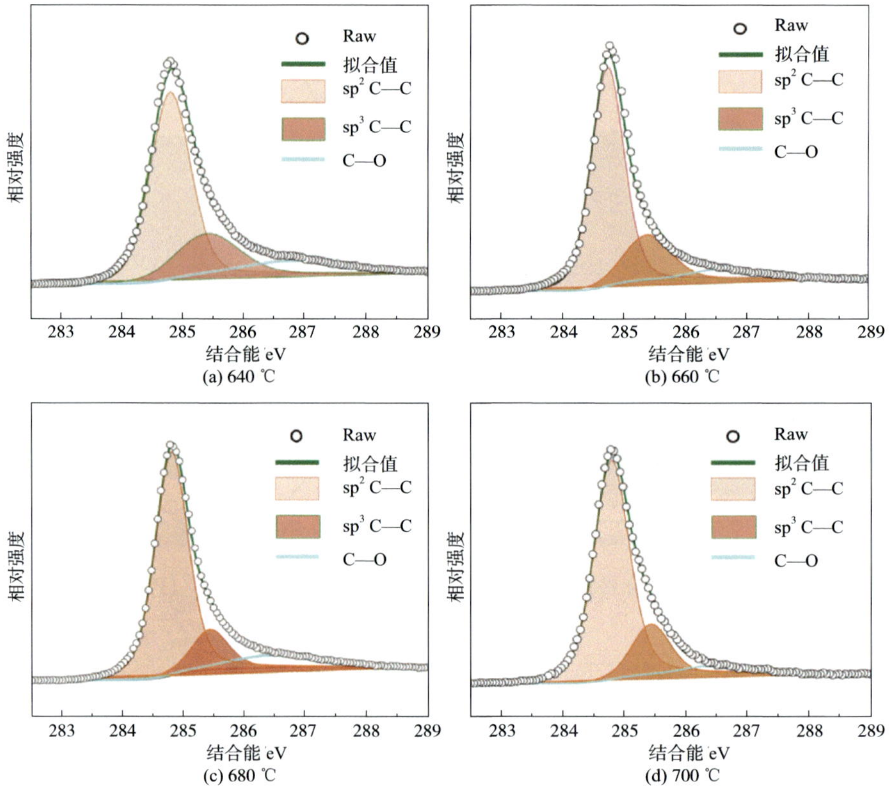

图 5-7　不同熔体温度下生长石墨烯的 XPS 的 C1s 谱图（P140）

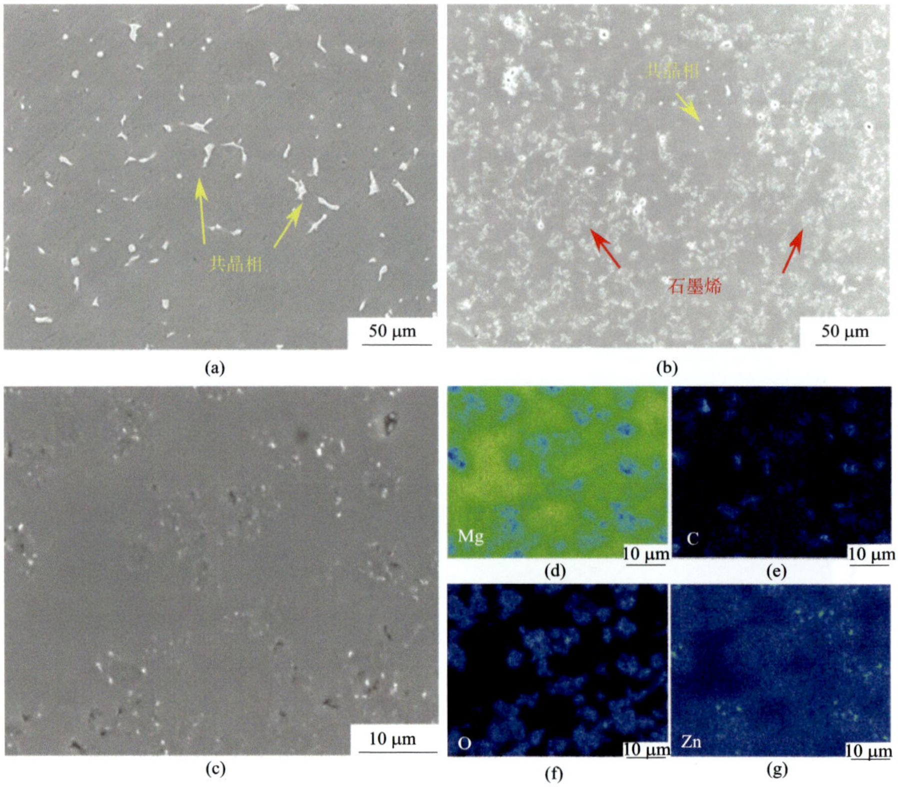

图 5-18　铸态 Mg-6Zn 合金与原位 GNPs/Mg-6Zn 复合材料的表面形貌（P149）

(a) Mg-6Zn 合金；(b) ～ (c) 原位 GNPs/Mg-6Zn 复合材料；(d) ～ (g) EPMA 元素分布图

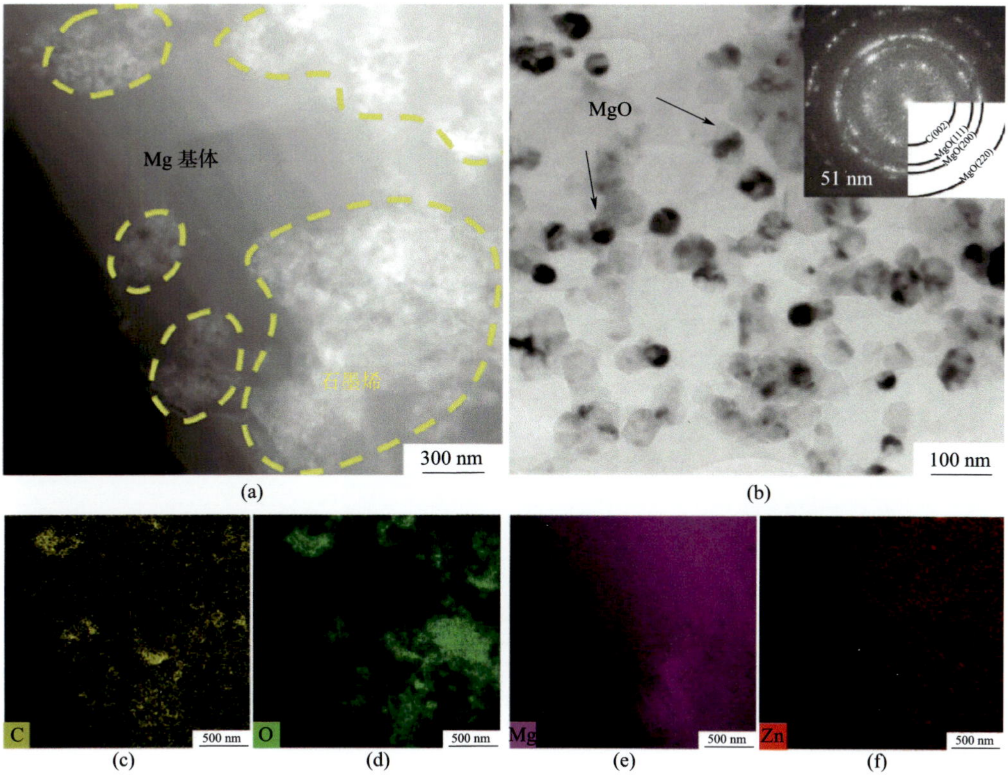

图 5-22　均匀分散在石墨烯表面的 MgO 修饰结构（P153）

（a）HAADF 像；（b）石墨烯表面的氧化镁纳米颗粒；（c）～（f）C，O，Mg 以及 Zn 元素的分布

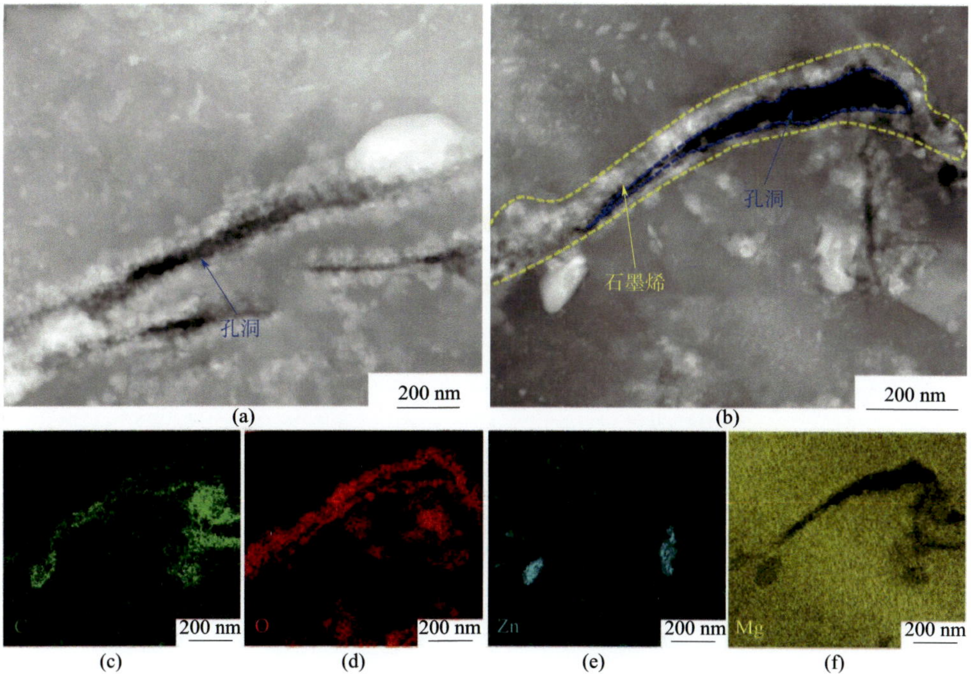

图 5-27　挤压温度为 250 ℃复合材料内部的孔洞（P158）

（a）、（b）HAADF 图像；（c）～（f）与图（b）对应的元素分布

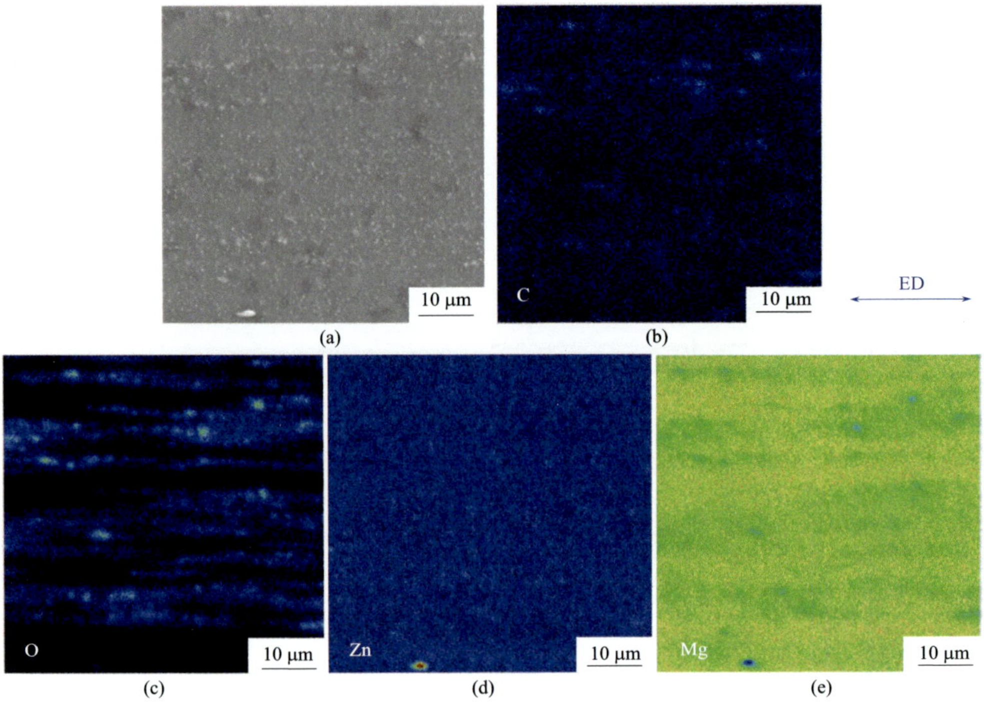

图 5-30 挤压态复合材料的 EPMA 分析（P159）

（a）背散射图像；（b）～（e）分图（a）中的元素分布

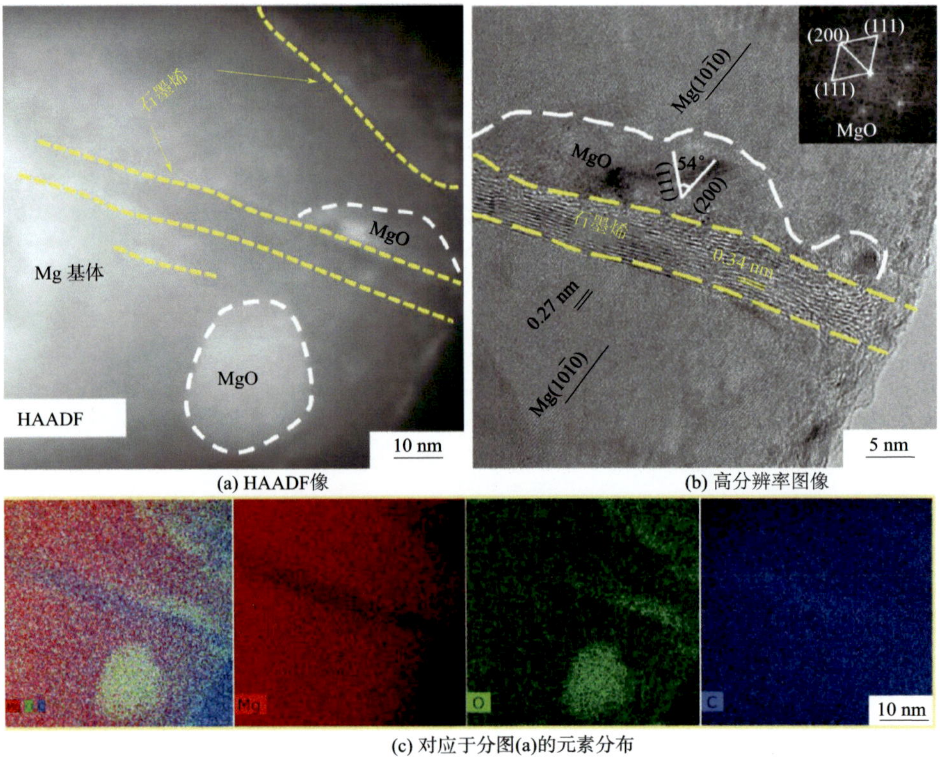

图 5-32 原位 GNPs/Mg-6Zn 复合材料的界面观察（P161）

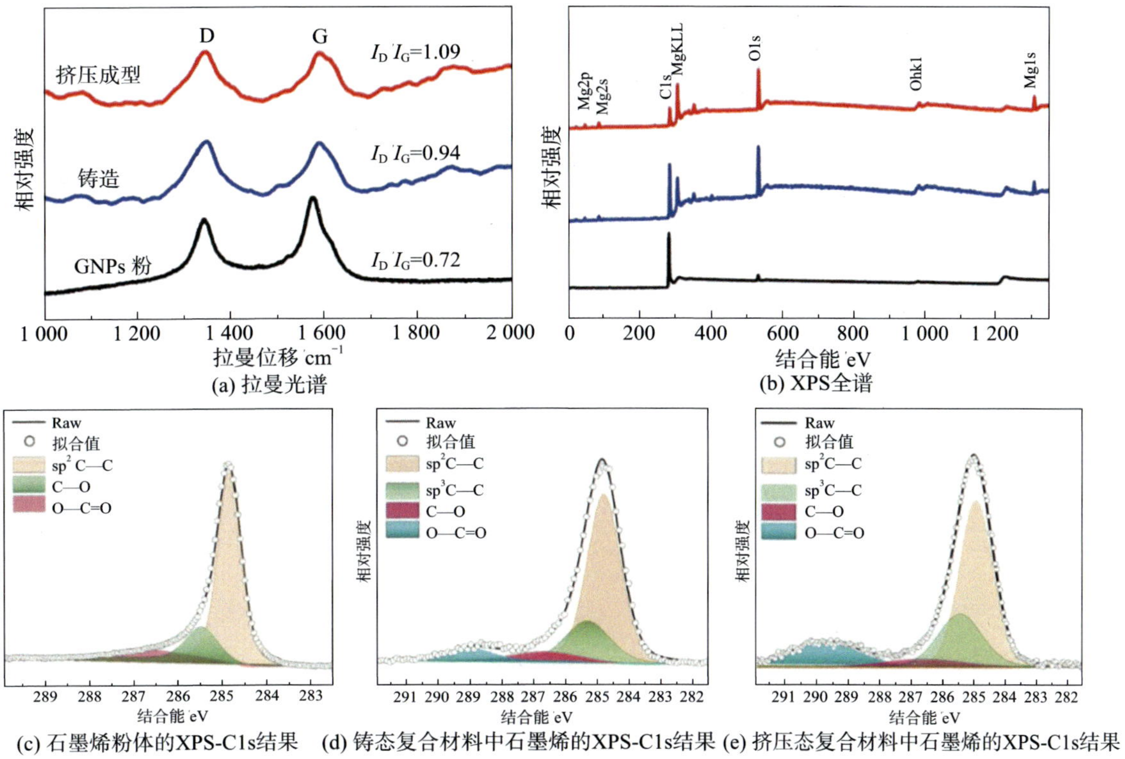

(a) 拉曼光谱　(b) XPS全谱

(c) 石墨烯粉体的XPS-C1s结果　(d) 铸态复合材料中石墨烯的XPS-C1s结果　(e) 挤压态复合材料中石墨烯的XPS-C1s结果

图 5-33　原位 GNPs/Mg-6Zn 复合材料的界面化学键分析（P162）

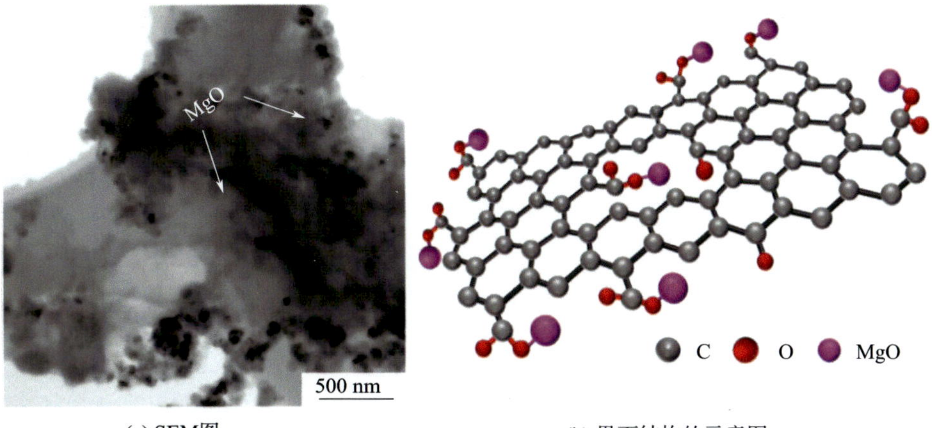

(a) SEM图　(b) 界面结构的示意图

图 5-34　原位复合材料中氧化镁修饰的石墨烯（P163）

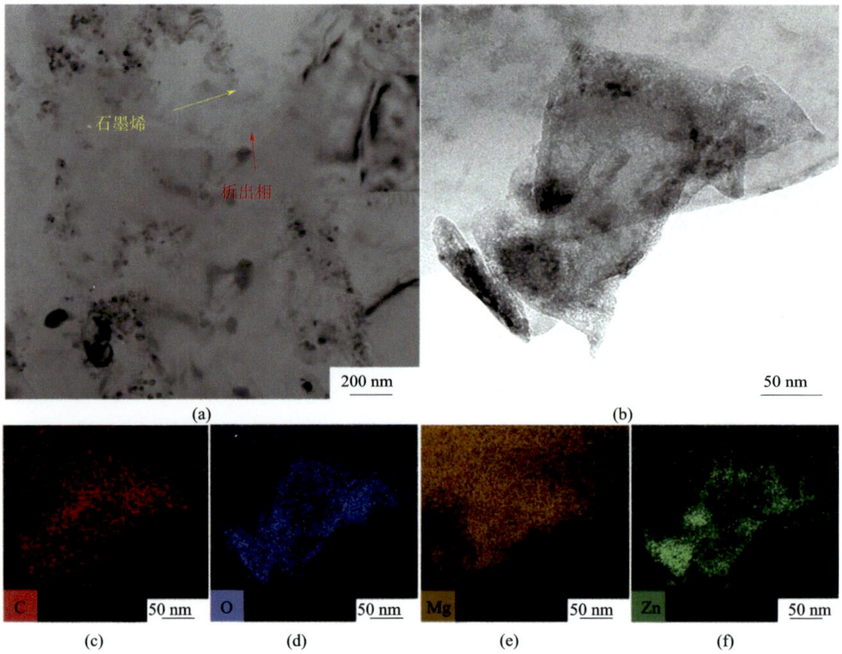

图 5-35 挤压态复合材料的析出相形貌（P164）

（a）、（b）TEM 图像；（c）～（f）分图（b）的元素分布

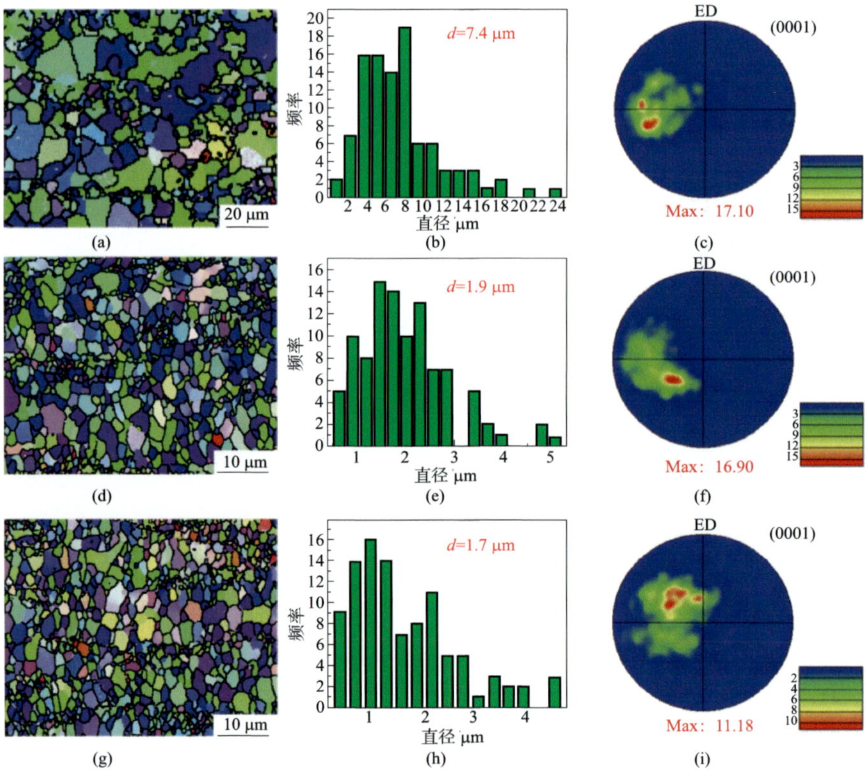

图 5-44 Mg-6Zn 合金与原位 GNPs/Mg-6Zn 复合材料的微观组织（P174）

（a）～（c）Mg-6Zn 合金；（d）～（f）体积分数为 0.32% 的 GNPs/Mg-6Zn 复合材料；

（g）～（i）体积分数为 0.61%的 GNPs/Mg-6Zn 复合材料